Michael Nenninger
Oliver Lawrenz

B2B-Erfolg durch eMarkets und eProcurement

Michael Nenninger
Oliver Lawrenz

B2B-Erfolg durch eMarkets und eProcurement

Strategien und Konzepte, Systeme und Architekturen, Erfahrungen und Best Practice

2., verbesserte Auflage

Bibliografische Information Der Deutschen Bibliothek
Die Deutsche Bibliothek verzeichnet diese Publikation in der Deutschen Nationalbibliografie;
detaillierte bibliografische Daten sind im Internet über <http://dnb.ddb.de> abrufbar.

SAP®, SAP R/2®, SAP R/3®, ABAP/4®, SAPaccess®, SAPoffice®, SAP-EDI®, SAP Business
Workflow®, SAP ArchiveLink® sind eingetragene Warenzeichen der SAP Aktiengesellschaft.
Systeme, Anwendungen, Produkte in der Datenverarbeitung, Neurottstr. 16, D- 69190 Walldorf.
Die Autoren bedanken sich für die freundliche Genehmigung der SAP Aktiengellschaft, die ge-
nannten Warenzeichen im Rahmen des vorliegenden Titels zu verwenden. Die SAP ist jedoch
nicht Herausgeberin des vorliegenden Titels oder sonst dafür presserechtlich verantwortlich.

1. Auflage 2001
2., verbesserte Auflage November 2002

Umschlaggestaltung: Ulrike Weigel, www.CorporateDesignGroup.de

Gedruckt auf säurefreiem und chlorfrei gebleichtem Papier.

ISBN 978-3-322-96381-9   ISBN 978-3-322-96380-2 (eBook)
DOI 10.1007/978-3-322-96380-2

Vorwort

Aufgrund der dynamischen Entwicklungen im B2B-Markt und dem außergewöhnlichen Verkaufserfolg der ersten Auflage haben wir uns entschieden, eine grundlegend überarbeitete zweite Auflage dieses Buches herauszugeben.

Im Erscheinungsjahr 2001 hat sich die New Economy dramatisch geändert, so dass heute von einer neuen New Economy gesprochen wird. Vielfach wird Business to Business im Internet kritischer betrachtet, jedoch zunehmend noch strategischer positioniert. Der Euphorie folgte Ernüchterung, und dies nicht nur auf den Kapitalmärkten. Die Analysten behielten immerhin bei einem Punkt Recht: Der „e-Market-Markt" konsolidierte sich. es trennte sich die Spreu vom Weizen.

Fundierte Markteinschätzungen führten zu nachhaltigere strategischen Planungsansätze und Business Modellen. Längst ist erkannt, dass kein schneller Umsatz auf Basis halb durchdachter Geschäftsansätze erfolgen kann. Nicht die technische, sondern die betriebswirtschaftliche und organisatorische Integration in die Back-end-Systeme kosten Zeit. Nicht nur Marketingansätze oder grobe prozentuale Verteilquoten und Provisionen der durch e-Markets vermittelten Geschäfte machen das Revenuemodell eines e-Markets aus. Vielmehr werden heute hybride (e)-Service- und Pricingansätze verfolgt. Was aus heutiger Sicht kaum verwunderlich ist: Die Komplexität eines e-Markets, an dem Beschaffungs- und Verkaufsprozesse unterschiedlicher Unternehmen beteiligt sind, kann größer sein als die eines innerbetrieblichen Warenwirtschaftssystems.

All diese Entwicklungen ließen in den letzten Monaten modifizierte Geschäftsmodelle entstehen.

Die Strategie der öffentlichen e-Markets funktioniert nur noch für einige wenige Big Player. Viele Konzerne nutzen e-Markets, um tiefer in die Wertschöpfungskette zu integrieren und bauen Exchanges für weitgehend geschlossene Benutzergruppen auf. Andere öffnen sich mit zusätzlichen Leistungen, vor allem in den Bereichen Kollaboration, Ausschreibungen (eRFQ) integriert mit Auktionen.

Der bereits vor einem Jahr beschriebene Trend zur Integration weiterer eServices in Bereichen Fulfillment, Content Management, Financial Services, etc. verstärkt sich. Schwerpunkt der überarbeiteten Kapitel liegt vor allem auf den aktualisierten Entwicklungen und den neuen Anforderungen im B2B-Markt.

Der Investitionsbedarf bleibt hoch, die Wirtschaftlichkeit lässt noch immer auf sich warten. Viele e-Markets ohne ausreichende Liquidität sind bereits verschwunden, andere hingegen fusionierten. Das Grundkonzept von e-Markets als Erfolgsfaktor von morgen bleibt jedoch unstrittig.

Besonders die überarbeiteten Case Studies liefern hier ein aktuelles Bild von heute bereits erfolgreicher Best Practice und zeigen kurz und langfristige Planungen unter der veränderten Marktsituation auf.

Wir wünschen Ihnen viel Spaß beim Lesen und freuen uns wieder auf Feedback und eine weitere Diskussion mit Ihnen.

München, im Juli 2002

Michael Nenninger
nenninger@b2b-erfolg.com

Köln, im Juli 2002

Oliver Lawrenz
l@wrenz.de

Vorwort zur ersten Auflage

Nach dem Internet- und eMarket-Boom Ende 1999 und Anfang 2000 mussten zahlreiche Firmen sowohl aus der New als auch der Old Economy ihre eBusines-Strategie und häufig sogar ihre gesamte Geschäftsstrategie auf Ein- und Verkaufsseite neu ausrichten. Dies betraf Unternehmen aus nahezu allen Branchen.

Dieses Buch soll eBusiness-Strategien aufzeigen und darüber hinaus eine Ebene tiefer gehen, indem Konzepte und Implementierungsstrategien und -beispiele detailliert aufgezeigt werden.

Bewusst haben wir Wert auf zahlreiche Praxisbeispiele gelegt und versucht, neben einem Branchenmix auch eine ausgewogene Mischung von New und Old Economy-Fallstudien zu geben.

Nach einem Einführungsabschnitt folgt der Abschnitt Konzept und Architektur von eMarkets, welcher in verschiedenen Beiträgen den Bogen über verschiedene eMarket-Philosophien & -Architekturen über erfolgskritische Themen wie Content Management bis hin zu integrierten Fulfillment- und eServices spannt. Ein Abschnitt mit Anbieterbeiträgen rundet diese Sichtweise ab, bevor im letzten Abschnitt unterschiedlichste Fallbeispiele gegeben werden.

Dieses Buch entstand in der für eMarkets erfolgskritischen Zeit von Ende 2000 bis Frühjahr 2001. Besonderen Dank möchten wir neben den Autoren, die in dieser sehr turbulenten Zeit dennoch Ruhe fanden, ihre Gedanken in einen Artikel zu gießen, Nicole Wilbert und Antje Doerbeck aussprechen, ohne deren intensive Unterstützung dieses Buch nicht denkbar gewesen wäre.

Dieses Buch steht im inhaltlichen Zusammenhang mit unserer Vorgängerpuplikation Supply Chain Management, welches demnächst in der 2. Auflage erscheint. Die Komplexität der Geschäftsprozesse, die zwischenbetriebliche Vernetzung sowie der Trend zu vertikalen Netzen führen beide Themen zusammen.

München, im Mai 2001	Köln, im Mai 2001
Michael Nenninger	Oliver Lawrenz
nenninger@b2b-erfolg.com	l@wrenz.de

Inhaltsverzeichnis

Architekturen, e-Services, Anbieter

6 Elektronische Services auf e-Markets 99

7

Die Bedeutung von logistischen Services für elektronische Handelsformen

8

Reverse Auctions gelangen im Unternehmenseinkauf zur Reife

9 Oracle –B2B smarter

Fallbeispiele / Best Practises

13 WestLB-Marketplace –

Eine Rundum-Lösung für den Einkaufsprozess

14 One-stop-Procurement:

Effiziente Beschaffung über trimondo.com

15 Erfolgreiche Implementierung von e-Procurement im Technischen Einkauf der BMW Group

16 „Just do it!" – e-Procurement bei Akzo Nobel

17 Effizienzsteigerung durch eine ASP e-Procurement-Lösung bei Huber+Suhner über den Conextrade e-Marktplatz 293

18 Erfolgreiches e-Procurement von nicht katalogisierbarem Fertigungsmaterial bei Siemens 309

Von e-Procurement zu e-Markets – eine Einführung

Oliver Lawrenz, Michael Nenninger

Der B2B-Markt unterlag in den letzten Jahren einer turbulenten Entwicklung. War noch vor vier Jahren der Relaunch der Home-Page oder einen ersten elektronischen Shop einzurichten Kern der Diskussion, so haben sich heute die Anforderungen und Merkmale grundlegend geändert. Online Shops gaben zwar anfangs die ausschlaggebende Stimulation und Richtung auch für den B2B-Handel, wurden jedoch schnell als der unattraktivere Weg in den Hintergrund gedrängt. In der Zeit, als die meisten Unternehmen planten, Shops/Portale einzurichten, wurde den Einkäufern sehr schnell bewusst, dass dies für ihre Bedürfnisse im B2B-Segment eine nicht befriedigende Lösung darstellt. Kein Einkauf hatte Interesse, eine Unzahl an Shops „abzusurfen", nach geeigneten Produkten in zahllosen Sites zu suchen und damit eine höhere Ineffizienz als zuvor zu erreichen.

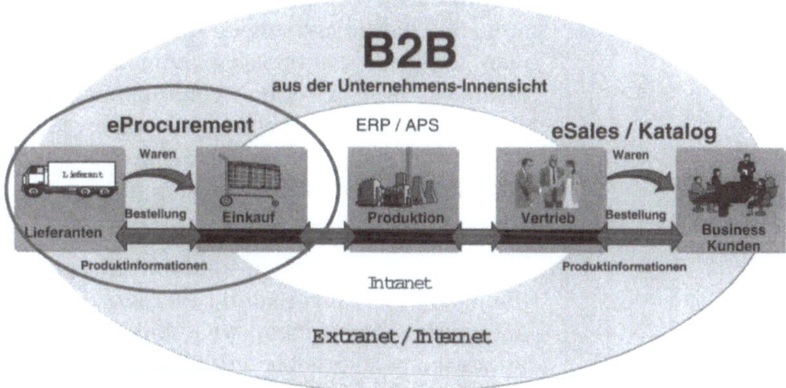

Bild 1   **B2B aus der Unternehmens-Innensicht**

Dieser Misslage wurden sich auch erste Softwareanbieter bewusst und es entstand in den Jahren 1997/98 ein regelrechter Boom an neuen Applikationen für die elektronische Beschaffung. Die Idee erster Applikationen war einfach, der elektronische Katalog des Shops wurde im Einkauf in reverser Art in Form eines Multilieferantenkatalogs eingesetzt, welcher die elektronischen Katalogdaten gleich mehrerer Anbieter in einer einheitlichen Art und Weise bündelt.

Große Unternehmen begannen aufgrund ihrer Einkaufsmacht, bestehende und neue Lieferanten aufzufordern, ihre Waren und Dienstleistungen in die jeweiligen Formate der Multilieferantenkataloge einzustellen. Erweiterungen in Richtung von Workflow-Komponenten, Berechtigungskonzepten und Reporting-Funktionen brachten neue Anwendungen auf den Markt. Das B2B-Thema wird seitdem primär durch einkaufsgetriebene Lösungen dominiert.

Beschaffungsansätze im Internetzeitalter

Von den dynamischen Marktverhältnissen, die heute alle Unternehmen zur permanenten Sicherung und Steigerung der eigenen Wettbewerbsfähigkeit zwingen, gewinnt die Beschaffung stärker an Bedeutung. Vielfach wurde sie bislang von den Verantwortlichen neben Vertrieb und Rechnungswesen als rein operative Funktion im Unternehmen wahrgenommen. Auf Basis neuer Technologien besteht heute die Möglichkeit, durch marktorientierte Beschaffungsstrategien den Einkauf zum einen vom operativen Geschäft zu entlasten, zum anderen einen umfassenden positiven Beitrag zum Unternehmensergebnis beizusteuern. Marktorientierte Beschaffungsstrategien zeichnen sich vor allem durch Merkmale wie vereinfachte Verfahren bei gleichzeitiger Eliminierung von nicht wertschöpfenden Aktivitäten und somit Kostensenkung aus.[1]

e-Procurement liefert in diesem Zusammenhang primär eine durchgängige Neugestaltung der Prozesse, die zusätzliche neue Potenziale ermöglichen, wie vollständige Automatisierung von Prozessen. Gleichzeitig erfolgt eine Optimierung der bestehenden Beschaffungsstrategien, wie z.B. die verbesserte Materialbündelung.

---

[1] Vgl. Electronic Procurement – Neue Beschaffungsstrategien durch Desktop Purchasing Systeme – M. Nenninger, KPMG Consulting 1999 (www.kpmg.de)

Beschaffungsbereiche

Die Beschaffung läßt sich nicht für alle Gütergruppen[2] gleichförmig abwickeln. Jede Beschaffungsstrategie erfordert eine andere operative Abwicklung, an der sich wiederum der jeweils geeignete e-Procurement-Lösungsansatz orientiert. Somit existieren auch für verschiedene Gütergruppen unterschiedliche e-Procurement-Lösungen, für die in diesem Abschnitt ein Klassifizierungsrahmen dargestellt wird.

Da die Beschaffung in Abhängigkeit von den zu beschaffenden Gütern unterschiedlich organisiert wird, muss bei der Einführung von e-Procurement-Systemen zunächst eine eingehende Analyse des Beschaffungsportfolios durchgeführt werden. Die klassische Gütergruppierung nach dem ABC-Schema ist für diesen Zweck nicht ausreichend. Deshalb entwickelte KPMG bereits 1997 eine Analysemethode, bei der die in einem Unternehmen insgesamt beschafften Güter anhand der Kriterien *strategische Bedeutung* und *Automatisierungspotenzial* unterteilt werden. Diese beiden Kriterien erlauben eine effektive Einteilung für den Zweck der Einführung von e-Procurement-Lösungen.

Für das erste Kriterium, die strategische Bedeutung einer Gütergruppe, kann zunächst auf die klassische ABC-Klassifizierung zurückgegriffen werden. Hier werden Güter entsprechend ihres Wert-/ Mengen-Verhältnisses eingeordnet. Güter mit hoher strategischer Bedeutung haben beispielsweise eine große Schnittmenge mit den so genannten A-Gütern.

Als zweites Kriterium sollte das Automatisierungspotenzial einer gegebenen Gütergruppe untersucht werden. Dieses leitet sich aus den spezifischen Beschaffungsprozessen ab und gliedert sich auf in die Faktoren Komplexität des Prozesses, dessen Standardisierungsgrad und die Beschaffungshäufigkeit in Verbindung mit der Güterspezifität.

---

[2] Darunter werden hier generell Waren *und* Dienstleistungen verstanden.

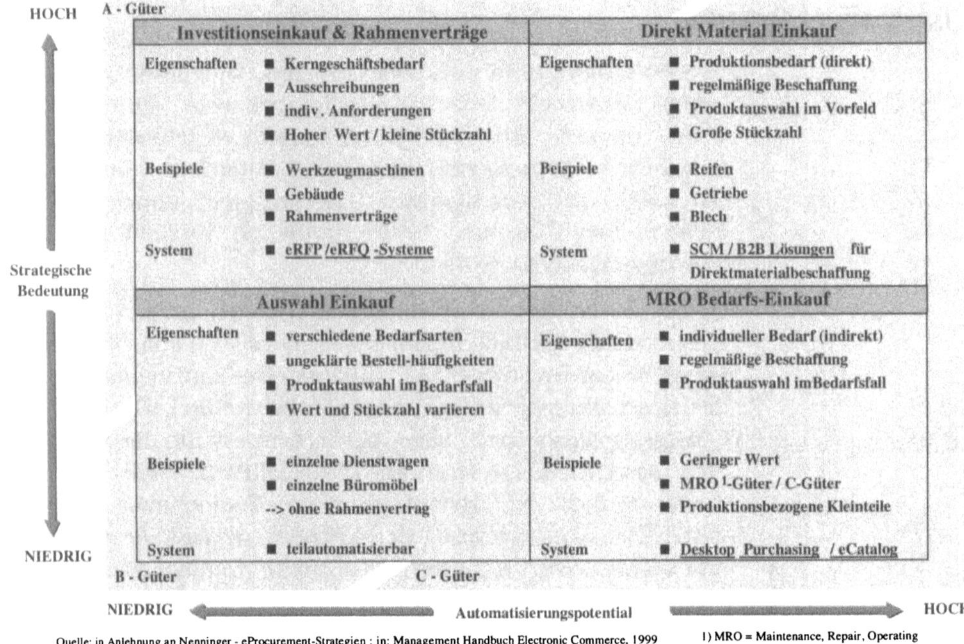

Bild 2   Klassifizierung der Güterklassen für e-Procurement Affinität

Wenn man die in einem Unternehmen beschafften Güter in einer Matrix entlang der beiden Differenzierungsachsen "Strategische Bedeutung und Automatisierungspotenzial" aufträgt, können vier Beschaffungsgüterfelder mit sehr unterschiedlichen Charakteristika identifiziert werden. Im Einzelnen definiert man geeigneterweise den *Investitionseinkauf "Kapitalbildung" (inkl. Rahmenverträge)* und den Direktmaterialeinkauf *"Ausfallminimierung"* für Güter mit hoher strategischer Bedeutung. Für Güter mit geringerer strategischer Bedeutung werden die Felder *Auswahleinkauf "Konditionenmanagement"* und MRO[3]-*Bedarfseinkauf "Standardisierung"* definiert.

---

[3]   MRO-Güter: Maintenance, ReProcurementair und Operations (Instandhaltung, ReProcurementaraturen und Operatives Geschäft)

Im Wesentlichen sind heute drei e-Procurement-Lösungsansätze, entsprechend der drei Kategorien mit Systemlösungspotenzial aus Bild 2 darstellbar:

- e-Catalog/Desktop Purchasing für **Bedarfseinkauf** im MRO-Bereich

- e-RFQ/Ausschreibungen & Auktionen für **hochwertige Investitionsgüter** und **Rahmenverträge**

- B2B Supply Chain Management-Lösungen für **Direktmaterialeinkauf**

Auf diese drei Kategorien wird im folgenden näher eingegangen.

Bedarfseinkauf (MRO-Beschaffung)

Die ersten e-Procurement-Systeme wurden zunächst mit der Zielsetzung entwickelt, den bislang weitgehend nicht automatisierten MRO-Beschaffungsprozess zu optimieren. Beispiele für MRO-Güter sind Werkzeuge, Bürobedarf, IT, Dienstreisen und Ersatzteile, also explizit Waren *und* Dienstleistungen.[4]

e-Procurement-Systeme werden im MRO-Bereich speziell dazu eingesetzt, jene Beschaffungsprozesse elektronisch zu unterstützen und abzubilden, die den folgenden Kriterien genügen:

- Die beschafften Güter haben einen geringen materiellen Wert und eine für die Investitionspolitik des Unternehmens geringe strategische Bedeutung.

- Die Bestellfrequenz ist hoch, aber unregelmäßig.

- Es erfolgt weitgehend keine Disponierung.

- Viele Bedarfsträger im Unternehmen initiieren Beschaffungsprozesse.

- Für viele Gütergruppen werden Artikel verschiedener Hersteller nachgefragt.

- Die Artikel sind katalogisierbar. Für nicht katalogisierbare Artikel werden in Einzelfällen Lösungen mit Freiformbestellungen eingesetzt, der Schwerpunkt liegt derzeit jedoch auf der ersten Kategorie.

---

[4] Häufig wird diese Gruppe auch als C-Güter oder indirekte Güter spezifiziert, wobei jedoch diese Abgrenzungen unscharf definiert sind.

- Jeder Mitarbeiter soll zwar einen eigenen, dezentralen Zugang zur Beschaffung besitzen, jedoch nicht frei und individuell Güter bestellen können. Es gilt oft, komplexe Berechtigungsverfahren zu berücksichtigen.

In der Beschaffung derartiger Güter gilt es vor allem, die im Vergleich zu ihrem Beschaffungswert überproportional hohen Transaktionskosten zu senken. Derzeit werden in deutschen Unternehmen im Durchschnitt ein Drittel der indirekten Güter außerhalb formeller Prozesse beschafft, wodurch die Transaktionskosten gegenüber der regulären Prozessabwicklung um bis zu 30 % ansteigen. Aber auch bei Befolgung der Beschaffungsrichtlinien verursachen die Prozesse unverhältnismäßig hohe Kosten. Mehrere Studien und viele Projekte belegen, dass die Prozesskosten bei konventioneller MRO-Güterbeschaffung oftmals weit über 100 EURO für einen Bestellvorgang liegen, unabhängig vom Wert des beschafften Gutes. Der Wert des Gutes liegt dabei im Schnitt deutlich unter den durch den Prozess verursachten Kosten. Hohe Transaktionskosten werden primär durch aufwändige Genehmigungsverfahren, fehleranfällige Prozesse (Reklamationen, Fehlbuchungen, Missverständnisse, Fehllieferungen, etc.) und aufwändige Abrechnungsprozesse erzeugt.

Neben hohen Prozesskosten führen zahlreiche Medienbrüche, unklare Beschaffungswege und unmotiviertes Beschaffungsverhalten zusätzlich zu ineffizienten Beschaffungsprozessen.

Der traditionelle Bestellprozess dauert aufgrund der Ineffizienz häufig mehrere Tage, Liegezeiten in der Genehmigungsprozedur sind dabei vorprogrammiert. In diesem Umfeld treten als Hauptkostenverursacher Ausnahmesituationen gegenüber dem normalen Prozess auf:

Typische Beispiele für Ausnahmen im MRO-Prozess
• Fehler bei Bestellausfüllung (Beschreibung passt nicht zu Artikel)
• Rückfragen während Genehmigung (z.B. Fax nicht leserlich)
• Keine Genehmigung erzeugt alternative Bestellung
• Fehler bei Bestellung (z.B. Fax kaputt, Toner leer, etc.)
• Artikel durch den Einkauf ergänzen, die nicht im aktuellen Sortiment verfügbar sind
• Preisaktualisierungen
• Rückfragen durch Lieferanten (z.B. Fax nicht leserlich)

• Rückkopplung wg. fehlender Verfügbarkeit erzeugt Lieferantenwechsel oder alternatives Produkt oder OK für Warten
• Änderung des Bedarfs
• Reklamationen: Falsche Lieferung durch Kommunikationsfehler
• Fehlende Teillieferungen
• Einzelrechnungen für jede Bestellung anstelle Sammelrechnungen
• Extraaufwand durch Bestellungen außerhalb der Rahmenverträge – Maverick Buying (u.a. Kontierungen neu)
• Liegezeiten beispielsweise bei Genehmigung erzeugen zusätzlichen Aufwand durch Rückfragen, Verlust von Unterlagen, Bedarfsänderungen etc.

Den Gesamtprozess stellt Bild 3 dar. Die gestrichelten Linien stellen Beispiele für Rückkopplungen aufgrund oben beschriebener Ausnahmen bzw. Fehler dar.

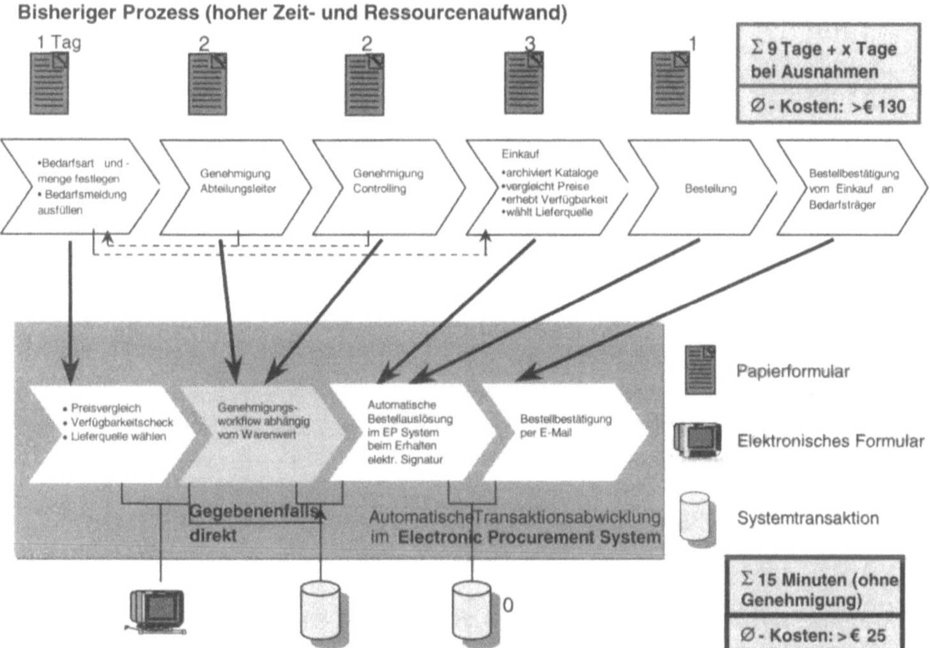

Bild 3   **Prozesskosteneinsparung bei e-Procurement**

Beim e-Procurement erfolgt die Verbesserung des Prozesses insbesondere durch die Dezentralisierung und die elektronisch unterstützte Standardisierung des Beschaffungsprozesses. Dadurch, dass die Lieferantenkataloge über das Intranet kostenminimal zur Verfügung stehen, hat jeder berechtigte Mitarbeiter Zugang zu einer für seine Zwecke ausreichend großen, aber überschaubaren Menge von Informationen. Die Bestellung wird direkt vom Bedarfsträger erzeugt, wobei die Konditionen zentral vorverhandelt sind, aber über das e-Procurement-System dezentral verfügbar sind. Überschreitet der Bestellwert die Berechtigung, wird entsprechend vordefinierter Regeln (z.B. ein Budget), automatisch ein elektronisches Genehmigungsverfahren ausgelöst. Nach elektronischer Genehmigung der Bestellung durch den Zuständigen wird diese an den Lieferanten direkt weitergeleitet und die Bestellung wird mit den relevanten Informationen automatisch im Enterprise Resource Planning (ERP)-System verknüpft.

Die Aktualität der Daten und der Preise ist über ein e-Procurement-System jederzeit gegeben. Auch werden Medienbrüche und somit zeit- und kostenintensive Übertragungsfehler vermieden. Workflowkomponenten und Berechtigungskonzepte ermöglichen den stromlinienförmigen Ablauf der Prozesse, die in definierten Fällen nur noch vom Bedarfsträger selbst manuell angefasst werden.

Dadurch wird ein hocheffizienter Informationsfluss gewährleistet, redundante Informationen werden gar nicht erst gesammelt. Schnelle und in definierten Grenzen eigenverantwortliche Beschaffung kann zudem zu einer Verbesserung des Unternehmensklimas bzw. der Mitarbeiterzufriedenheit beitragen.[5]

Den zweiten wesentlichen Kostenverursacher stellt neben der Prozessineffizienz vor allem das Maverick Buying dar. Durch die fehlende Standardisierung des Prozesses und des damit einhergehenden schwierigen Controllings einer einheitlichen Beschaffungsstrategie entstehen neben den hohen Prozesskosten zusätzlich Kosten für teurere Beschaffungen außerhalb der Rahmenverträge. Durch diesen Effekt des so genannten Maverick Buyings werden eine Vielzahl an Beschaffungen außerhalb der vom Einkauf definierten strategischen Lieferantenverträgen getätigt.

---

[5]   Vgl. Michael Nenninger – Wettbewerbsvorteile durch eProcurement; in: Management Handbuch Electronic Commerce, 1999

Das *Maverick Buying* hat verschiedene Ursachen:

- Festgelegte Beschaffungsleitlinien sind für den Bedarfsträger zu kompliziert oder zeitraubend; oder sie sind ihm häufig schlicht unbekannt.

- Die tatsächlich sehr hohen Transaktionskosten, die durch einen ausgelösten Beschaffungsprozess kumuliert auftreten, werden vom einzelnen Mitarbeiter unterschätzt.

- Die Präferenzen bezüglich der Lieferanten, die vom Zentraleinkauf anhand von Preisen und Lieferkonditionen ausgewählt werden, werden vom Bedarfsträger ignoriert, da er sofortige Verfügbarkeit oder bestimmte Markenartikel als wichtigste Kriterien ansieht.

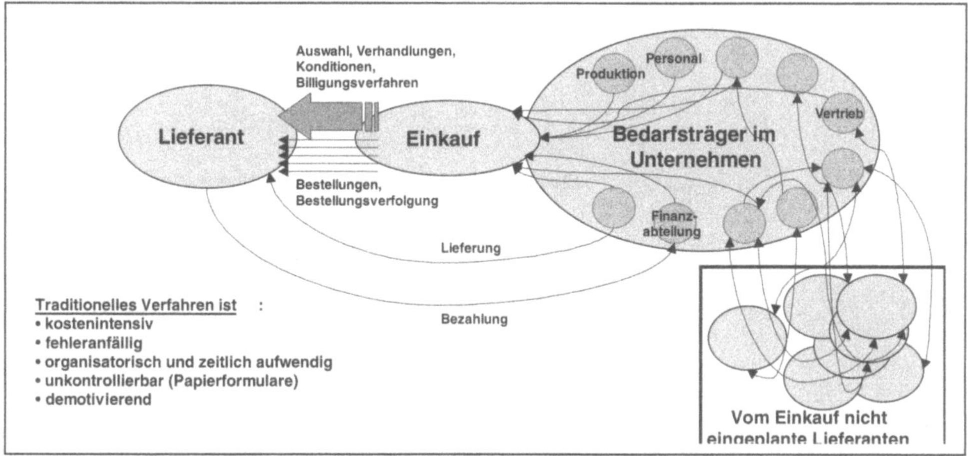

Bild 4   Traditionelle Beschaffung

Häufig werden die Einkaufskonditionen der Rahmenverträge gar nicht erreicht. Weiterer Schaden entsteht durch Käufe vermeintlich günstiger Waren wie PCs oder Handys bei lokalen Discount-Anbietern, da wesentlich höhere Folgekosten in der Wartung und Gewährleistung (Total Cost of Ownership) nicht berücksichtigt werden. Zusätzlich werden durch fehlendes Einkaufsvolumen bei den strategischen Lieferanten schlechtere Konditionen erreicht.

Durch MRO-e-Procurement-Systeme wird ein einheitlicher Beschaffungsprozess definiert, der kein Ausnahmeverhalten mehr zulässt. Der Bedarfsträger bestellt direkt selbst ausschließlich über den im Intranet abgelegten elektronischen Katalog. Hierzu sind umfassende Reorganisationsmaßnahmen unabdingbar.

Bild 5 liefert eine Übersicht der Merkmale des neuen Prozesses aus Sicht des Bedarfsträgers.

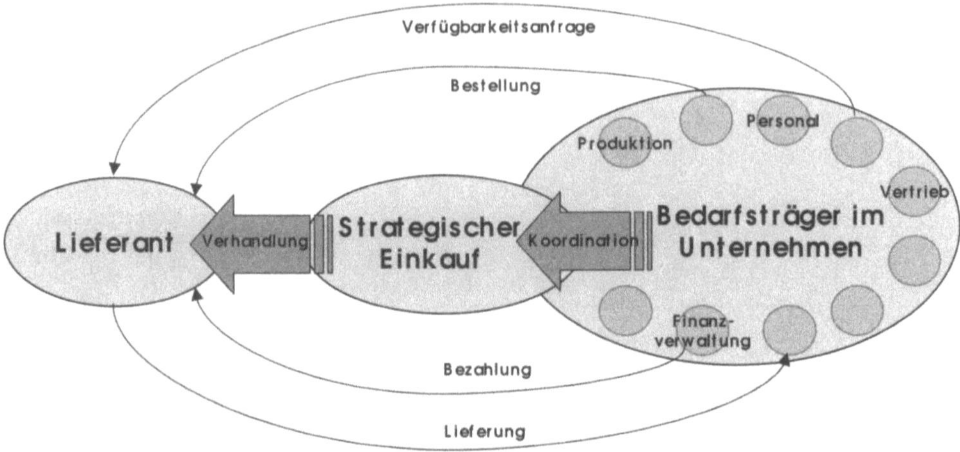

Bild 5   Beschaffung mit Desktop Purchasing Systemen

Neben den Prozessoptimierungen erhält vor allem der Einkauf aufgrund von mehr Transparenz und höherer Informationsqualität verbesserte Entscheidungsgrundlagen. Aus diesem Grund stellen Reporting- und Controlling-Funktionalitäten mittlerweile wesentliche Elemente von e-Procurement-Systemen dar. Alleine Einsparungen durch eine verbesserte Lieferantenstrategie und Lieferantenmanagement liefern in MRO-e-Procurement-Projekten zwischen 20 und 40 % des ROI.

Der ROI liegt aufgrund der schnell erreichbaren Verbesserungspotenziale häufig unter einem Jahr. Erfolgreiche Best Practice-Beispiele zeigen, dass eine Senkung der überproportional hohen Transaktionskosten alleine in der MRO-Güter-Beschaffung um bis zu 80 % erreicht wird. Es ist somit nicht verwunderlich, dass e-Procurement-Projekte heute auf der Projektliste bei den meisten Unternehmen ganz oben stehen.

e-Procurement-Systemeigenschaften für MRO-Beschaffung

Ein e-Procurement-System muss zwei komplementäre Aufgaben erfüllen. Zum einen müssen Beschaffungsprozesse dezentral gestaltet werden, wobei Funktionalitäten für den einzelnen

Bedarfsträger optimal ergonomisch anzulegen sind. Zum anderen sind ausreichend umfassende Funktionalitäten bereitzustellen, damit das e-Procurement-System auf komplexe Beschaffungsprozesse individuell angepasst werden kann.

Um dem ersten Punkt gerecht zu werden, benötigt ein e-Procurement-System die folgenden beiden Kernkomponenten: Einen

- **Multi-Lieferanten-Katalog,**

  der hierarchisch organisiert und, um Wartungsaufwand zu minimieren, vorausschauend geplant werden sollte. Außerdem ein

- **Benutzer-Front-End,**

  das möglichst intuitiv und ergonomisch zu gestalten ist, um von jedem Mitarbeiter mit minimaler Schulung bedient werden zu können. Das Benutzer-Front-End stellt dem einzelnen Bedarfsträger Funktionalitäten wie Warenverfolgung und Warenkorb zur Verfügung.

Für die Abbildung komplexer Beschaffungsvorgänge benötigt das System darüber hinaus auch ein umfangreiches logisches Regelwerk. Hier sind die individuellen Legitimationsprozesse und Berechtigungskonzepte abgebildet und die Kommunikation mit bereits vorhandenen Systemen z.B. ERP-Systemen, ist hier realisiert. Dieses Regelwerk sollte für unvorhergesehene Situationen auch kontinuierlich neu konfigurierbar sein. Auf diese Funktionen beziehen sich folgende Kernkomponenten von e-Procurement-Systemen, deren Interaktion in Bild 6 gezeigt wird:

- **Workflow-/Berechtigungskonzepte**
- **Administration** und **Reporting**
- **Interfaces** zu ERP-Systemen

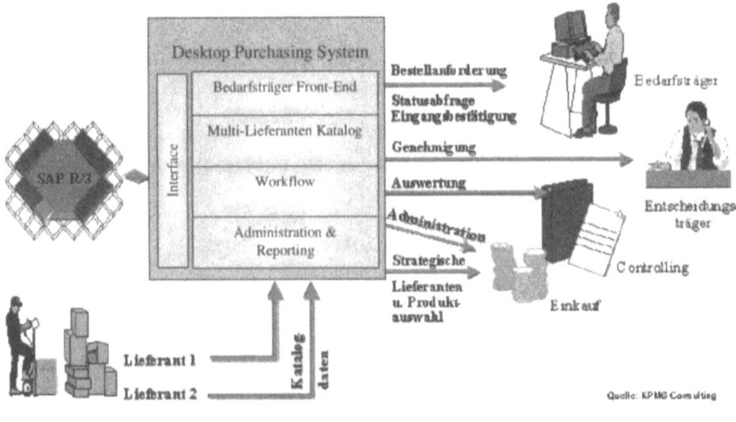

Bild 6   **Komponenten eines e-Procurement-Systems für MRO-Beschaffung**

In der nächsten Generation von e-Procurement-Systemen, die sehr stark durch den Trend der e-Markets geprägt ist, geht es vor allem um die Ergänzung und Integration weiterer e-Business Services und Funktionalitäten (z.B. Zahlung, Logistik, Customer Care, Factoring etc.).

Investitionseinkauf (hochwertige Güter) und Rahmenverträge

Die Beschaffung von hochwertigen Investitionsgütern ist im Vergleich zur MRO-Beschaffung wesentlich schwieriger zu automatisieren. Die zu beschaffenden Güter sind meist komplex und mit hohen Ausgaben verbunden, somit wird auch der gesamte Beschaffungsprozess sehr komplex und nur schwer standardisierbar.

Seit vielen Jahren wird im Bereich der Investitionsgüter nach Lösungen gesucht, die Prozesse der Ausschreibung, Bewertung und Verhandlung zu vereinfachen.

Die erste internet-basierte Lösung wurde bereits Mitte der 90er von GE Lighthouse in Auftrag gegeben. Das TPN Post (Trade Processing Network) galt lange als einzige laufende Anwendung für den Ausschreibungsbereich komplexer und investiver Güter. Mittlerweile werden Lösungen am Markt zunehmend breiter von Anbietern und Anwendern entwickelt und eingesetzt, um einzelne Stufen des Prozesses zu unterstützen.

Bei der Automation stehen weniger die Optimierung der Bestell-Logistik und Zahlungsabwicklungstransaktionen im Vordergrund, wie dies im MRO-Bereich der Fall ist, als die verbesserte Unterstützung des Ausschreibungs- und Bewertungsprozesses (vgl. Bild 7 Phase 2).

Die Hauptziele in dieser Phase sind:

- Beschleunigung des Ausschreibungsverfahrens

- Vereinfachte Ansprache der Lieferanten

- Erzeugung von mehr Wettbewerb zur Senkung der Preise

- Verbesserte Vergleichbarkeit der Angebote

- Reduzierung von Kommunikationsfehlern und redundanten Informationspools

- Verbesserte Unterstützung der Verhandlung

- Verbesserte Auswahl des geeigneten Lieferanten und qualitativ bessere Lieferanten

- Reduzierung der Nachverhandlungen aufgrund von Change Requests

Im Rahmen der Angebotsverhandlung wird zusätzlich geprüft, inwieweit die Preisverhandlungen von Ausschreibungen auktionierbar sind. Durch diese Vereinfachung des Verhandlungsprozesses werden neben der erheblichen Zeitersparnis zusätzliche Preisvorteile (je nach Intensität des Wettbewerbs) möglich: In einzelnen Gütersegmenten bis zu 30 %, im Schnitt sind es ca. 2-6 % gegenüber herkömmlichen Verhandlungen.

Der Ablauf von Auktionen und elektronischen Ausschreibungen und deren Nutzenpotenziale wird umfassend im Beitrag 8 dargestellt.

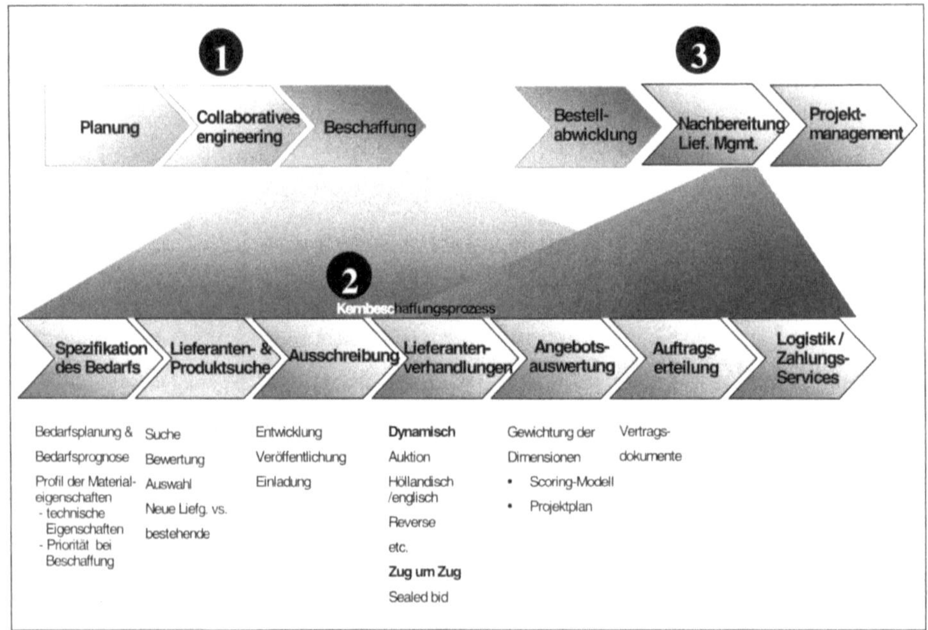

**Bild 7   Ausschreibungsprozess mit vor- und nachgelager-
ten Phasen**

Zukünftig wird im Investitionseinkauf die Automation der vor-
und nachgelagerten Prozesse der Ausschreibung durch
e-Procurement angestrebt (Vergleiche Bereiche 1 und 3 in Bild
7). Hierbei geht es zunächst um die elektronische Unterstützung
der Zusammenarbeit im Vorfeld einer Ausschreibung, was bis
hin zum F&E-Prozess (Forschung & Entwicklung) reichen kann
(Phase 1). Unter dem Schlagwort Collaboration Engineering wird
die Integration eines Planungs- und Entwicklungsprozesses
beispielsweise für die Entwicklung einer Maschine oder eines
Bauprojektes mit strategischen Partnern auf einer gemeinsamen
Internet-basierten Plattform verstanden.

In ähnlicher Weise greift das Thema Collaboration nach der
Vergabe einer Ausschreibung, im Rahmen der gemeinsamen
Projektabwicklung (Phase 3). Hier werden ebenfalls Aufgaben,
Planungen und Abläufe über eine gemeinsam genutzte Plattform
unterstützt.

Der Nutzen solcher collaborativer Plattformen liegt vor allem im
Bereich:

- Prozesskostenersparnis durch Synchronisation der Prozesse zwischen Lieferant und Kunde
- Wiederverwertbarkeit von Informationen und Daten über den gesamten Beziehungsprozess bis zur Projektumsetzung bzw. erneuten Zusammenarbeit
- Effizienzsteigerung durch extrem verbesserte Projektdokumentation und -kommunikation sowie verbesserte Koordination der Projekte
- Indirekte Effizienzsteigerung durch Verkürzung der Projektlaufzeit, gesteigerte Qualität und Projektkostenreduktion/verbesserte Budgeteinhaltung.

Beschaffung von Direktmaterialien

Die elektronische Unterstützung der Beschaffung von Direktmaterialien ist kein neues Konzept, denn schon seit längerer Zeit werden EDI-Systeme vor allem in der produktionsnahen, direkten Beschaffung bei der Stücklistenfertigung eingesetzt.

Die aufwändige Integration, mangelnde Funktionalität und Skalierbarkeit, insbesondere jedoch die fehlende Unterstützung dynamischer, teilweise ad-hoc ablaufender Beziehungen verhinderten bislang die erfolgreiche Ausbreitung von EDI-Systemen.

Erst die auf TCP/IP-Basis laufenden flexiblen und nutzerfreundlicheren Systeme liefern mit verbesserten Technologiekonzepten, Standards und vor allem mehr Funktionalitäten, eine Chance für weitere Automationspotenziale.

Der Prozess an sich bleibt jedoch nach wie vor sehr komplex, steht hierbei doch nicht die Bestellung oder Verhandlung, wie bei den vorherigen beiden Bereichen, im Vordergrund, sondern vor allem die Planung und Steuerung der Materialflüsse. Den wesentlichen Erfolgsfaktor stellt hierbei ein übergreifendes Supply Chain Management mit den Komponenten Konfiguration, Planung und Simulation dar.

Hierbei wird deutlich, dass es zu einer starken Verschmelzung der e-Procurement- und der Supply Chain Management-Ansätze kommt, die weit über die Automation der operativen Beschaffung im Sinne klassischer EDI-Systeme hinausgeht.[6]

---

[6] Für eine vertiefende Darstellung des e-SCM sei an dieser Stelle auf folgendes Buch hingewiesen: **Supply Chain Management** – Strategien, Konzepte und Erfahrungen auf dem Weg zu eBusiness-Networks, Lawrenz/Hildebrand/Nenninger/Hillek, 2001, 2. Auflage

Auch im Bereich der direkten Materialien spielt das Thema Collaboration eine wichtige Rolle. Ein Beispiel für die Beschaffung zeichnungsgebundener Materialien in Verbindung mit dem Austausch und der gemeinsamen Nutzung der entsprechenden Dokumente stellt die Lösung bei Siemens Power Generation im Beitrag 18 dar.

Die wesentlichsten Effekte bei der Direktmaterialbeschaffung lassen sich durch verbesserte Planung erzielen. Vor allem die Erhöhung der Transparenz der Produkt-, Informations- und Warenströme über die gesamte Supply Chain führt zu einer Verbesserung der Planung mit folgenden Auswirkungen:

- Verringerung der Bestände

- Verbesserung des Servicegrades

- Reduzierung der Supply Chain-Kosten

- Verkürzung der Durchlaufzeiten

Die Nutzenpotenziale neben der Verbesserung der Planung liegen in den bereits weiter oben beschriebenen Verbesserungen der Abwicklungsprozesse (Senkung der Transaktions- und Akquisitionskosten) und im Bereich Collaboration (u.a. Effizienzerhöhung in der Entwicklung, verbesserte Abstimmung und Reaktionszeiten).

Vom e-Procurement zu e-Markets

Die neue Entwicklung im B2B-Geschäft heißt e-Markets. Diese bringen viele Lieferanten mit vielen Einkäufern auf einer einheitliche Plattform für gemeinsame Geschäfte zusammen. Hierdurch werden eine ganze Fülle zusätzlicher Potenziale für alle Beteiligten generiert.

So kann das Suchen und Bewerten von neuen Lieferanten in neuen Regionen über e-Markets zukünftig online mit einem Bruchteil des bisher notwendigen Aufwands abgewickelt werden. Große e-Market-Plattformen, die die kritische Masse an Transaktionen erreicht haben, ziehen dabei Lieferanten wesentlich leichter und effektiver an. Auf Basis neuer Dienstleistungen wie Online-Zertifizierung von Lieferanten, Online-Bewertung von Qualitätsmerkmalen einzelner Lieferanten durch Kunden etc. wird der Selektions- und Bewertungsprozess erheblich vereinfacht.

Definition

Unter elektronischen Märkten, kurz *e-Markets*, versteht man von einem Marktplatzbetreiber organisierte, virtuelle und i.d.R. gegen Entgelt bereitgestellte Handelsräume. Im Kern unterstützen und koordinieren sie die Markttransaktionen während aller Handelsphasen (Information/Anbahnung, Vereinbarung/Vertrag, Abwicklung/Leistung, Post-Sales). Das Internet liefert die Basisinfrastruktur, wobei speziell für diese Infrastruktur entwickelte Applikationen die Geschäftsprozesse abbilden.

Nutzenpotenziale

Mehrwert der e-Markets entsteht vor allem durch den Netzwerkeffekt. Aus Sicht der Lieferanten ist es vorteilhaft, ihren Produktkatalog nicht in zahlreiche Multilieferantenkataloge einzelner Kunden zu integrieren, sondern lediglich in einzelne wenige e-Markets, an denen dann wiederum die Kunden angeschlossen sind. Somit reduziert sich die Anzahl der potenziellen Beziehungen von einer n:m Beziehung zu einer n:1:m Beziehung.

Peer-to-Peer: n : m

Netzwerkeffekt: n : 1 : m

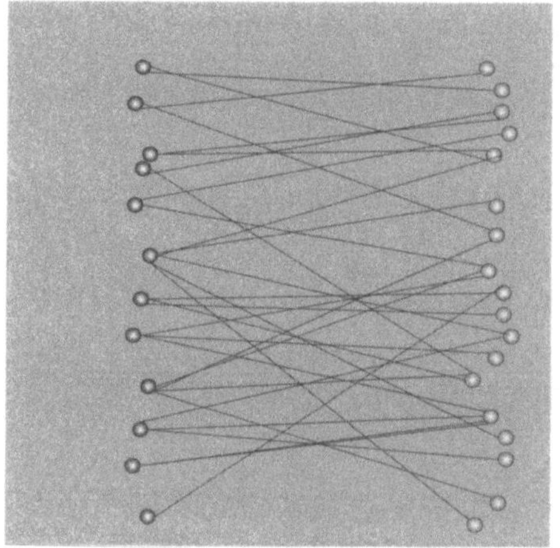
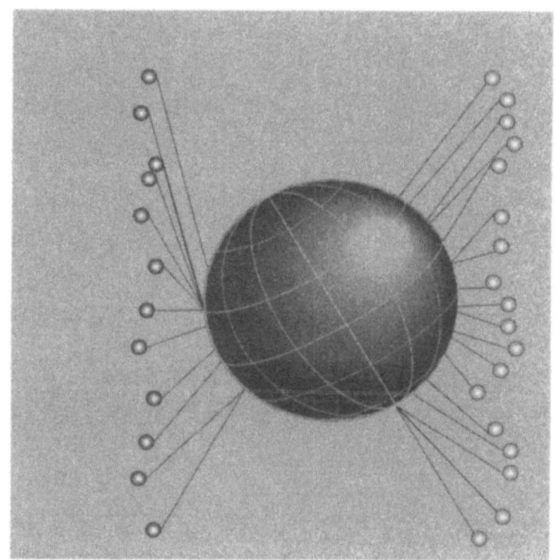

Bild 8   Netzwerkeffekt

Dieser Nutzen dringt erst langsam am Markt ins Bewusstsein der Anwender ein. Bei e-Procurement-Projekten steht anfangs die Automatisierung der eigenen Organisation im Vordergrund. Der Aufwand in die ERP-Systeme der Lieferanten ebenfalls zu integrieren, wird gerne vernachlässigt oder stark unterschätzt. Stellt man sich jedoch vor, dass schon heute mehrere hundert Unternehmen alleine in Deutschland e-Procurement-Systeme im Einsatz haben, so wird sehr schnell die Rentabilitätsgrenze für Lieferanten deutlich. Jedes einkaufende Unternehmen möchte einen individuellen elektronischen Katalog entsprechend der eigenen Klassifikationen einsetzen und fordert seine Lieferanten auf, sich an das unternehmenseigene e-Procurement-System anzubinden. Der Aufwand für Lieferanten, alle Kunden einzeln zu bedienen (Katalogerstellung und ERP-Integration), wächst jedoch für die Lieferanten sehr schnell in unwirtschaftliche Dimensionen, was gerade bei Handelsunternehmen, deren Gewinnspanne ohnehin eher gering ist, schnell zu wirtschaftlichen Problemen führt. Die Folge ist, dass e-Procurement-Anwender sich vermehrt über die schleppende und sehr aufwändige Anbindung von Lieferanten und deren mangelnde Akzeptanz beklagen.

Marktplätze stellen als Service-Provider eine Integrationsplattform zur Verfügung, die für beide Handelspartner erhebliche Investitionsreduktionen bedeuten. Lieferanten müssen sich nur einmal an eine Plattform anschließen und können ihre Produkte vielen Einkaufsorganisationen gleichzeitig anbieten.

Die Evolution der elektronischen Procurement-Systeme und der Ausschreibungsplattform zu einer elektronischen Marktplatz-Plattform hat über den Netzwerkeffekt hinaus weitere wesentliche Erfolgspotenziale:

- Schnelleres Erreichen der kritischen Masse von Nachfrage und Angebot und eine verbesserte Reichweite mit der Chance, das Preissenkungspotenzial langfristig weiter zu steigern

- Einfachere Gewinnung von neuen Lieferanten durch Steigerung der lieferantenseitigen Nutzenpotenziale aufgrund einer höheren kritischen Masse und zusätzlichen Prozesskosteneinsparungen für den Lieferanten

- Aufbau einer Community, die weiteren Mehrwert in allen Bereichen der Zusammenarbeit abbilden kann (z.B. Bewertungen von Handelspartnern, gemeinsame Nutzung neuer Services, breiter Zugang zu neuen Anbieter- und Nachfragermärkten)

- Verteilung der Gesamtinvestitionen für den weiteren Ausbau der Plattform, neuer e-Services und der laufenden Kosten auf eine ausreichende große Teilnehmerzahl

- Bessere Informationsdichte, -transparenz und Qualität durch eine breitere Abdeckung an Marktteilnehmern

e-Market-Typen

Horizontale und vertikale e-Markets

e-Markets werden – analog der Klassifizierungsmethodik der Güterklassen für die Eignung von e-Procurement-Systemen – danach unterschieden, ob es sich bei den darauf zu handelnden Gütern um C-Teile bzw. MRO-Materialien handelt, die gar nicht oder nur bedingt/indirekt in den Produktionsprozess eingehen, oder um so genannte Direktmaterialien, die direkt in den Produktionsprozess eingehen und insofern häufig produktionskritisch und branchenspezifisch sind.

Je nachdem spricht man im ersten Fall von horizontalen e-Markets und im letzteren Fall von vertikalen e-Markets.

Die Qualität dieser beiden e-Market-Typen ist sehr unterschiedlich, bei MRO handelt es sich um so genannte „clickable Products", also Produkte, die relativ einfach in einem elektronischen Katalog zur Verfügung gestellt werden können und deren Beschaffungsrisiko recht gering ist. Bezüglich der Zielgruppenausrichtung werden weitgehend keine branchenspezifischen Unterscheidungen notwendig. Horizontale e-Markets können aufgrund ihrer MRO-Sortimente alle Segmente gleichermaßen bedienen.

Der Bedarf an zusätzlichen integrierten e-Market-Services ist vergleichsweise gering, da sich die Marktteilnehmer häufig kennen und so die sekundären Prozessschritte wie Logistik, Finanz etc. schon eingespielt sind oder gar durch ERP-Systeme automatisiert sind; der Global Reach ist ebenfalls gering, da es sich häufig nicht lohnt, MRO-Materialien von weit entfernten Destinationen zu beschaffen.

Bei Direktgütern muss neben branchenspezifischen Besonderheiten insbesondere die Integration in ERP-Systeme, besonders in die Materialbedarfsplanung gegeben sein. Darüber hinaus spielen Aspekte wie Verfügbarkeit und Demand Forecast eine besondere Rolle. Hierdurch bilden sich vertikale den Branchenanforderungen entsprechende e-Markets je Branche und Zielgruppe heraus.

Offene und geschlossene e-Markets

In diesem Zusammenhang wird ebenfalls zwischen geschlossenen und offenen e-Markets unterschieden. Horizontale sind in der Regel offene e-Markets, das heißt für alle Teilenehmer am Markt zugänglich. Je mehr der e-Market einen vertikalen Charakter bekommt, umso häufiger sind diese semi-offene Modelle nur für gewisse Nutzergruppen nach Branche, Region und Wettbewerbskonstellation zugänglich.

Im Gegensatz zu den offenen Modellen stellen die geschlossenen Marktplätze (auch private Exchanges) reine konzerninterne Plattformen dar. Diese e-Market Form ist vor allem bei internationalen Konzernen mit einer Vielzahl an Gesellschaften vorzufinden. Hier generiert ein konzerninterner e-Market schon aufgrund der Heterogenität, des großen Volumens und der internationalen Besonderheiten Vorteile gegenüber einer e-Procurement-Lösung ohne weitere externe Marktteilnehmer hinzuziehen zu müssen.

e-Markets als Plattform und als Einkaufsdienstleister

Herkömmliche e-Markets waren reine Transaktionsplattform-Dienstleister, die einen Infrastrukturservice angeboten haben. Neue Entwicklungen bei e-Markets gehen dahin, nicht nur Application Outsourcing und Infrastrukturservices zu bieten sondern auch Einkaufsprozesse für nicht strategische Produkte, wie MRO, zu übernehmen (Business Process Outsourcing). E-Markets übernehmen dabei den kompletten operativen Einkauf für andere Unternehmen auf Basis der eigenen verhandelten Rahmenverträge und Konditionen. Business Process Outsourcing im Einkauf stellt eine strategische Option für Unternehmen dar, sich auf ihre Kernkompetenzen verstärkt zu konzentrieren und gleichzeitig von den Kernkompetenzen eines professionellen Einkaufsdienstleisters zu profitieren. Durch dieses e-Market-basierte Single Sourcing entstehen neben weiteren Prozesskosteneinsparungen erhebliche zusätzliche Materialkosteneinsparungen.

Der derzeit größte Marktplatz, der diese Leistungen umfassend und international anbietet, ist der Siemens Marktplatz click2procure, siehe Beitrag 11, auf em deutschen Markt etabliert sich außerdem zur Zeit die WestEK/WestLB, siehe Beitrag 13.

Die Auswahl erfolgreicher e-Markets

Die Geschäftsmodelle sowie Leistungsprofile der einzelnen e-Markets unterscheiden sich erheblich. Im Rahmen der Case Studies werden verschiedene erfolgreiche Modelle vorgestellt. Für den Auswahlprozess des geeigneten e-Marketpartners sollten die folgenden kritischen Erfolgsfaktoren für die Wettbewerbsfähigkeit und damit die Überlebensfähigkeit eines e-Markets in die Entscheidung mit einbezogen werden.

Kritische Erfolgsfaktoren für e-Markets

Sowohl für Unternehmen, die e-Procurement betreiben und einen Marktplatzpartner suchen, als auch für Unternehmen die einen e-Market selbst aufbauen wollen, ist die Nachhaltigkeit des e-Market-Geschäftsmodells zur Investitionssicherung wesentlich.

Der Aufbau eines e-Markets stellt ein extrem komplexes, investitionsintensives und anspruchsvolles Projekt dar. Es geht nicht primär um die Gestaltung einer neuen Informationssystemplattform, sondern um den Neuaufbau eines komplex vernetzten Serviceunternehmens.

Im Folgenden werden die 12 wichtigsten kritischen Erfolgsfaktoren für e-Markets beschrieben. Diese helfen den Entscheidungsprozess für einen eigenen e-Market bzw. für den richtigen Marktplatzpartner zu unterstützen. Diese kritischen Erfolgsfaktoren werden in einem kybernetischen Modell der Entwicklung eines e-Markets einsortiert, Das Modell beschreibt eine sich beständig erneuernde Abfolge der Phasen enabling, build, run und net improve.

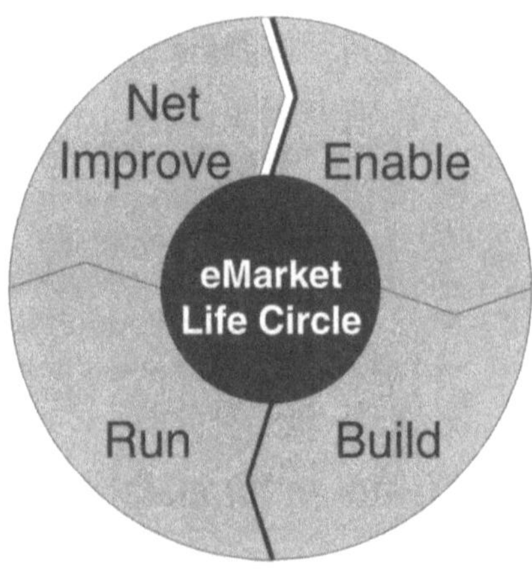

Bild 9   Kybernetisches B2B-Modell eines e-Markets

e-Markets werden in einer ersten enabling-Phase initiiert und
beplant, und vor allem wird hier die Finanzierbarkeit und Machbarkeit geprüft. Hierbei stehen Marktstellung, Branchenerfahrun-
gen, das Geschäftsmodell, die Finanzierung und das Servicemo-
dell im Mittelpunkt.

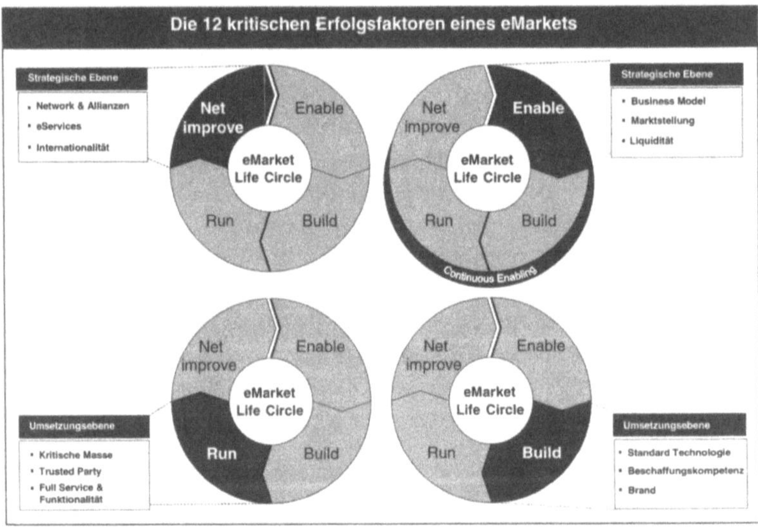

Bild 10   Kritische Erfolgsfaktoren

Die Umsetzung erfolgt in der Buildphase. In dieser Phase werden neben dem Aufbau des Brands, die Geschäftsprozesse, die

IT-Architektur sowie die technologische Infrastruktur aufgesetzt und implementiert.

In der dritten Phase (Run) geht es um das Betreiben des Geschäftsmodells (u.a. Erreichen der kritischen Masse, Einkäufer- und Lieferantengewinnung, Marketing). Ziel ist es einen one-stop-shop Ansatz für die Kunden zu liefern.

In der vierten Phase des Zyklus (Net Improve) steht der Ausbau des Geschäftsmodells im Vordergrund. e-Markets sind extrem dynamische Gebilde in hochkomplexen Netzwerken. Diese müssen funktionieren, primär aus einer kooperativen Sicht, nicht zuletzt aber auch aus einer technologischen Sicht, die die erstere abbilden muss. e-Markets unterliegen in diesem Umfeld einem hohem technologischen, preisstrategischen und funktionalen Wandel. Das Oberziel stellt das Erreichen und Halten der notwendigen kritischen Masse dar. Hierfür bedarf es einer beständigen Weiterentwicklung und damit verbundenen Neuausrichtung des Geschäfts- und Servicemodells. Im Idealfall können in der vierten Phase durch ständige Verbesserung neue Geschäftsmöglichkeiten und -potenziale generiert werden, so dass sich der Zyklus schließt und wieder in der Enabling-Phase eine Neuausrichtung des Geschäftsmodells erfolgt.

Enable

Die Enabling Phase initiiert das B2B-Projekt und prüft die Potenziale und die Machbarkeit aus wettbewerbsorientierter und wirtschaftlicher Sicht.

Marktstellung und Industrie Expertise

Den wesentlichsten Erfolgsfaktor stellt die Industrie Expertise in Verbindung mit einer starken Marktstellung dar. Grundvoraussetzung ist ein umfassendes Know-how der Branche, der spezifischen Teilnehmer und Beschaffungsprozesse, um eine marktrelevante oder gar -beherrschende Stellung mit dem e-Market erreichen zu können.

Markterfahrung und -beziehungen alleine reichen jedoch nicht aus, um im wettbewerbsintensiven Umfeld erfolgreich zu sein. Vor allem der Zugriff auf Einkaufsmacht und -potenzial, die als enabler den e-Market voranbringen, ist wesentlich.

Business Modell: e-Markets stellen grundlegend neue Geschäftsmodelle dar und unterscheiden sich hierdurch wesentlich von einem e-Procurement-Projekt. Nicht die Beschaffung oder das Angebotsmanagement stehen als Ziel im Mittelpunkt, sondern das Providergeschäft für eine elektronische Handelsplattform. Hierzu müssen idealerweise eine neue Organisation, dedizierte Revenuemodelle, Service Levels, Billingsystems, Contentservices, etc. aufgebaut und gemanagt werden. Wesentlich ist die Auswahl eines geeigneten Revenuemodells (Varianten aus Access-, Setup- und Transaction Fees gekoppelt mit Third Party Service-Verrechnungen), das sowohl zum Erfolg als auch zum Misserfolg vor allem in Verbindung mit der Liquidität führen kann.

Aufgrund des komplex vernetzten Geschäftsmodells und einem späten Return on Investment (ROI) (anders als bei e-Procurement-Projekten) ist die Finanzierungsplanung bei Beachtung einer langfristig ausreichenden **Liquidität** von wesentlicher Bedeutung. e-Markets haben einen anfangs langsam wachsenden und zeitlich nach hinten verschoben Return on Investment aufgrund eines häufig verwendeten Mixes aus festen und variablen (zeit-/ und mengenabhängigen) Nutzerentgelten. Letztere stellen sich erst nach einer bestimmten Wachstumsperiode, die sich insbesondere auf Basis des Erreichens der kritischen Masse misst, ein. Setzt man jedoch den Anteil fixer Nutzergebühren frühzeitig hoch, so erhöht man automatisch auch die Eintrittshürde für neue Teilnehmer und erschwert hierdurch das Erreichen der kritischen Masse.

Build

Beschaffungskompetenz: Die Kenntnis der Beschaffungsprozesse, der Lieferanten und Märkte ist Grundvoraussetzung für erfolgreiche e-Markets. Viele e-Market Start-ups haben vor allem diesen Punkt unterschätzt und wurden hier von der Old Economy mit ihren bestehenden jahrelangen Erfahrungen und Beziehungen einfach überrollt. Die Kompetenz steht zukünftig noch stärker im Vordergrund. Neue B2B-Services und Produkte unterstützen umfassender und vollautomatisiert immer größere Teile der Beschaffungsprozesse. Reichten im Katalogbeschaffungsgeschäft anfangs noch primär Kenntnisse der Applikationen und Materialfelder aus, so steht z.B. im Auktionsgeschäft in erster Linie das Beschaffungs-Know-how im Vordergrund. Zukünftig wird die Beschaffungskompetenz, insbesondere in Verbindung mit internationaler Kompetenz wesentlicher Garant für erfolgreiche e-Markets sein. e-Markets, die sich nur als Infrastrukturpartner und Application Service Provider aufstellen, werden gegenüber den Full Service Providern an Wert und Leistungsfähigkeit stark verlieren.

Brand: Marktplätze sind neue Dienstleistungsunternehmen am Markt. Diese müssen sich entsprechend ihrer Leistungsstärke, internationaler Ausrichtung und ihres Portfolios neu am Markt positionieren. Es ist nicht selbstverständlich dass gerade konsortiale e-Markets aufgrund der bekannten Mütter deren Imageeffekt direkt auf das neue Dienstleistungsunternehmen übertragen. Der Aufbau einer eigenen Marke und die Assoziation der Leistungen und Werte des Dienstleistungsgeschäftes müssen am Markt positioniert werden. Selbst Private Exchanges, die nur nach innen in einem Konzern aufgestellt sind, müssen Marketing betreiben, um die Leistungen in die einzelnen Bereiche und Abteilungen hineinzutragen. Die Anweisung von der Konzernspitze reicht in den wenigsten Fällen alleine aus.

Für Drittunternehmen die e-Markets als Dienstleistungspartner suchen, stellt eine starke Marke einen Garant für die kritische Masse dar. Vor allem in Richtung der Lieferanten ist es wesentlich, die Ernsthaftigkeit, die Erfolgswahrscheinlichkeit und das Marktpotenzial des neuen e-Markets zu verkaufen (siehe Beitrag 4).

Technologie: Die technologische Plattform eines e-Markets stellt keine isolierte Insel dar, sondern muss schon in der ersten Aufbaustufe mit einer Vielzahl von anderen Applikationen kommunizieren. Neben der Integration mit den ERP- und e-Procurement-Systemen der Einkaufsorganisationen und den Katalog- und ERP-Systemen der Lieferanten sind zukünftig vor allem auch die Service Applikationen von Drittanbietern aus dem Finanz-, Logistik-, Content- oder Versicherungsbereich wichtig. e-Market-Plattformen sind somit hochgradig vernetzt. Sie müssen dies über verschiedene Prozessebenen, Branchenmodelle, Katalogformen und Industriestandards beherrschen, um allen Teilnehmern umfassende Automationspotenziale, Transaktionskosteneinsparungen und Prozessoptimierungen zu liefern. Dies kann langfristig weder auf Basis von Eigenentwicklungen noch auf Basis von Nischenlösungen mit regionaler Bedeutung erfolgen. e-Markets müssen sich mehr und mehr international ausrichten und müssen daher Technologieanbieter nutzen, die in der Lage sind, internationale (de facto) Standards zu schaffen bzw. zu unterstützen. Beispiele hierfür liefern die in diesem Buch beschriebenen Lösungsansätze zweier führender Anbieter (Commerce One und Oracle), die langfristig die hohen Anforderungen an globale B2B-Plattformen unterstützen können.[7]

Die nächste Generation e-Markets wird eine Vernetzung der e-Markets zu Metamarkets (auch Exchange2Exchange) im Sinne einer globalen B2B-Infrastruktur darstellen, ähnlich einem weltumspannenden Telefonnetz mit verschiedenen Providern, bei dem einzelne e-Markets als Hubs funktionieren. Commerce One hat als erster Anbieter mit dem GTW (siehe Beitrag 10) ein solches Netzwerk aufgebaut. Auch hierbei stehen Standards, Interoperabilität und internationale Verbreitung der Plattform im Vordergrund.

Run

Erzeugung Kritische Masse: Für das Wachsen und Überleben eines e-Markets sind ausreichend Teilnehmer für Angebote und Nachfrage essenziell. Doch gerade hier haben die meisten e-Markets die größten Anlaufschwierigkeiten. Vielfach sind das Vertrauen und die Kenntnisse der Leistungen eines e-Markets den Einkaufsorganisationen noch nicht transparent genug. Zusätzlich wurden die Interessen der Lieferanten stark vernachlässigt, so dass auch die Anbieterseite häufig unterrepräsentiert ist. Vielfach herrscht nun das „Henne-Ei"-Problem, Anwender warten auf neue Lieferanten die weitere Materialfelder abdecken und neue Lieferanten warten auf eine größere Menge potenzieller Abnehmer, die ihre Investitionen ebenfalls rechtfertigen.

In diesen Fällen sind e-Markets, die aus Konzernumfeldern entstehen derzeit als einzige in der Lage das Problem mit Hilfe der eigenen Einkaufskraft zu überwinden. Jedoch sind auch hier große Anstrengungen notwendig, um die Akzeptanz und Nutzung der Plattformen entsprechend weit in die Organisationen hineinzutragen. Vor allem das Ziel Wiederholungsgeschäfte zu

---

[7] SAP als weiterer globaler Anbieter im B2B Markt hat sich im Juni 2000 in das Commerce One Lager eingekauft und nutzt heute deren Marketsite Plattform als Technologie Basis für e-Markets. Für den Bereich der e-Procurement Applikationen ist diese Allianz jedoch wieder auseinandergebrochen, so dass beide Unternehmen Ihre Lösungen Enterprise Buyer Desktop (Commerce One) und Enterprise Byuer Professional (SAP) gegeneinander am Markt positionieren.

generieren scheitert häufig an nach wie vor unvollständigen Sortimenten und nutzerunfreundlichen Applikationen.

Weitere Widerstände entstehen durch mangelnde Akzeptanz elektronischer Beschaffungsprozesse auf der Managementebene. Die Ursache hierfür liegt i.d.R. in fehlenden und unzureichenden Kosten-Nutzen-Betrachtungen, die Investitionen und Reorganisationen zielgerichtet begründen.

Trusted Party: e-Market-Transaktionen beinhalten häufig sehr vertrauliche Informationen wie Einkaufskonditionen und Vertragsbedingungen. Hier wird vom e-Market-Betreiber, der als Service Provider die Geschäftsabwicklung übernimmt, eine Vertraulichkeit erwartet, die dieser umfassend und fortlaufend gewährleisten muss.

Full Service & Funktionalität: Sowohl Lieferanten als auch Einkaufsorganisationen erwarten heute von e-Markets ein Vollsortiment. Neben der Nutzung von derzeit verfügbaren e-Services wie Katalogmanagement und –hosting, eRFQ, Auktionen, Rechnungsclearing, etc. werden auch Leistungen im Bereich des bereits beschriebenen Einkaufsmanagements und des Hostings von Applikationen erwartet. e-Markets entwickeln sich damit zum Service Provider auf Prozessebene, Applikationsebene und Infrastrukturebene. Dieser kompletten Umfang an Leistungen erfordert jedoch erhebliche Investitionen und umfassende Kompetenzbündelung. Nur wenige Anbieter werden hier zukünftig wettbewerbsfähig den Marktanforderungen gerecht werden. Die zunehmende Anforderung an Unterstützung internationaler B2B-Geschäfte verschärfen den Konsolidierungsprozess im e-Market- Segment, so dass hier in Deutschland langfristig nur noch 3-4 horizontal und international agierende e-Markets und jeweils 2-3 je Branche und Schwerpunkt aufgestellte vertikale e-Markets übrig bleiben werden.

Eine hohe Abdeckung der Prozesse durch ausreichende Funktionalität ist eine Grundvoraussetzung eines erfolgreichen e-Markets.

Darüber hinaus ist es wesentlich, die gesamte Plattform in ihrer Darstellung und Handhabung so einfach wie möglich zu halten, um im Rahmen der Marketingaktivitäten hohe und schnelle Akzeptanz zu erzeugen. Hierbei sind in gewissem Sinne Kreativität und Innovation erfolgsentscheidend. Im intensiven Wettbewerbsumfeld entscheiden **Killerapplikationen**, die dem Anbieter einen häufig nur kleinen, aber entscheidenden Zusatznutzen liefern, über den Erfolg oder Misserfolg. Sabre von American Airlines oder das Online banking, das letztendlich T-Online zum Akzeptanz-Durchbruch verhalf, sind bekannte Beispiele für solche Applikationen. Jeder e-Market muss für sein Kundenklientel versuchen, in Teilbereichen einen derzeit am Markt noch nicht verfügbaren und schwer kopierbaren Zusatznutzen zu schaffen.

Net Improve (manage/coach)

Internationalität: Die notwendige kritische Masse kann nur durch große Beschaffungsvolumen von international agierenden Konzernen erzeugt werden. Diese bestimmen damit auch die Strategien und den Erfolg der überlebenden B2B-Plattformen. Beim Aufbau einer e-Procurement-Plattform besteht bei Konzernen die Anforderung, diese konzernweit einheitlich zu gestalten. Hierzu gehört auch ein einheitlicher Zugang zu einem e-Market, der die Lieferantenintegration und -anbindung, Bereitstellung der Kataloge, Möglichkeit internationaler Ausschreibungen und Auktionen, etc. bereitstellt. Dreh- und Angelpunkt ist der internationale Zugang zur Lieferantencommunity jeder Wirtschaftsregion in denen der jeweilige Konzern vertreten ist. Nur sehr wenige e-Markets werden in der Lage sein, sich eine internationale Aufstellung leisten zu können, vor allem in Verbindung mit dem regionalem Zugang zum Lieferantenmarkt.

Network & Alliances: Eng in Verbindung mit dem Thema Expansion und internationaler Roll-out steht das Thema Alliances und Partner Network. Es sind erhebliche Marketinganstrengungen notwendig, um die richtigen enabling-Partner zu gewinnen und das gesamte Netzwerk aus Einkäufern, Lieferanten, Serviceanbietern und Promotoren zu einem erfolgreichen, funktionierenden Organismus auszubauen.

Klare Make or Buy Strategien stellen eine erfolgreiche Grundlage des e-Market-Managements dar. Kein e-Market ist in der Lage alle Leistungen alleine zu erbringen und vor allem vorzufinanzieren. Starke Partner im Bereich Technologie-Outsourcing, Implementierung, Content Services, Applikationdevelopment, etc. in verschiedenen Regionen sind für ein schnelles aber gesundes Wachstum erfolgskritisch.

Vielfach gehen Wertschöpfungspartner als Gesellschafter mit in die Verantwortung einzelne e-Markets aufzubauen. So ist SAP u.a. Gesellschafter der e-Markets emaro, ec4ec und supply on.

Bei vertikalen e-Markets wird häufig Co-operation angestrebt. Viele Wettbewerber sind zugleich Gesellschafter einer gemeinsamen Plattform, um in Kooperation die Investitionen für den e-Market und die Aufwände zu Erzeugung der kritischen Masse zu teilen. Der frühzeitige Zusammenschluss zu so genannten konsortialen e-Markets führt jedoch zu erhöhtem Abstimmungsaufwand und verschleppt Entscheidungen. Am Beispiel Covisint ist dies z.B. deutlich zu sehen; von dem einstmals geplantem Portfolio und der Roadmap ist der heutige Realisierungszustand weit entfernt. Die Ursache ist vor allem bei den zu hohen Abstimmungsaufwänden und dem fehlenden Support aufgrund der Zielkonflikte bei den Gesellschaftern zu finden. Bei der Auswahl des geeigneten e-Market-Partners muss daher die Managementstruktur sowie die Gesellschafterstruktur intensiv mit analysiert werden.

e-Services: Die technologische Unterstützung der Netzwerke erfolgt nicht alleine auf Basis der B2B-Plattform, sondern zunehmend durch eine Vielzahl neuer e-Service-Applikationen, die in die e-Market-Plattform integriert werden.

Der Begriff e-Services ist in den letzten zwei Jahren sehr stark von vielfältigen Interpretationen geprägt worden. Oben wurde eine generelle Definition geliefert, nähere Informationen liefern die Beiträge 6 und 7. Unternehmen werden neben den anderen hier beschriebenen Erfolgsfaktoren bei der Auswahl des geeigneten e-Market-Partners immer stärker auf den Umfang des Leistungsangebots achten. Einkaufsorganisationen haben wenig Interesse 3, 4 oder gar mehr e-Markets als Service Provider zu nutzen. Wenn ein e-Market als Anbieter für indirektes Material genutzt wird, wird von ihm auch erwartet Auktionen und Logistik Services anzubieten.

Die nächste Generation von e-Markets wird neben der Abwicklung der reinen Bestellung daher vor allem vielfältige weitere Transaktionen und Services liefern müssen, um sich im intensiver werdenden Wettbewerb durchzusetzen. Bei der zu erwartenden Konsolidierung von e-Markets werden insbesondere diejenigen überleben, die es schaffen, durch die entsprechenden e-Services einen Mehrwert durch eine höhere Abdeckung an kritischen Geschäftsprozessen zu generieren und damit einen höheren Effektivitätsgrad und einen verkürzten ROI für alle Beteiligten zu erreichen.

Viele der hier dargestellten Erfolgsfaktoren erscheinen als selbstverständlich, werden sie doch abstrakt gesehen bei traditionellen Geschäften großteils äquivalent angewandt. Die dynamische Entwicklung hat in den letzten Jahren jedoch viele Unternehmen die Bedeutung dieser Felder aus den Augen verlieren lassen. Hausaufgaben strategischer Planung wurden außer Acht gelassen. Der derzeitige Niedergang ganzer e-Market-Generationen war vorprogrammiert, und viele weitere Plattformen werden noch in den Konkurs folgen, bevor die wenigen Global Player den Markt für sich endgültig besetzen können.

2 Aufbau und Entwicklung von e-Markets unter Berücksichtigung von Integrations- und Make or Buy-Aspekten

Claudia Engelhardt, Markus Fichtinger

In den letzten 15 Jahren haben Unternehmen in den Auf- und Ausbau ihrer Informationstechnologie investiert. Im Vordergrund stand die Optimierung und Automation von unternehmensinternen wertschöpfenden (Produktion) und unterstützenden (Finanz- und Rechnungswesen) Prozessen. Diese Systeme und Plattformen erscheinen aufgrund ihres Fokus auf interne Prozesse aus Effizienzgesichtspunkten ausgereizt.

Die Entwicklung des Internets und insbesondere die Entstehung von e-Markets revolutioniert tiefgreifend bestehende Geschäftsbeziehungen und stellt diese optimierten intern wieder in Frage. Jedoch existiert eine große Bandbreite bei dem Verständnis, auf welchem Weg sich Potenziale wie Kosteneinsparungen und Effizienzsteigerungen über einen e-Market realisieren lassen. Einigkeit besteht aber darin, dass rechtzeitig und mit der erforderlichen Geschwindigkeit gehandelt werden muss, um mit den Entwicklungen Schritt zu halten und nicht den Anschluss zu verlieren.

Nachfolgend soll unter einem e-Market eine virtuelle Plattform im Internet verstanden werden, die Kommunikations- und Informationstechnologien zum Informationsaustausch und Handeln von Gütern und Dienstleistungen nutzt und die Zusammenarbeit zwischen Unternehmen auf eine gemeinsame Basis stellt. Die Möglichkeiten reichen von der Nutzung zusätzlicher Kommunikationsformen über die parallele Bedienung unterschiedlicher Ein- bzw. Verkaufskanäle bis hin zur Integration der gesamten Supply- bzw. DemandChain. Bestehende Geschäftsprozesse werden neu definiert und es ergeben sich für Unternehmen völlig neue Geschäftsmodelle.

Integration als Schlüssel zum Erfolg

Damit sich e-Markets zu einer festen Größe für das Management von Geschäftsbeziehungen zwischen Unternehmen entwickeln können, muss man sich vergegenwärtigen, welche Beteiligten, neben Käufern und Verkäufern, bei der Entstehung und Entwicklung eines e-Markets zusammenspielen.

Es lassen sich solche Projekte meist nicht ohne zusätzliche Investoren und weitere Partner, wie z.B. Hardware- bzw. Softwarehäuser, realisieren. Die Mitarbeiter der teilnehmenden Unternehmen stellen die eigentlichen Nutzer einer Plattform dar, die in Beziehung zu Mitarbeitern ihrer Kunden- und Lieferantenunternehmen stehen. Je nach Ausrichtung des Produkt- und Serviceportfolios eines e-Markets sind unterschiedliche Dienstleister zur Abwicklung und Unterstützung von Geschäftsbeziehungen involviert.

Gleichzeitig umfasst die Realisierung einer virtuellen Plattform Aktionsfelder, die über die Aufstellung eines Geschäftsmodells hinausgehen:

- Finanzierung & Kosten
- Service & Leistungen
- Ressourcen & Know-how
- Organisation & Prozesse
- Technologien

Beziehungsmatrix eines e-Markets

Durch die Kombination von Beteiligten und Aktionsfeldern rund um einen e-Market entsteht ein komplexes Beziehungs- und Aufgabennetzwerk, in dem jeder Mitwirkende spezifische Vorstellungen und Anforderungen hat. Dabei können sich Interessensüberschneidungen ergeben, da z.B. ein Teilnehmer eines e-Markets parallel, je nach Geschäftsmodell, Lieferant und Teilhaber ist bzw. werden kann.

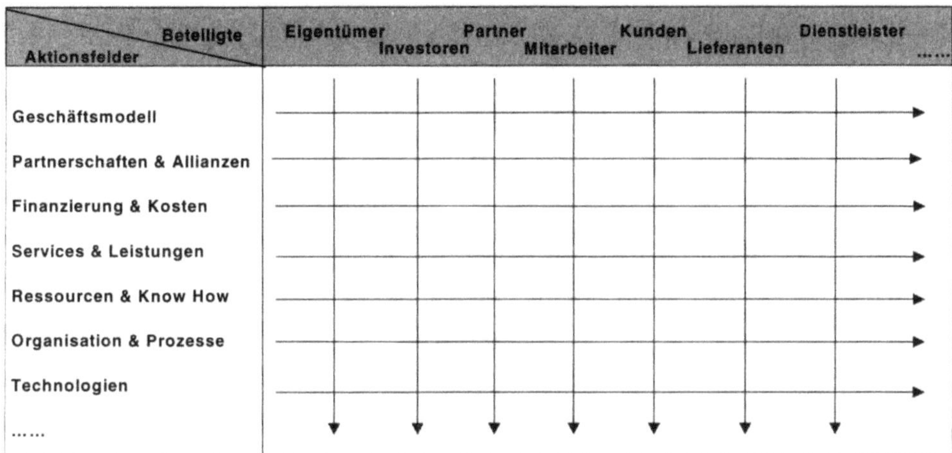

Bild 11   Beziehungsmatrix eines e-Markets

Ebenso lässt sich kein Aufgabenfeld isoliert betrachten. Es spielen immer wieder Teile anderer Bereiche eine Rolle, so dass ein dynamisches Spannungsfeld zwischen Beteiligten und Aktionsfeldern entsteht.

Verdeutlichen lässt sich die hieraus resultierende Komplexität anhand folgender möglicher Integrationsfragen:

- Identifikation und Definition der Kernmarktplatzprozesse und ihre Unterstützung durch Systeme und Applikationen
- Abstimmung von Standards und Schnittstellen für den Informations- und Datenaustausch
- Einbindung von Inbound- und Outbound-Systemen und -Prozessen der Marktteilnehmer
- Regelung der Hoheit über Informationen und Daten

Integrationsmanagement

Es ergibt sich eine Vielzahl von Beziehungen und Interdependenzen zwischen Teilnehmern und einem Betreiber, die zu erkennen und von Beginn an zu verzahnen sind. Dabei entstehen insbesondere bei Infrastruktur, Applikationen und Prozessen zahlreiche Koordinations- und Integrationserfordernisse, die die Unternehmen vor die Herausforderung stellen, gemeinsam Lösungen zu entwickeln. Dies setzt aber eine veränderte Denkweise bei der Zusammenarbeit zwischen Geschäftspartnern, Kunden, Lieferanten und auch Wettbewerbern voraus. Nur mit Hilfe eines umfassenden Integrationsmanagements ist es möglich, die einzelnen Aktionsfelder zu erfassen und die individuellen Zielsetzungen abzugrenzen und zu koordinieren.

Betrachtet man ein e-Market-Modell, lassen sich mit IT-Infrastruktur, Unternehmensfunktionen und Teilnehmerintegration drei Schwerpunkte identifizieren. Dot.Com, Dot.Corp und Dot.Ramp stellen dabei drei Ansätze dar, die einen spezifischen Blickwinkel ermöglichen und gleichzeitig das komplexe Zusammenspiel von Beteiligten und Aktionsfeldern greifbar gestalten:

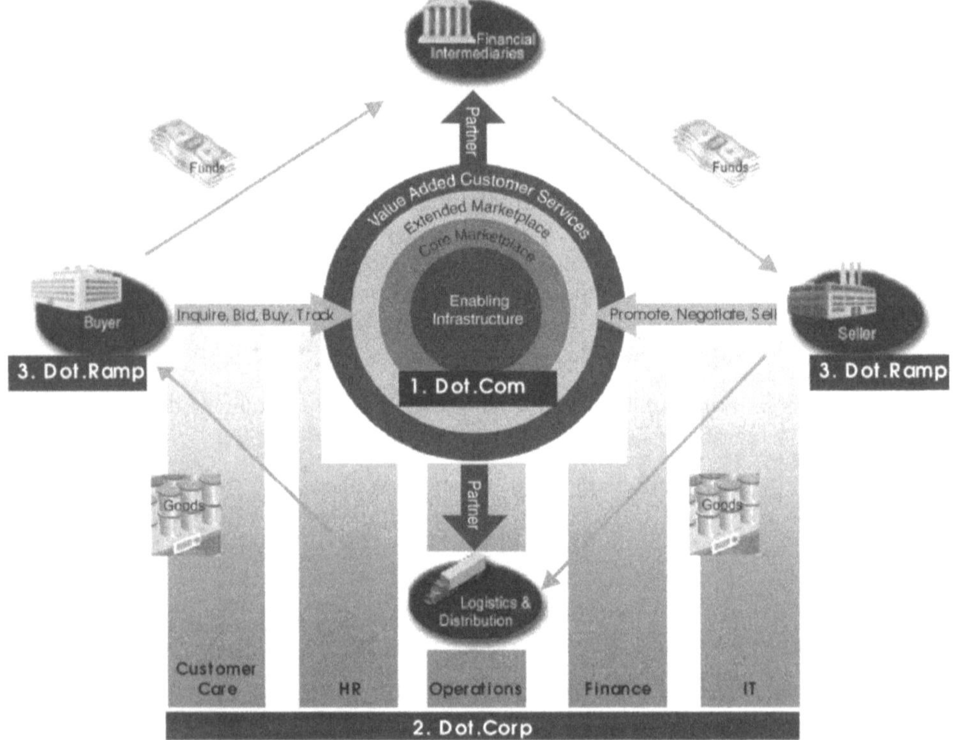

Bild 12   Ansatz der KPMG Consulting AG

Dot.Com

Im Mittelpunkt von Dot.Com steht der Auf- und Ausbau einer skalierbaren und flexiblen Infrastruktur und Architektur. Darauf aufbauend lassen sich die einzubettenden Marktplatz-Funktionalitäten, die eine einfache Integration weiterer Applikationen und eine nahtlose Verbindung von Teilnehmersystemen erlauben, identifizieren, auswählen und implementieren.

Dot.Corp

Marktplätze entstehen meist in einer Start-up-Atmosphäre, in der die betriebswirtschaftlichen Zusammenhänge und Abläufe oft im Hintergrund stehen. Dot.Corp unterstützt Unternehmen beim betriebswirtschaftlichen Aufbau eines e-Markets. Dabei steht die Entwicklung einer Aufbau- und Ablauforganisation und ihrer spezifischen Geschäftsprozesse im Zentrum. Beides ist für den Betrieb eines Marktplatzes und die Kommunikation zu den Teilnehmern erforderlich.

Dot.Ramp

Die Integration von Teilnehmern und Services in einen Marktplatz, das On-Boarding, fasst Dot.Ramp zusammen. Für einen Betreiber steht eine generelle und einfache Integrationsbasis und -methodik im Vordergrund, die im Spannungsfeld zwischen einem schnellen Geschäftserfolg und einer qualitativen und sicheren Verbindung von Teilnehmern steht. Ein teilnehmendes Unternehmen strebt die Verknüpfung seiner unternehmensspezifischen Systeme und Prozesse oder Services mit dem Marktplatz an. Im Rahmen von Dot.Ramp werden mit System Integration, Prozess Integration und Change Management die technischen und prozessrelevanten Voraussetzungen bei Teilnehmern, Serviceprovidern und dem Marktplatzbetreiber geschaffen.

Akzelerator Beratungsunternehmen

Die Überschrift, die ein e-Market-Projekt trägt, ist Time-to-Market. Durch Projektlaufzeiten auf Monatsbasis steht ein solches Vorhaben von Anfang an unter einem hohen Zeitdruck. Dies impliziert, dass die Entscheidungsspielräume wesentlich kürzer sind als bei einem klassischen Projekt. Durch die enge Verbindung von Technologien und Prozessen stellt fast jede Entscheidung einen kritischen Schritt dar, dessen Folgen sich nachträglich nur schwer korrigieren lassen. Beispielsweise zieht sich die Protokollierung von einzelnen Transaktionen eines Teilnehmers quer durch einen e-Market. Zur Unterstützung dieser Aufgabe können verschiedene Softwarealternativen eingesetzt werden, die aber Prozessabläufe bei einem Betreiber wie Teilnehmer unterschiedlich stark beeinflussen. Damit tangiert diese Entscheidung gleichzeitig Teilbereiche innerhalb jedes einzelnen Ansatzes von Dot.Com, Dot.Corp und Dot.Ramp.

Unternehmen haben jeweils eine Sichtweise, die, berechtigterweise, nur ihre eigenen Aspekte berücksichtigt. Eine übergreifende Betrachtung des gesamten Beziehungs- und Aufgabennetzwerks fällt aus diesem Grund schwer, weshalb Beratungsunternehmen als außenstehende Dritte eine wichtige Integrationsrolle übernehmen können. Sie sind innerhalb eines e-Market-Projekts eine unabhängige und neutrale Instanz, die eine Balance zwischen den einzelnen Zielen und Problemfeldern herstellt. Die vom neutralen Berater übernommenen Moderations-, Coaching- und Programm-Managementaktivitäten haben das Ziel, eine Win-Win-Situation unter den Beteiligten zu schaffen. Unterstützt wird dies durch die projektbezogene Sichtweise der Beratungsunternehmen, die auf folgenden wesentlichen Kernelementen beruht:

- Zeit-, Budget- und Qualitätsorientierung
- Branchen-, Prozess- und Technologieexpertise
- Erfahrung im Management von komplexen Projekten
- Skalierbar- und Verfügbarkeit der erforderlichen Ressourcen

Nur mit Hilfe eines erfahrenen Projektmanagementteams lassen sich die unterschiedlichen Fragestellungen der jeweiligen Branche und ihre Interdependenzen steuern und Risiken minimieren. Der Einsatz von standardisierten Lösungen und Methodiken innerhalb einzelner Aufgabenfelder unterstützt eine schnelle Umsetzung und stellt sicher, dass der Fokus auf individuelle Problembereiche jedes Beteiligten gelenkt wird. Gerade im Bereich der Internet-Technologien existiert eine Vielzahl von Systemen und Werkzeugen, für die einzelne Unternehmen erst technische und personelle Ressourcen aufbauen müssen. Durch den Einsatz einer Beratung stehen diese Lösungen und jeweils dafür ausgebildete Spezialisten flexibel und kurzfristig zur Verfügung. Partnerschaften zu Hard- und Softwareunternehmen multiplizieren zusätzlich den Zugriff auf unterschiedlichste Services und Dienstleistungen. Aus diesem Pool von Informationen und Erfahrungen stellen Beratungsunternehmen Best Practice-Lösungen bereit, die schnell bei einem Unternehmen umsetzbar sind und innerhalb der Zeitgrenzen als entscheidende Beschleuniger bei einem e-Market-Projekt wirken können.

Projektablauf aus Sicht eines Marktplatzbetreibers

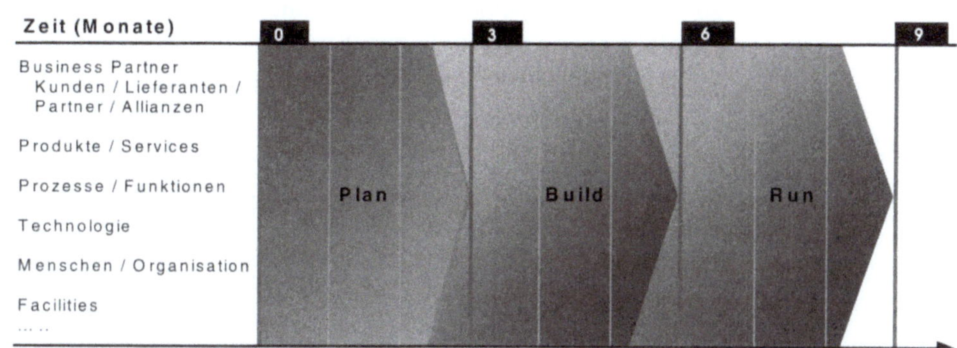

Bild 13   **Case Study – Wesentliche Elemente beim Projektablauf**

„Think big – start small" muss das Motto für einen e-Market sein. Mit Hilfe eines straffen und integrativen Ansatzes werden mit Plan, Build und Run die drei Hauptphasen fließend verbunden. Frühzeitig sind innerhalb eines Rahmens alle wesentlichen Aktionsfelder und gleichzeitig die Anforderungen der verschiedenen Beteiligten zu berücksichtigen und einzugliedern.

Die Koordination der Business Partner, hierbei insbesondere die Partner und Allianzen, bleibt bei der Planung und Entwicklung eines e-Markets ein stetiges Element. Über die Produkt- und Servicepalette als einem wichtigen Bestandteil des Geschäftsmodells zeigt sich die Leistungsfähigkeit eines Marktplatzes, die nach außen das entscheidende Differenzierungskriterium ist.

Parallel ist ein gleichgewichtiges Augenmerk auf Technologien und Prozesse/Funktionen zu legen. Diese Elemente müssen innerhalb einer Organisation arrangiert und fortlaufend mit passenden Spezialisten besetzt werden. Im Zeitablauf eines e-Market-Aufbaus entstehen unterschiedliche Aufgabenerweiterungen und -verschiebungen, die flexibel in die ersten Strukturen zu integrieren sind. Dabei müssen schon von Beginn an geeignete Räume für das Wachstum des Marktplatzunternehmens und seiner Organisation geplant und geschaffen werden.

Durch die Kombination von Zeitdruck und Kosteneffizienz bei einem e-Market-Projekt steht ein Marktplatzbetreiber in jeder Phase vor der Entscheidung, welche Aufgaben besser selbst bzw. von außen durch einen passenden Partner erbracht werden können. Make or Buy ist damit ein zentrales Leitthema bei der Planung und dem Auf- bzw. Ausbau eines e-Markets. Ein Ansatz zu Make or Buy-Potenzialen einzelner Aktivitäten soll in der nachfolgenden Case Study zur Planung, Umsetzung und Weiterentwicklung eines e-Markets gegeben werden.

Plan

Dem kompletten Beziehungs- und Aufgabennetzwerk ist innerhalb der Planung eine erste Struktur zu geben, in der folgende Aktivitäten wesentlich sind:

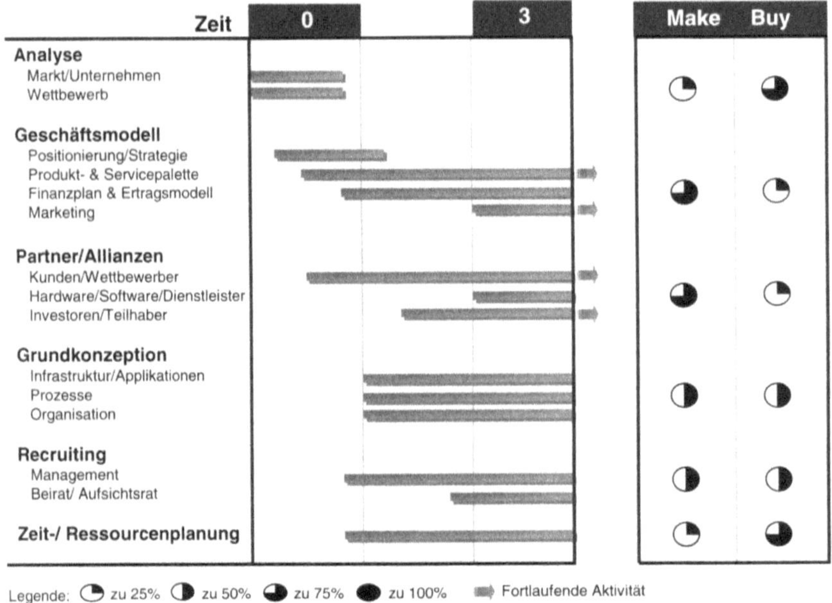

Bild 14   Case Study – Wesentliche Aktivitäten der Plan-Phase

Grundlage einer Planung muss eine Analyse der Systemelemente und ihrer Umwelt unter Bezugnahme der Spielregeln der New Economy sein. Die Hauptbereiche bilden eine Markt-, Wettbewerbs- und Unternehmensanalyse. Dadurch ergibt sich ein umfassendes Bild der Startsituation bzw. Voraussetzungen für einen e-Market, dessen mögliche Entwicklungspotenziale zu bewerten sind. Diese Leistungen lassen sich schnell und gezielt von einem außenstehenden Partner erbringen und geben dem Marktplatzbetreiber die Grundlagen für die Entwicklung seines Geschäftsmodells. Darin werden insbesondere die zukünftigen Kernkompetenzen festgelegt, weshalb dies in der Regel durch das Managementteam des Betreibers erstellt wird.

Je neutraler ein Marktplatz ausgelegt sein soll, desto umfangreicher gestaltet sich seine Planungsphase. Insbesondere die Eigentümer- und Partnerstruktur bedarf einer intensiven und frühzeitigen Vorbereitung. In Gesprächen mit zukünftigen Partnern kann sich etwa eine erste Eingrenzung in Bezug auf die eingesetzte Technologie ergeben, deren Vor- und Nachteile oftmals unter Einbezug von externem Know-how abzuleiten sind. Erfahrungen mit den verschiedensten Technologien und übergreifende Kenntnisse der jeweiligen Branche und ihrer potenziellen Teilnehmer sind entscheidende Faktoren, die von Beratungsunternehmen in dieser Phase unterstützend einfließen.

Um die Anbahnung und Abstimmung zwischen einzelnen Partnern zu beschleunigen, werden sie und ihre Leistungen durch einen definierten Zeitplan eingebunden und verpflichtet, was für die folgende Aufbauphase von ausschlaggebender Bedeutung ist. Ein stabiles Managementteam muss eine klare Vision festlegen und diese gegenüber allen Beteiligten und Partnern fortlaufend kommunizieren. Ebenso ist von Anfang an ein eventuell globaler Charakter eines elektronischen Marktplatzes zu beachten, der später Einfluss auf alle drei Ebenen, Infrastruktur, Applikationen und Prozesse, hat. Banale Punkte, wie unterschiedliche Zeitzonen, Sprachen und Währungen, können eine große Hürde für einen Marktplatz bedeuten, werden sie nicht frühzeitig berücksichtigt. Ebenso sind rechtliche wie steuerrechtliche Aspekte, z.B. Vertragsgestaltung, Service Level Agreements und Steuersysteme, schon innerhalb der Planungsphase einzubeziehen.

In der Zeit- und Ressourcenplanung werden sämtliche Aktivitätsfelder eingeplant. Dabei müssen Erfahrungen aus dem Management von komplexen Projekten direkt einfließen, um eine straffe und fortlaufende Umsetzung gewährleisten zu können.

Build

Ein Marktplatzbetreiber hat insbesondere zwei Zielsetzungen für die Startphase: Einerseits wird eine schnelle Eröffnung angestrebt, um einen „First-Mover-Advantage" auszunutzen, andererseits muss ein Marktplatz eine robuste und gleichzeitig einfache Struktur besitzen, damit er für potenzielle Teilnehmer attraktiv ist und zielstrebig ausgebaut werden kann.

Es ergeben sich für die Build Phase mit Organisation & Prozesse, Infrastruktur & Architektur und Teilnehmer-Integration drei parallel zu koordinierende Aktivitätsfelder:

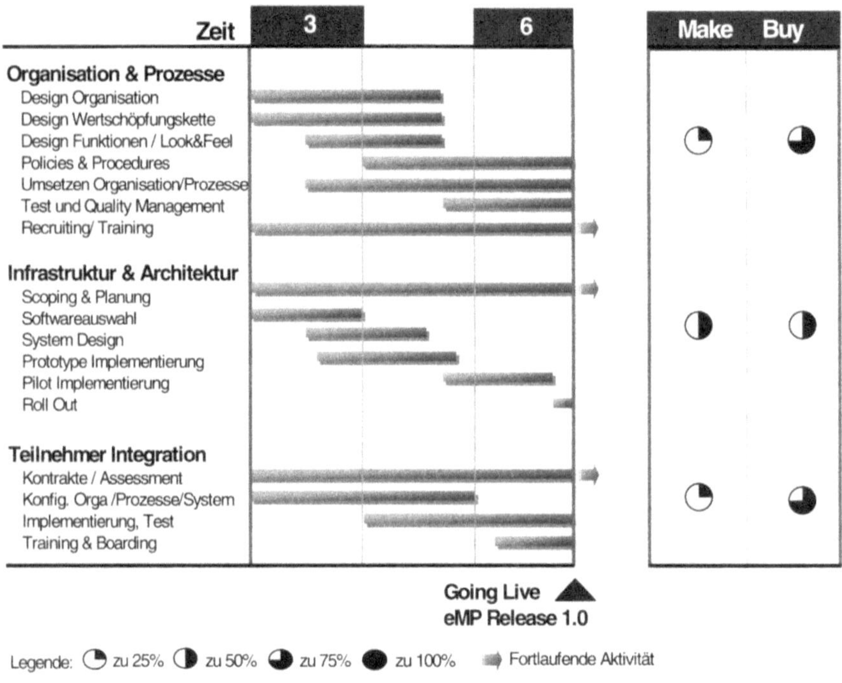

Bild 15   **Case Study – Wesentliche Aktivitäten der Build-Phase**

Infrastruktur und Architektur

Die oben genannten Anforderungen lassen sich durch einen IT-Architektur-Fahrplan (vgl. Dot.Com) unterstützen, der von

Beginn an einen zielgerichteten Auf- und Ausbau eines e-Markets gewährleistet. Den Kernpunkt bildet eine Infrastruktur, auf der stufenweise Funktionalitäten für die Marktteilnehmer zur Verfügung gestellt werden. Schrittweise erfolgen Erweiterungen, die letztlich ein Management kundenorientierter Geschäftsprozesse ermöglichen.

Innerhalb jeder einzelnen Aufbaustufe muss gezielt die Frage beantwortet werden, ob und wie neue Funktionalitäten und Applikationen in die gegebene und weiter geplante Architekturlandschaft passen. Mit jeder Ergänzung der technologischen Basis ergeben sich ähnliche Fragestellungen, wie z.B. die Erweiterung von Datenstrukturen, wo Daten-Definitionen bereits eingeführter Systeme und Applikationen berücksichtigt werden müssen.

Aus diesem Grund spielen Designkriterien und Schnittstellenmanagement eine entscheidende Rolle und beeinflussen die weiteren Wachstumsmöglichkeiten. Um dies sicherzustellen, ist es erforderlich, das gesamte, geplante Technologienspektrum in unterschiedliche Sektoren einzuteilen, die jeweils einen bestimmten Funktionsbereich abdecken (vgl. Dot.Com). Durch diese Systematik, bei der umfassende Kenntnisse und Erfahrungen mit ständig neuen Technologien erforderlich sind, wachsen teilweise voneinander getrennt angegangene Bereiche, wie z.B. Supply Chain Management und Customer Relationship Management, gezielt zusammen.

Organisation und Prozesse

Nicht alle Abläufe lassen sich auf einem Marktplatz digitalisieren. Um marktplatzspezifische Geschäftsprozesse abwickeln zu können, ist eine betriebswirtschaftliche Grundlage zu entwickeln, die systemgestützt und organisatorisch umgesetzt wird. Dazu ist eine Wertschöpfungskette mit primären und sekundären Funktionen aufzubauen, in der spezifische Organisationseinheiten institutionalisiert werden. Funktionen, wie Marketing, Human Resources und Customer Relations, definieren ihren eigenen Aufgabenbereich, der u.a. eine abteilungsspezifische Organisationsstruktur, Budgetierung und Personalauswahl umfasst. Parallel sind charakteristische Geschäftsprozesse und daraus resultierende Arbeitsergebnisse zu erstellen, die in Abstimmung mit den Organisationseinheiten ausgearbeitet werden müssen. Um eine schnelle Handlungsfähigkeit des neuen Unternehmens zu sichern, können Berater in die jeweiligen notwendigen Organisationsrollen schlüpfen. Sie entwickeln bzw. übernehmen die operativen Aufgaben, die dann schrittweise an die neuen Mitarbeiter des e-Market-Unternehmens übergeben werden.

Teilnehmer-Integration

Für den Aufbau eines e-Markets ist elementar die Integration von Teilnehmern bzw. Servicedienstleistern erforderlich. Indem beispielsweise ein abnehmerzentrierter Marktplatz einen zusätzlichen Käufer gewinnt, können sich automatisch „On-Boardingbedarfe" der bevorzugten Lieferanten dieses Unternehmens ergeben. Es wird deutlich, dass sich der Integrationsaufwand schnell vervielfacht, je mehr Teilnehmer gleichzeitig an einen e-Market anzuschließen sind. Die einzelnen Unternehmenseinheiten benötigen für diese Aktivitäten ein gemeinsames und abgestimmtes Vorgehen. Dazu sollte die Integration von Geschäftspartnern in einer eigenen Organisationseinheit verankert werden. Im Rahmen der Contract Phase werden insbesondere die Rolle und das Nutzerprofil eines Teilnehmers definiert. Darüber hinaus muss sich eine gemeinsame Vertrauensbasis bilden, die eine essenzielle Voraussetzung für spätere elektronische Transaktionen ist. Der Informations- und Datenaustausch wird in mehreren Assessment-Runden mit jedem Teilnehmer festgelegt. Dabei erfolgt auch eine Identifikation und Definition von eindeutigen Prozessübergängen. Standardisierte Schnittstellen zu den Marktplatz-Systemen bekommen eine besondere Bedeutung, um On-Boarding-Aufwände zu reduzieren. Gerade hierbei treffen verschiedenste „traditionelle" Systeme auf der Teilnehmerseite mit neuen Technologien des e-Markets zusammen. Die Integration der unterschiedlichen Systeme kann durch externe Spezialisten unterstützt werden, die mit beiden Seiten gleichermaßen vertraut sind.

Run

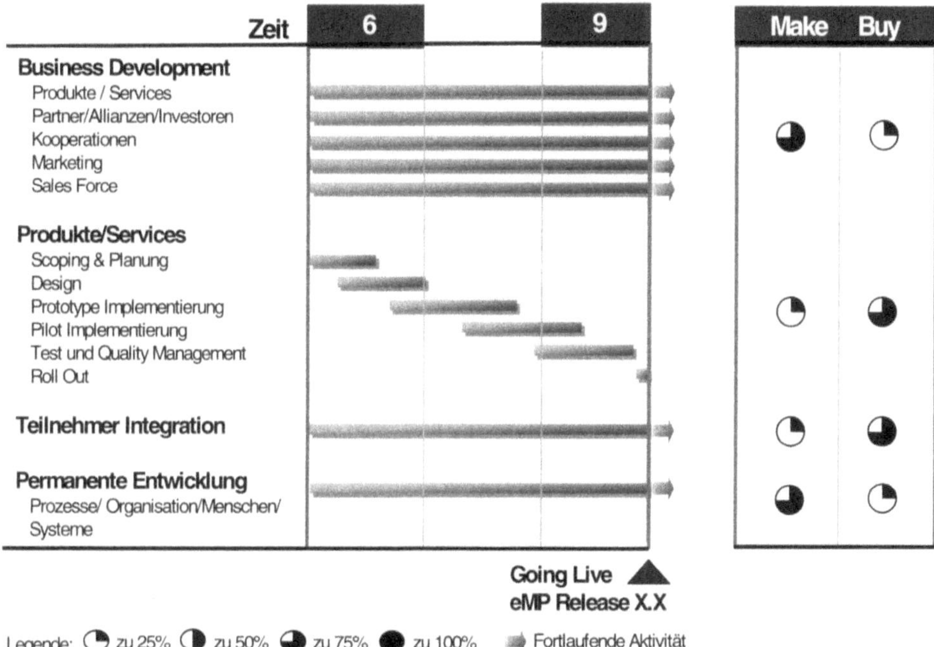

Bild 16   Case Study – Wesentliche Aktivitäten der Run-Phase

Nach der Aufbauphase ist es notwendig, das erforderliche Wachstum auf allen Ebenen von Dot.Com, Dot.Corp und Dot.Ramp gleichermaßen sicherzustellen. Dabei sind vier wesentliche Aktivitätsfelder zu beachten:

Business Development

Die Leistungsfähigkeit und damit Attraktivität eines e-Markets zeigt sich insbesondere in den angebotenen Produkten und Services. Sie sind strategisch weiterzuentwickeln, so dass sich schrittweise ein ausgewogenes Portfolio ergibt. Die Kommunikation der Produkt- und Servicepalette erfolgt durch ein abgestimmtes Marketing und eine aufzubauende Sales Force.

Im Rahmen des Business Development ergeben sich immer wieder Kooperationsfragestellungen. Beispielsweise müssen zur Abdeckung von Services, die nicht zu den Kernkompetenzen des e-Markets gehören, passende Partner gefunden werden. Weitere zentrale Aufgabe ist das Management der Partner, Allianzen und Investoren, die Weiterentwicklung des Marktplatzes sowie die strategische Positionierung. Je neutraler eine Plattform sein soll, desto intensiver ist bei jedem neuen Teilnehmer, Partner und auch Investor zu prüfen, ob die Neutralität des Betreibers gegenüber seinen Teilnehmern immer noch gewährleistet ist. Hier können erhebliche interne wie externe Aufwände entstehen.

Produkte und Services

Ein laufendes IT-orientiertes Scoping und Planning übernimmt die strategischen Vorgaben vom Business Development. Die zu integrierenden Funktionalitäten werden identifiziert und priorisiert. Das Design bis zum Roll-out erfolgt innerhalb eines kurzen Prozesses, der sich auf einer 3-Monatsbasis wiederholt. Hierbei kann kurzfristig einsetzbares, externes Know-how unterstützen, die notwendigen Entwicklungen on time umzusetzen.

Teilnehmer-Integration

Schon während des Aufbaus eines e-Markets wird der Grundstein für eine einfache und flexible Teilnehmeranbindung gelegt und bleibt ein zentrales Element für das weitere Wachstum. Dabei erfordert die Integration eines Teilnehmers auf Prozess- und Systemebene immer eine individuelle Betrachtung. Gleichzeitig handelt es sich um eine zeitlich befristete Aufgabe. Aus diesem Grund sollten hier erfahrene Spezialisten eingesetzt werden, die mit den jeweiligen Systemen und Technologien vertraut sind, um eine schnelle Integration zu gewährleisten. Parallel muss sich ein kontinuierlicher Informations- und Kommunikationsfluss zwischen dem Betreiber und seinen Teilnehmern institutionalisieren.

Permanente Entwicklung

Die Erweiterung der Funktionspalette und das Ansteigen der Teilnehmerzahl bewirken konsequenterweise Anpassungserfordernisse für einen e-Market selbst. Zu Beginn definierte Prozesse verändern sich beim Übergang von der Aufbau- zur Wachstumsphase. Neue Produkte und Services eines e-Markets bedingen, dass die einzelnen Unternehmenseinheiten des Marktplatzunternehmens andere oder zusätzliche Aufgaben bekommen. Es ergibt sich die Notwendigkeit, Prozesse zu überprüfen, anzupassen und neue zu entwickeln, was auch eine Anpassung der sie unterstützenden Systeme auslöst. Gleichzeitig haben die einzelnen Organisationseinheiten selbst Entwicklungsanforderungen an ihre eigenen Systeme, um ihre fachspezifischen Aufgaben abwickeln zu können. Eine Überprüfung und Konsolidierung der ersten Ergebnisse aus der Aufbauphase muss im Gesamtzusammenhang von Organisation, Prozessen und Systemen erfolgen.

Die Zukunft von e-Markets

e-Markets stehen zwar erst am Anfang ihrer Entwicklung, werden sich aber zu einem festen Bestandteil im Beziehungsmanagement zwischen Unternehmen entwickeln. Wenn sich bei den teilnehmenden Unternehmen elektronische Beschaffungs- bzw. Verkaufsprozesse über e-Markets etabliert haben, wird eine permanente Weiterentwicklung von Marktplatzfunktionen und -services erwartet.

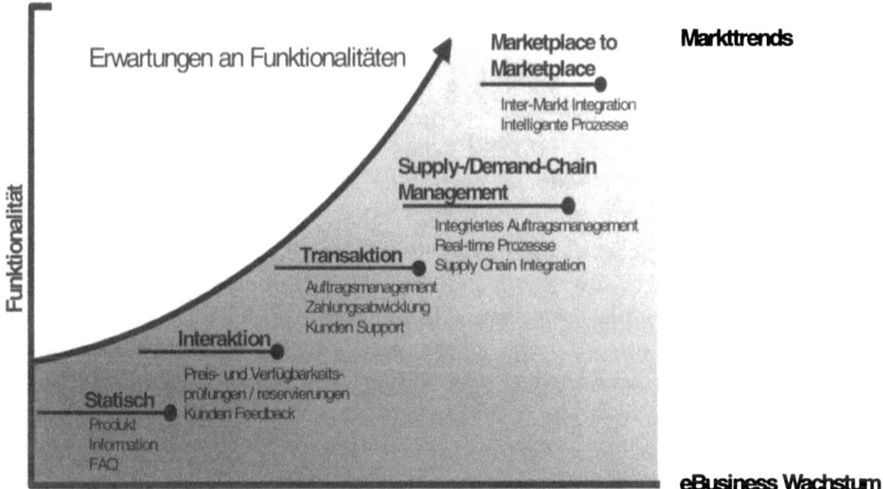

Bild 17   Funktionserwartungen

Stehen zuerst Content und Transaktionen wie Auftragsmanagement und Zahlungsabwicklung im Vordergrund, werden Teilnehmer verstärkt eine vollständige Integration ihrer Supply bzw. Demand Chain erfordern.

Dabei gewinnen zunehmend die beiden Bereiche Supply Chain Management und Customer Relationship Management an Bedeutung. Für die Optimierung von Beschaffungs- und Planungsprozessen von Unternehmen in Bezug zu ihren Lieferanten muss die jeweilige Beziehungskette über die einzelnen Systemgrenzen hinweg erweitert werden. Gleichzeitig sind Interaktion und Feedback der jeweiligen Beteiligten kritische Elemente in einer Kundenbeziehung, die ebenso nahtlos bei einem Einsatz eines e-Markets zu integrieren sind. Unternehmen stehen vor der Herausforderung, die bestehenden Face-to-Face-Beziehungen auf eine neue, elektronisch basierte Ebene zu übertragen, wollen sie in Zukunft weiter wettbewerbsfähig bleiben.

In einer ersten Konsolidierungsphase zeichnen sich mit Public (horizontale und vertikale e-Markets) und Private Exchanges zwei grundsätzliche Ausrichtungen von e-Markets ab, die jede auf ihre Weise die Komplexität von e-Market-gesteuerten Geschäftsbeziehungen zu beherrschen versuchen. Trotz dieser ersten Tendenzen bleiben zwei Kernaspekte bestehen:

Auf einem Marktplatz steht eine generelle, aber gleichzeitig tiefe Connectivity der Technologien und Prozesse im Mittelpunkt. Hingegen erfordert die Vorbereitung und Integration eines teilnehmenden Unternehmens in einen e-Market immer eine individuelle Betrachtung.

Je mehr kollaborative Funktionen sich über e-Markets abbilden lassen, um so wichtiger ist die Flexibilität und Anpassbarkeit für Marktplatzbetreiber, Teilnehmer und Serviceprovider. Diese Herausforderung an das Management von Geschäftsbeziehungen in einem Umfeld sich ständig weiter entwickelnder Technologien lässt sich am besten durch eine zielgerichtete Kombination und Bündelung interner wie externer Ressourcen und Know-how umsetzen.

Vom Kataloghändler zum Informationspartner – Strategien des Handelshauses BÄR im B2B-Markt

Georg Bleyer, Katharina Lehmann

„Nichts ist so beständig wie die Veränderung".

Eine Weisheit, die nur annähernd das zum Ausdruck bringt, was sich derzeit im Wirtschaftsleben andeutet. Noch scheint die Veränderung überschaubar, noch könnte man glauben, nur andere Unternehmen seien betroffen, doch unaufhaltbar vollzieht sich das Unausweichliche: Die Informatik dringt in die letzten Bastionen unternehmerischer Festungen vor.

Das Schlagwort heißt **e-Commerce**. Abläufe, die sich bisher als erprobt oder gewohnt verstanden, werden in ihrer Existenzberechtigung in Frage gestellt. Verantwortlichkeiten und Handlungen werden künftig so positioniert, dass Geschäftsprozesse an den Möglichkeiten elektronischer Lösungen ausgerichtet werden, um betriebliche Effizienzoptimierung und Prozesskostenminimierung zu erzielen. Wenn überhaupt ein Vergleich mit vorangegangenen, einschneidenden Veränderungen im Wirtschaftsleben sinnvoll ist, könnte die Automatisierung der Produktionen in den 70er und 80er Jahren herangezogen werden.

Doch e-Commerce wird wesentlich mehr verändern als nur die innerbetrieblichen Abläufe. e-Commerce wird einschneidend in die Prozesse zwischen den Unternehmen einwirken. Das historisch gewachsene Eigenverständnis unternehmerischer Selbständigkeit und Unabhängigkeit wird sich grundlegend wandeln müssen. Der elektronische Durchgriff auf die Vorgänge produktionsvor- oder -nachgelagerten Unternehmen wird zur Selbstverständlichkeit. Produktionsabläufe werden künftig komplexe, elektronische Vernetzungen zwischen Unternehmen. Es werden neue Steuerungs- und Verantwortungsgebilde entstehen. Kernkompetenzen sind künftig neu zu fokussieren. Die Dienstleistung „Koordination" wird zur alles begleitenden Steuerungsschicht.

Der Handel als Koordinator zwischen Angebot und Nachfrage

In einer Welt ohne Handel läge es ausschließlich im Verantwortungsbereich des Herstellers, seine Produkte dem Käufer anzubieten.

Bild 18   **Kernkompetenzen des Handels**

Kernkompetenz des Handels war und ist die Koordination von Waren zwischen Anbietern und Abnehmern. Dieses setzt unter anderem eine genaue Kenntnis der Abnehmerstruktur voraus. Zielgerichtet auf die ausgewählte Abnehmerstruktur sind die zu handelnden Produkte und deren Restriktionen zu bestimmen. Der Preis ist zwar ein dominanter Bestandteil des Entscheidungsprozesses, aber er stellt im Gesamtzusammenhang nur einen von vielen Einflussfaktoren dar.

Vor der Einzelproduktentscheidung gilt es sicherzustellen, dass die angestrebte Geschäftsbeziehung zwischen Händler und Lieferant tragfähig ist. Lebensfähigkeit des Lieferanten und seine Zuverlässigkeit in Vereinbarungen und Lieferqualität bilden die Grundvoraussetzungen für einen erfolgreichen Geschäftsprozess. Bei der Produktauswahl entscheidet neben Preis und Produktqualität auch die Vermarktungsfähigkeit des Produktes über das

Medium „Handel". Ist diese Voraussetzung nur bedingt erfüllt, muss der Hersteller in den Vermarktungsprozess eingebunden werden.

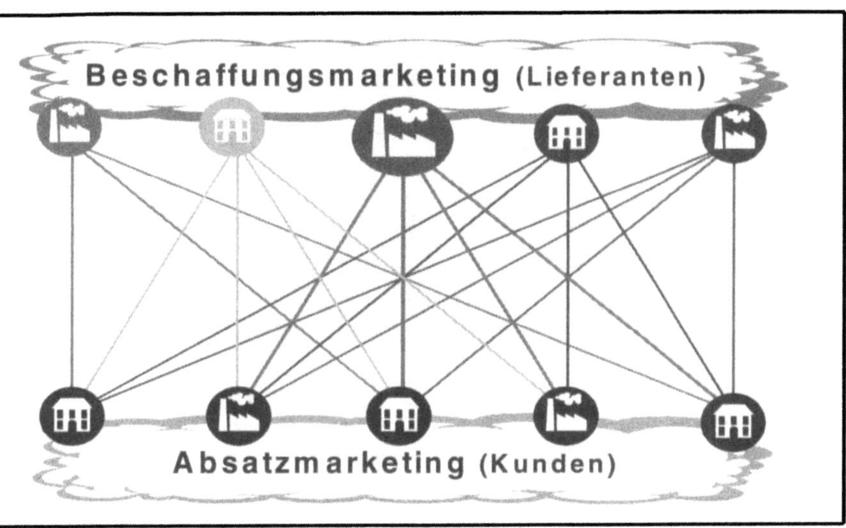

Bild 19   Welt ohne Handel

In der Fortsetzung der Wertschöpfungskette übernimmt der Handel die Funktion, heterogene und homogene Produktlinien zu einem für den Abnehmer attraktiven Sortiment zu bündeln. Maßeinheiten und Bezugsgrößen sind verbrauchsgerecht anzupassen. Das Produktmarketing des Angebotes ist käufergerecht abzustimmen. Dieses schlägt sich vor allem in der Gliederung eines intelligenten Kataloges nieder, welcher anhand der Käufererwartung strukturiert sein sollte. In diesem Fall stellt der Handel indirekt die Sortimentsauswahl für den Kunden zur Verfügung, so dass sich dieser mit dem Katalog identifizieren kann.

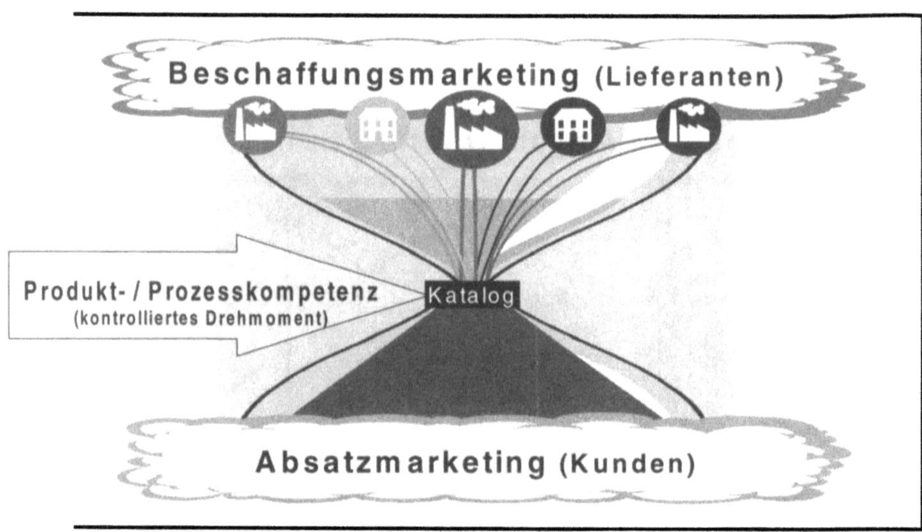

Bild 20   Handel ist die Koordination von Waren

Seitens des Herstellers wird genau dieser Aspekt bei der Planung neuer Produkte oft vernachlässigt. Nicht selten orientieren sich Produktbeschreibungen lediglich an den Produktionsprozessen und gleichen daher eher Produktionsstücklisten als käuferorientierten Werbeunterlagen.

Die Harmonisierung der Datenstrukturen ist deshalb Hauptbestandteil der Marketingfunktion des Lieferanten. Für Lieferanten, die ihre Produkte über einen Katalog anbieten, besteht in dieser Aufgabe nicht selten die eigentliche Kernkompetenz des Unternehmens. Es gilt, heterogene Produkt- und Lieferantenstrukturen zu ordnen oder – wie es aus der Sicht der Informatik gern beschrieben wird – „zu normalisieren". Im Ergebnis stehen einem Käufermarkt somit homogene Informationsstrukturen trotz heterogener Lieferantenstrukturen zur Verfügung. Für den Entscheidungsprozess des Käufers vereinfacht und strafft dieses Ergebnis die Übersicht.

Gleichfalls gilt es, die Entscheidungs- und Sprachstrukturen einer möglichst großen Zahl von Abnehmern zu treffen, um so Entscheidungsprozesse abzusichern. Nicht selten vollzieht sich dies durch den Wechsel von einer rein technisch orientierten Produktdarstellung auf rationaler Ebene zur nutzen- oder ergebnisorientierten Angebotsstruktur auf emotionaler Ebene.

Ein Beispiel: Das Regal, das in den technischen Unterlagen des Lieferanten nach seinen Maßen (H x B x T), seiner Tragfähigkeit oder der Materialoberfläche (verzinkt/lackiert) beschrieben ist, wird ein Regal, das dem Kunden den Vorteil „Weitspannregal, Regal für Lebensmittellagerung, leicht montier- oder demontierbares Steckregal" anbietet. Selbstverständlich sind parallel zu diesen Informationen die kaufmännischen Begleitinformationen Voraussetzung für die Handelstätigkeit.

Projiziert auf die neuen Märkte, gewinnt diese Fähigkeit des Handels eine nahezu elementare Bedeutung: Content-Management. Die Kompetenz der Geschäftsprozesse endet allerdings nicht bei den Angeboten, sondern wird konsequenterweise bei der Abwicklung bzw. der Begleitung der Handelsprozesse fortgesetzt. Bei der Wertschöpfungskette des Versandhandels liegt der Schwerpunkt der Tätigkeit in der strategischen Vorbereitung dieser Prozesse, die dann zum Auftragszeitpunkt greifen. Kernelemente bilden hierbei das Informations-, Logistik- und Finanzmanagement. Oft unterschätzt, aber nicht minder von Bedeutung ist die Organisation rekursiver Geschäftsvorfälle. Hier im Konkreten: Reklamationen, Schadensabwicklungen, Musterlieferungen etc. Die Abwicklungsqualität der letzteren Vorgänge begründen sich im Wesentlichen durch die Qualität der Mitarbeiter.

Strukturen und Funktionen von Marktplätzen

Historischer Grundgedanke von Marktplätzen

In ihrer historischen Bedeutung waren Marktplätze im Mittelalter Handels- und Begegnungsstätten. Bauern und Handwerker boten ihre Waren und Dienstleistungen an. Zum besseren Verständnis und zur Differenzierung der optisch nicht unterscheidbaren Angebote wurden die Waren durch Marktschreier angeboten oder durch Schilder ausgezeichnet, d.h. die Waren differenzierten sich schon damals durch ihre produkt- und angebotsspezifischen Informationen.

Die Käufer, die durchaus auch selbst Anbieter anderer Waren sein konnten, erstanden die angepriesenen Waren oder nahmen die angebotenen Leistungen in Anspruch. Es entstand ein duales

Handelssystem, das gleichermaßen Anbieter wie Abnehmer versorgte. Der Eigentums- und Besitzwechsel vollzog sich unmittelbar auf dem Marktplatz und stellte so den logistischen als auch finanziellen Ablauf der Handelsfunktion sicher.

Bild 21   Ursprungsgedanke eines Marktplatzes

Der Marktplatz war aber noch mehr: neben der reinen Handelsfunktion diente er auch als Erlebniswelt. Neuigkeiten wurden weitererzählt, Erfahrungen ausgetauscht und Unterhaltung angeboten.

Wer nicht mit der Absicht zum Markt kam, Ware zu kaufen oder zu verkaufen, nahm das Angebot der Unterhaltung wahr. Dieses schloss nicht aus, dass er entgegen seiner Absicht, nichts zu handeln, dennoch aufgrund der verlockenden Angebote zum Handelnden wurde.

Heutige Ausprägung von Marktplätzen

Bild 22   **Heutige Darstellung von elektronischen Marktplätzen**

Aufgrund der technischen Möglichkeiten hat sich das Bild eines Marktplatzes heute gewandelt. War es früher nur ein physischer Ort, an dem sich die Handelspartner persönlich getroffen haben, so ist er heute u.a. auch eine virtuelle Handelsplattform, über die selbst anonyme Käufer und Verkäufer Geschäftsbeziehungen aufbauen und eingehen können. Dabei ist zu beachten, dass lediglich der Eigentumswechsel, nicht jedoch der Besitzwechsel der Waren vollzogen wird. Notwendigerweise bedarf es für diesen physischen Leistungsvorgang verschiedener Dienstleistungen, wie z.B. Logistik, Finanzdienstleistungen oder der Koordination derselben.

Die alles umfassende Klammer heißt auch hier zunächst Informationen. Die Darstellungen der Waren, ihre nähere Umschreibung oder das Angebot der Auswahl möglicher Alternativen wird zu einer dominanten Erfolgsposition elektronischer Marktplätze. Die Fähigkeit, den elektronischen Anforderungen zu folgen und flexibel auf technische Innovationen zu reagieren, wird entscheidenden Einfluss haben auf den Erfolg von Marktplätzen, auf den Erfolg von Anbietern oder den Erfolg von Produkten.

Die derzeit angebotene Informatik-Landschaft bietet einen eher bescheidenen Ansatz marketingseitiger Kreativität. Die beschriebene Fähigkeit von Katalogen, auf Entscheidungsprozesse zielgruppengerecht einwirken zu können, wird derzeit technisch ad absurdum geführt. Es entsteht nahezu der Eindruck, dass die digitalen Medien den Käufer in seinen Entscheidungsprozessen schlechter unterstützen als die Printmedien. Es ist deshalb nicht auszuschließen, dass aus Sicht des Handels der Katalog seine mediale Position verteidigen wird.

Differenziert betrachtet sind zwei Phasen zu unterscheiden: die Entscheidungsphase und die Bestellphase. Der Katalog unterstützt die Entscheidungsprozesse. Die digitalen Medien spielen ihre Stärke in den Abwicklungsprozessen aus. Dies gilt insbesondere für Wirtschaftsgüter, deren Kaufperioden antizyklisch sind, hier insbesondere C-Güter (z.B. MRO[8]). Für die Entscheidungsphase ist die Aufbereitung des so genannten Content maßgebend.

Die ergiebigsten Quellen stellen hier die verschiedenen internen Systeme des Lieferanten dar. Es gilt daher primär, die Systemarchitektur der Lieferanten zu analysieren, um notwendige Daten extrahieren und aufarbeiten zu können. Zur Aufarbeitung der Daten werden ebenfalls Informationen aus Printmedien hinzugezogen, die allerdings in e-Business-fähige Formate umgewandelt werden müssen, um eine Weiterverwendung zu gewährleisten. Nachdem die gewünschten Informationen vorhanden sind, müssen die Daten anhand der definierten Klassifizierung bzw. Normalisierung ausgerichtet werden. Nur durch diesen Schritt können Produkte verschiedener Lieferanten vergleichbar und suchbar gestaltet werden – das Angebot wird für den Käufer transparent. Dieser Aspekt bietet ihm den maximalen Nutzen, da er so seine Produktsuche und -auswahl nach seinen Kriterien vornehmen kann.

Die derzeit gängigsten Klassifizierungsmethoden sind UN/SPSC und eCl@ss. Eine genauere Beschreibung und Abgrenzung zu diesen Methoden wird im Beitrag 5 „Die Aufgabe eines marktplatzorientierten Catalog Content Management" beschrieben. Es sei noch darauf hingewiesen, dass in der Fachwelt ein Methodenstreit bezüglich der Anwendung der jeweiligen Methode

---

[8]   MRO = Maintenance Repair Operations

vorliegt. Es herrscht keine Einigkeit darüber, inwiefern die Beschreibungstiefe bzw. Sprache bei der Klassifizierung der Produkte sinnvoll umgesetzt werden soll.

BÄR – Wertbestimmung betrieblicher Kompetenzen

BÄR bedeutet: 30.000 Artikel, 300 Lieferanten, gebunden in einem Katalog.

Der Katalog ist das Produkt, die Koordination der Aufträge der Prozess. Alles ordnet sich dem Katalog unter. Die Gesamtfunktion des Unternehmens definiert sich als Handel.

In dieser horizontalen Wertschöpfungskette vollziehen sich Vorgänge, die bei einer Einzelbetrachtung „Dienstleistung" sind. Ein Teil dieser Dienstleistung wird in künftigen Strukturen durch oder für Dritte erbracht werden. Über die Akzeptanz dieser Strategie und der daraus resultierenden Veränderungen entscheidet der Markt.

Doch was wird bereits heute geleistet?

- Beziehungsmanagement zum Kunden (CRM),
- Beziehungsmanagement zum Lieferanten (SRM),
- Produktpositionierung (Scouting),
- organisierter Informationsaustausch (Collaboration),
- Rahmenverträge mit Geschäftspartnern (Contracting),
- Sendungsverfolgung (Track and Trace),
- Auftragsannahme und Auftragsbearbeitung einschließlich reversibler Prozesse (Reklamationen, Schäden etc.).

Jeder Prozessvorgang für sich ist eine interne Dienstleistung. Bei vertikaler statt horizontaler Betrachtung dieser internen Dienste können sich jetzt neue Dienstleistungen für Dritte ergeben.

Zum Beispiel übernehmen die neu entstehenden, elektronischen Märkte künftig die strategische Anbieterfunktion, die bisher ausschließlich dem Unternehmen selbst vorbehalten war. Der Vertrieb konzentriert sich auf operative Begleitung, das Beziehungsmanagement gewinnt strategische Bedeutung.

Losgelöst von Auftragsprozessen wird es künftig existenzentscheidend sein, durch persönliche Beziehungen die Kanäle für die elektronischen Auftragsströme abzusichern. Diese Kompetenz könnte bei sich verändernden Märkten auch als Dienstleistung für Dritte erbracht werden.

Dieses Beispiel zeigt, dass die strategische Positionierung eines Unternehmens sich künftig auch auf der Basis der bewährten, innerbetrieblichen Kompetenzen neu ausrichten kann. **BÄR bezieht hier eine klare Position.**

Fazit und Ausblick

Künftige Marktplätze müssen in ihrer Gesamtfunktion an Attraktivität gewinnen, sie müssen Erlebniswelten werden. Die Marktplatz-Software muss „sexy" werden.

Mutmaßlich wird sich die Entwicklung in drei Phasen vollziehen:

1. **Phase (heute):** Marktplätze bilden lediglich existierende Informationen ab. Rationalisierungspotenziale werden über verknüpfte Warenwirtschaftssysteme erzeugt. Der Service-Grad elektronischer Systeme entspricht maximal der Aussagefähigkeit vergleichbarer gedruckter Medien.

2. **Phase (morgen):** Die Entscheidungsprozesse werden maschinell unterstützt, die Kauffähigkeit und die Kaufattraktivität mittels Konfiguratoren erheblich verbessert, Videos, Aufbauanleitungen o.ä. sichern die Kaufentscheidung.

3. **Phase (übermorgen):** Das digitale Medium spielt seine wirkliche Stärke aus, es wird interaktiv: Entscheidungsprozesse werden durch Knowledge-Systeme abgesichert, statistische, gesicherte Vorgänge fließen zur ständigen Vervollkommnung der Prozesse in kybernetische Regelkreise, unterstützen somit als „digitale Erfahrung" die folgenden Entscheidungsprozesse.

Die Aufgabe des Handels wird künftig die Vorbereitung der Hersteller auf die anstehenden Veränderungen sein. Zur Dienstleistung werden Koordination und Distribution von Informationen.

Bild 23   Entwicklung des Handels

Flexibilität heißt die strategische Positionierung. Die Dienstleistung vollzieht sich auf der Basis gesicherter Abläufe. Die alte Ökonomie mutiert in Verbindung mit elektronischen System-Elementen zur Gesamtökonomie.

Schon heute wie auch in der Zukunft werden Unternehmensstrategien maßgeblich beeinflusst durch Informationsphilosophien.

Wir müssen uns darüber im Klaren sein, dass wir am Anfang eines spannenden und chancenreichen, aber auch dramatischen Prozesses stehen. Wir brauchen Partner, wir brauchen Vertrauen, denn wir stehen vor einer großen Herausforderung. Was wir nicht haben, ist Erfahrung:

Denn wir alle haben in den neuen Medien noch keine Historie – wir schreiben gerade Geschichte

4 Die Anbindung von Lieferanten an elektronische Marktplätze

Martina Gerst

Die Lieferantenanbindung als kritischer Erfolgsfaktor von B2B-Plattformen

Die Verfügbarkeit von qualitativ hochwertigem Content stellt einen der wichtigsten Erfolgsfaktoren von elektronischen Marktplätzen dar. Dazu bedarf es einer effizienten Zusammenarbeit zwischen den Marktplatzbetreibern, den einkaufenden Organisationen, Content Service Providern und den Lieferanten. Die Erfahrungen in der Praxis zeigen, dass sich ein methodisches Vorgehen empfiehlt, um in komplexen Marktplatzprojekten erfolgreich Lieferanten anzubinden. Dieses Vorgehen beinhaltet im Wesentlichen die folgenden Punkte:

- Überblick und Planung des Aktivierungs-Prozesses
- Auswahl der Lieferanten
- Definition der Aktivierungs-Strategie und deren operative Umsetzung
- Auswahl der technischen Integrationsmöglichkeiten
- Content Management

Ein wichtiger Aspekt, der sich bei allen Projekten gezeigt hat, ist die Kommunikation und die Definition der entsprechenden Kommunikationsmittel zwischen allen Beteiligten. Diese darf zu keinem Zeitpunkt abreißen und muss im Vorfeld klar definiert und strukturiert werden. Nur so kann die erfolgreiche Anbindung der Lieferanten an einen elektronischen Marktplatz gewährleistet werden.

Dieses Kapitel befasst sich schwerpunktmäßig mit der Aktivierung der Lieferanten, um überhaupt Content einer bestimmten Qualität zu bekommen, beschreibt dabei aus Sicht von Projekten die jeweiligen Herausforderungen und skizziert Lösungsansätze.

Die Bedeutung von qualitativ hochwertigem Content für elektronische Marktplätze

Nach der Integration der internen Prozesse und der damit verbundenen Konzentration auf interne ERP-Systeme (z.B. SAP/R3), gewinnt die Zusammenarbeit zwischen Unternehmen, sogar ganzer Industriezweige (z.B. Covisint als Automobilmarktplatz) und damit die Konzentration auf Marktplätze immer mehr an Bedeutung. In diesem Zusammenhang spielen Lieferanten und deren Daten in Form von Content als Grundlage von Katalogen und damit auch als Basis für Transaktionen eine bedeutende Rolle. Für jeden Marktplatzbetreiber stellt qualitativ hochwertiger Content ein wichtiges Differenzierungsmerkmal gegenüber dem Wettbewerb dar.

Das Thema Content hat für elektronische Marktplätze strategische Bedeutung, vor allem, wenn es die Frage zu klären gilt, ob der Content selbst aufbereitet oder ob dieser durch einen so genannten Content-Provider aufbereitet werden soll (Make-or-buy).

Wie definiert sich nun aber guter, beziehungsweise qualitativ hochwertiger Content? Bild 24 beschreibt die unterschiedlichen Qualitätsstufen von Content. In den meisten Fällen bekommen Marktplatzbetreiber Content der untersten Qualitätsstufe.

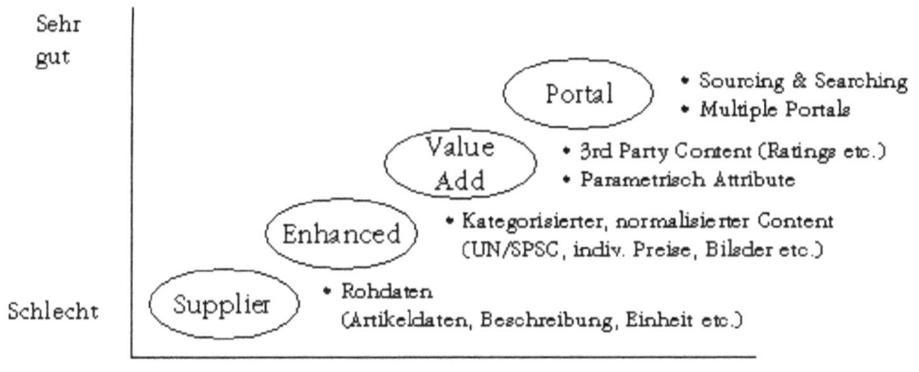

Bild 24   Die Qualitätsstufen von Content

Die Gründe, warum qualitativ hochwertiger Content für einen elektronischen Marktplatz wichtig sind und weswegen die Ursprungsdaten aufbereitet werden müssen, liegen auf der Hand:

Einkäufer können ihre Einkaufsentscheidung durch benutzerfreundliche Menüführung der Internet-Tools wesentlich schneller und effizienter treffen, beispielsweise durch verbesserte Sourcingmöglichkeiten oder auch durch die Vergleichbarkeit von Produkten und Dienstleistungen. Prozesskosten werden dadurch nachhaltig gesenkt und die Verhandlungsposition gestärkt.

Allerdings können nur diejenigen Produkte miteinander verglichen werden, die über gleiche oder wenigstens ähnliche Produktbeschreibungen verfügen. Je präziser ein Produkt mit den für eine bestimmte Branche wichtigen Kerncharakteristika beschrieben ist, desto leichter kann ein entsprechender Vergleich bzw. eine adäquate Produktauswahl getroffen werden.

Aus Sicht der Lieferanten ergibt sich die Möglichkeit, sich durch gut beschriebenen Content vom Wettbewerb zu differenzieren und sich damit einen neuen, zusätzlichen Vertriebskanal zu erschließen. Kosten, die z.B. bei der Erstellung von Papierkatalogen anfallen, können durch den Einsatz von elektronischen Katalogen reduziert werden (siehe auch Beitrag 5).

In der Vielzahl der Fälle erweist es sich in der Praxis für den Marktplatzbetreiber als durchaus schwierig, vom Lieferanten guten Content zu bekommen. Das hat mehrere Gründe. Zum einen kommen die Daten aus verschiedenen, sehr heterogenen

Datenquellen. Sie zeichnen sich durch einen geringen Standardisierungsgrad, Unvollständigkeit und viele Abkürzungen aus. Weiterhin enthalten die Datensätze oft nicht-produktrelevante Daten, die keine marketing-gerechte Darstellung in Katalogen zulassen. Die Qualität der Daten reicht meist nicht aus, um eine Automatisierung des Contents zu gewährleisten (Stichwort statischer vs. dynamischer Content). Qualitativ hochwertiger Content setzt sich nicht nur aus den Rohdaten, sondern aus einer Reihe von anderen Informationen zusammen (siehe Bild 25).

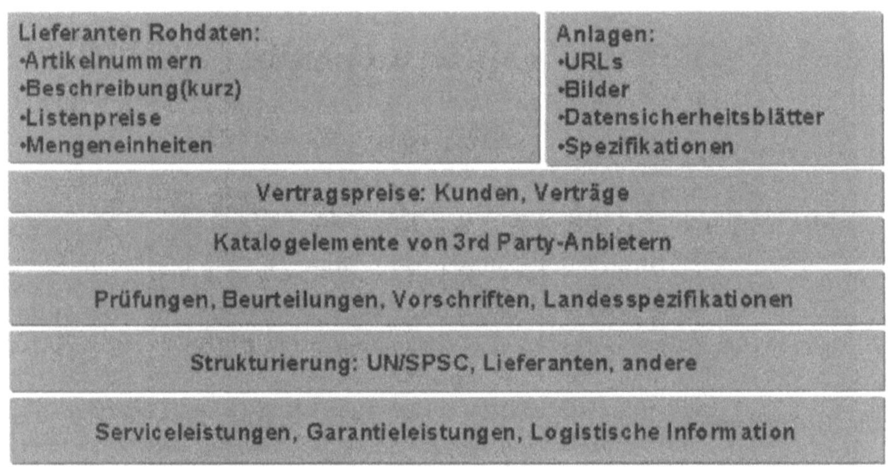

Bild 25   Beispiel für die Struktur von gutem Content

Commerce One verfolgt beispielsweise mit seinem Geschäftsmodell des Global Trading Webs (GTW), der weltweit größten B2B-Handelsplattform, welches im nächsten Abschnitt näher erläutert wird, das Ziel eines standardisierten, global handelsfähigen Contents, dem dieser klar definierte Aufbau zugrunde liegt.

Das Global Trading Web (GTW)

Das Global Trading Web (GTW) stellt die weltweit größte B2B-Handelsplattform dar. Diese besteht aus vielen, horizontalen und vertikalen elektronischen Marktplätzen, die durch das Internet zu einem großen, vernetzten und globalen Marktplatz verbunden werden. Commerce One verfolgt mit dieser Marktplatz-Philosophie das Ziel, dass jedes Unternehmen mit jedem Unternehmen auf der Welt Handel betreiben kann und dass Geschäftsprozesse so weit wie möglich integriert sind. Über einen einzigen Eintrittspunkt („single point of conncection") erfolgt die Verbindung zu einem weltweiten Netzwerk von Einkäufern, Lieferanten und Serviceanbietern. Die Vorteile des GTW liegen für alle Marktplatzteilnehmer auf der Hand. Durch ein globales Netzwerk von vielen Marktplätzen, die miteinander Geschäfte tätigen und über konsistenten und standardisierten Content verfügen, gelingt es, die Vision des globalen Handels unter Berücksichtigung von verminderten Kosten für alle Marktplatzteilnehmer zu realisieren.

Aktivierung der Lieferanten bei der Einführung von Marktplatzprojekten

Für einen im Aufbau begriffenen Marktplatz sollte nicht nur die Gewinnung von potenziellen Einkaufs-Kunden, sondern vor allem auch die Gewinnung der Lieferanten als Teilnehmer im Mittelpunkt stehen. Dies hat je nach Business Modell des Marktplatzes sowie der jeweiligen Verhandlungsmacht der Einkäufer unterschiedliche Priorität. Nichtsdestotrotz bilden die Daten der Lieferanten die entscheidende Grundlage eines jeden Marktplatzkatalogs. In diesem Kapitel wird deshalb die Aktivierung und Anbindung der Lieferanten an einen elektronischen Marktplatz als Teil einer Methodologie, die Commerce One in komplexen Marktplatzprojekten einsetzt, dargestellt.

Darstellung des Gesamtzusammenhangs

Die Anbindung der Lieferanten an einen elektronischen Marktplatz stellt einen Teilbereich der Commerce One Portal-Methodologie dar und besteht aus den Teilbereichen:

- Aktivierung der Lieferanten

- Lieferantenintegration

- Content Management

Im Folgenden wird vor allem auf die Aktivierung und die Anbindung der Lieferanten im Sinne eines methodischen Vorgehens detaillierter eingegangen. Das Thema Content Management mit seinen unterschiedlichen Facetten wird an dieser Stelle relativ kurz behandelt, da dieses Thema im Beitrag 5 ausführlich beschrieben wird.

Überblick über die Lieferanten-Aktivierung

Die Anbindung der Lieferanten gliedert sich in fünf Phasen:

1. Überblick und Planung des gesamten Lieferantenaktivierungs-Prozesses

2. Auswahl der Lieferanten

3. Strategie, wie Lieferanten aktiviert werden sollen und deren operative Umsetzung

4. Technische Integrationsmöglichkeiten

5. Content Management

Die Vorbereitung und Planung der Lieferantenaktivierung beinhaltet nicht nur, welche Vorgehensweise und Strategie für die Anbindung der Lieferanten gewählt wird, sondern bezieht weitere wichtige Punkte wie Verträge, beispielsweise das „Supplier Agreement", mit ein. Bei dem „supplier agreement" handelt es sich um einen Vertrag zwischen dem Marktplatzbetreiber und dem Lieferanten. Ein weiteres wichtiges Dokument, welches erarbeitet werden muss, ist das „pricing model", das die Leistungen und Kosten des Marktplatzbetreibers für die Teilnahme des Lieferanten festlegt.

Der Vertrag zwischen dem Marktplatzbetreiber und den einzelnen Lieferanten („supplier agreement") gilt als zusätzliches Vertragswerk zu einem schon bestehenden Vertrag, welcher die Beziehung zwischen der einkaufenden Organisation und dem Lieferanten regelt (z.B. ein abgeschlossener Rahmenvertrag). Er enthält Vertragsbestandteile wie:

- Allgemeine Vertragsbedingungen wie Vertragsdauer, die einzelnen Vertragsparteien etc.

- Rechte und Pflichten der einzelnen Vertragsparteien

- Lieferung der Daten durch die Lieferanten sowie Aufbereitung und Präsentation des Contents durch den Marktplatzbetreiber

- Um welche Art von Content, statisch oder dynamisch, es sich handelt

- Die erforderliche Qualitätsstufe des Contents sowie die Kosten der Katalogaufbereitung (bei statischem Content)

- die Rechte an den Ursprungsdaten sowie an den Daten der elektronischen Kataloge

- Geheimhaltungspflichten, eventuelle Vertragsstrafen und Garantien

- Das „pricing model" enthält die detaillierten Marktplatz-Services und die damit verbundenen Service-Kosten

Die Auswahl der Lieferanten

Nach der Zusammenstellung des Aktivierungs-Teams, welches für die Auswahl der Lieferanten in den einzelnen Phasen verantwortlich ist, werden die Kriterien des Auswahlprozesses festgelegt. Dabei handelt es sich um Kriterien, welche:

a) die Wichtigkeit des Lieferanten für die Einkaufsorganisation darstellen, z.B.

- Anzahl der Bestellungen in einem bestimmten Zeitraum

- Höhe des Umsatzes des Lieferanten pro Jahr

- Zukünftiges Umsatzpotenzial

- Gesamtkosten des Beschaffungsprozesses

- Beziehung Einkaufsorganisation-Lieferant

Außer diesen Kriterien wird noch die Wichtigkeit des Lieferanten für die einkaufende Organisation beschrieben. Diese kann von der strategischen Partnerschaft für bestimmte Produkte und Dienstleistungen bis hin zu einer noch nicht existenten Geschäftsbeziehung reichen.

b) die so genannte „e-Commerce-Readiness" des Lieferanten bestimmen sollen, z.B.

- die technische Infrastruktur des Lieferanten

- Qualität der Daten

- Update-Häufigkeit der Daten

- e-Commerce-Erfahrungen

- die Bereitschaft zum Mitmachen

- die Verfügbarkeit von Ressourcen auf Lieferantenseite

- die Unternehmenskultur

Weitere Bewertungskriterien können Kommunikations- und interne Eskalationsprozesse beim Lieferanten sowie die Teilnahme an anderen Einkaufsinitiativen und der Grad der Integration der IT-Landschaft des Lieferanten sein.

Eine Gewichtung der ausgewählten Kriterien führt im Ergebnis dazu, ob ein Lieferant „e-ready" ist oder nicht. Eine Chance bekommen auch solche Lieferanten, die vielleicht noch nicht „e-ready" sind, jedoch ein großes Interesse daran haben, als Marktplatzteilnehmer die elektronische Handelswelt mitzugestalten. Hierbei sind jedoch häufig zusätzliche Maßnahmen zur Veränderung der Prozesse, IT-Landschaft & Datenstrukturen und Verantwortlichkeiten im Vorfeld notwendig.

Für die so identifizierten Lieferanten gilt es dann eine individuelle Aktivierungs-Strategie zu entwickeln. Die Entwicklung einer entsprechenden Strategie wird im nächsten Abschnitt näher beschrieben.

Die Entwicklung einer Lieferantenaktivierungs-Strategie und deren operative Umsetzung

Nachdem die anzubindenden Lieferanten identifiziert sind, gilt es, eine Strategie zu entwickeln, um diese Lieferanten möglichst schnell und effizient an den Marktplatz anzubinden. Wichtige Elemente dieser Strategie sind:

- Die Kommunikation zwischen dem Lieferantenteam des Marktplatzbetreibers und den Lieferanten:

  Die richtige Kommunikation gerade in der Anfangsphase der Lieferantenanbindung ist ein kritischer Erfolgsfaktor. Sie umfasst nicht nur das Design des gesamten Kommunikations-Prozesses, wie beispielsweise die Einrichtung einer Lieferanten-Hotline, sondern auch alle Kommunikations-Materialien wie Präsentationen, Briefe und Anleitungen („easy steps") sowie eine definierte organisatorische Vorgehensweise (z.B. spezielle Lieferanten-Account-Manager).

- Die Formulierung einer für den Lieferanten verständlichen „e-message":

  Diese „e-message" erklärt die e-Commerce-Initiative der Einkaufsorganisation sowie des Marktplatzes und stellt deren Mehrwert und Vorteile für die Lieferanten heraus, wenn diese bei dem Projekt mitmachen.

  Es gibt mehrere Kommunikationsmittel, z.B. Einzelgespräche oder auch Lieferantentage, in denen nicht nur der Mehrwert der Teilnahme, sondern auch die Teilnahme selbst vorgestellt wird.

- Die Etablierung eines Prozesses, der eine möglichst einfache Teilnahme des Lieferanten gewährleistet:

Dieser Prozess enthält Schritte wie die Registrierung auf dem Marktplatz, das Unterschreiben des Vertrages mit dem Marktplatzbetreiber, das Liefern der Daten an den Content-Service-Provider sowie die verschiedenen Möglichkeiten der technischen Integration der Warenwirtschaftssysteme mit dem elektronischen Marktplatz.

Die technischen Integrationsmöglichkeiten

Insgesamt unterscheidet man drei Kategorien der technischen Integration von Lieferanten an einen Marktplatz, der auf Commerce One-Technologie basiert:

- Supply Order

Hierbei handelt es sich um die einfachste Form der Integration. Supply Order ist ein web-basiertes Tool, welches es dem Lieferanten u.a. erlaubt, manuell Bestellungen zu bearbeiten sowie Anfragen über Preise und Verfügbarkeiten zu beantworten. Diese Form der Integration ist vor allem für Lieferanten geeignet, deren Transaktionsvolumen gerade in der Anfangsphase eines Marktplatzes noch relativ gering ist. Außer einem Internet-Anschluss benötigt der Lieferant lediglich ein halbtägiges Training, sonstige Kosten fallen keine an. Eine mögliche Automatisierungsstufe ist darüber hinaus, dass der Lieferant die Bestellung bei Generierung in Form einer e-Mail mit Anhang zugeschickt bekommt.

- File Exchange

Bei dieser Form der Integration werden die Bestellungen in Batch-Verarbeitung direkt in das Warenwirtschaftssystem des Lieferanten geschickt. Sie ist besonders für Lieferanten geeignet, die schon mit EDI oder XML arbeiten und relativ viele Transaktionen pro Tag mit einer einkaufenden Organisation abwickeln. Ein Real-time-Check von Preisen oder Verfügbarkeit ist hier nicht möglich. Es entstehen zusätzliche Kosten für die Integration in Form von Software und Implementierungsleistungen für den Lieferanten.

- API-Integration (Application Programming Interface)

Die API-Integration ist im Prinzip die real-time-Variante der File Exchange-Integration. Sie erlaubt den einkaufenden Organisationen, direkt im ERP-System des Lieferanten Preis- und Verfügbarkeit abzufragen oder auch das Tracking des Bestellstatus vorzunehmen. Diese Form der Integration dauert in der Regel acht bis zwölf Wochen und ist mit erheblichem Aufwand sowohl für die einkaufende Organisation als auch für den Lieferanten verbunden.

Content Management

Die Aufgabe eines Marktplatzes ist u.a. die Bereitstellung von Katalogen. Das bedeutet für den Marktplatzbetreiber, dass er die Daten der Lieferanten, die in jedwedem Format, z.B. als Excel-Tabelle oder auch als Papierkatalog, vorliegen können, erfassen und standardisieren muss. Der Content Management-Prozess für statischen Content gliedert sich grob in vier Schritte:

- Lieferung der Daten vom Lieferanten (beinhaltet ebenfalls die Überprüfung von Daten und Preisen durch den Einkäufer)

- Konvertierung der Inhalte in ein standardisiertes Datenformat (siehe auch Beitrag 5)

- Publikation des Contents als mehrlieferantenfähiger Katalog auf dem Marktplatz

- Implementieren des Katalogs in einer entsprechenden e-Procurement-Applikation beim einkaufenden Unternehmen

Die Konvertierung und Pflege der Daten erfolgt in der Regel durch den Marktplatzbetreiber in Zusammenarbeit mit einem Content Service Provider. Je nach strategischer Ausrichtung des Marktplatzes übernimmt der Marktplatzbetreiber selbst auch die Aufbereitung und Pflege der Daten. Da die entsprechenden Tools zur Datenkonvertierung bzw. Datenaufbereitung jedoch relativ teuer sind, arbeiten die meisten Marktplätze mit den entsprechenden Content-Spezialisten zusammen.

Projekterfahrungen bei der Einführung von Marktplätzen

Dieses Kapitel widmet sich der Darstellung von Erfahrungen, die bei der Einführung von mehreren typischen Marktplatzprojekten gesammelt worden sind. Nach einer allgemeinen Darstellung der

Ausgangssituation, die vor allem die Projektorganisation und die Definition der Zielsetzung beschreibt, wird in den folgenden Abschnitten auf die konkrete Anbindung von Lieferanten in der Praxis eingegangen.

Die hier beschriebenen Erfahrungen beziehen sich vor allem auf elektronische Marktplätze, die durch den Zusammenschluss mehrerer Unternehmen entstanden sind (oder auf globale Konzerne). Die Entscheidungen der jeweiligen Unternehmen, ein Marktplatzprojekt zu starten, resultierten in den meisten Fällen aus den Ergebnissen von durchgeführten Studien, welche die Analyse und Evaluierung von Beschaffungspotenzialen durch den Einsatz von Internet-Technologien zum Untersuchungsgegenstand hatten. Ausgehend vom Serviceangebot wird das „pricing model", also das Angebot an potenzielle Marktplatzkunden, sowohl Einkäufer als auch Lieferanten, ausgearbeitet. Aus projektorganisatorischer Sicht bildet sich das Projektteam heraus, welches sich in der Regel aus Vertretern der verschiedenen Unternehmen, aus den Bereichen Einkauf, Logistik, IT, externen System-Integrations-Beratern und Mitarbeitern des Technologieproviders zusammensetzt. Entsprechend dem Leistungsangebot und den definierten Projektzielen werden die Teammitglieder in mehrere Sub-Teams mit einem speziellen Fokus aufgeteilt. Plant der Marktplatzbetreiber, mit einem Content-Service Provider zusammenzuarbeiten, wird in dieser jetzigen Phase meistens ein entsprechender Anbieter gesichtet und erste Verhandlungen geführt.

Der zeitliche Rahmen für ein Marktplatzprojekt wird auf durchschnittlich sechs bis neun Monate beziffert. Da in vielen Fällen der Markteintritt des Marktplatzes eine große Rolle spielt, verkürzt sich die so genannte start-up-Phase auf durchschnittlich sechs Monate. Welche Auswirkungen diese kurzen Projektlaufzeiten in Verbindung mit dem komplexen Thema Marktplatzaufbau und -einführung mit sich bringen, wird im nächsten Abschnitt für die Anbindung der Lieferanten und für das Content-Management dargestellt.

Generell sind die Erwartungen der Investoren, die an einem Marktplatz beteiligt sind, sehr hoch. Dementsprechend sieht sich das Projektteam schon am Anfang gleich mehreren Herausforderungen gegenüber:

- Enormer Zeitdruck

- Begrenztes Budget

- Teammitglieder aus unterschiedlichen Unternehmenskulturen, die sich in kurzer Zeit „zusammenraufen" müssen

- Aufbau eines konstanten Mitarbeiter-Pools, der über die erste Phase hinaus tätig ist

- Heterogene Wissensbasis der Teammitglieder in Bezug auf die vielfältigen und komplexen Themen des e-Business

- Wenig Zeit, sich einen fundierten Überblick über Technologie und Methodologie zu verschaffen

Die Vorbereitung und Planung der Lieferantenaktivierung beinhaltet eine Reihe von Meetings, in denen u.a. der Projektplan mit den zu erreichenden Zielen und Zeitfenstern ausgearbeitet wird. Die Inhalte für das „supplier agreement" und das „pricing model" werden ebenfalls definiert. Weiterhin wird an dieser Stelle auch über die Wahl der Produkte und Dienstleistungen diskutiert, welche über den Marktplatz gehandelt werden sollen und gleichzeitig die Entscheidung gefällt, welche Strategie man für die Anbindung der Lieferanten wählt.

Die Auswahl der Lieferanten

Grundsätzlich unterscheidet man drei verschiedene Vorgehensweisen bei der Auswahl der Lieferanten:

- Die einkaufende Organisation möchte strategisch wichtige Lieferanten anbinden. In diesem Fall bestimmen und verantworten diese auch die Auswahl der Lieferanten sowie die Kommunikation.

- Der Marktplatzbetreiber möchte Lieferanten anbinden, die den Marktplatz für möglichst viele, neue Einkaufsorganisationen attraktiv machen. Er ist somit für die Auswahl der Lieferanten verantwortlich und hat vor allem die großen Einkaufsorganisationen als Zielgruppe im Visier.

- Der Marktplatzbetreiber möchte so viele Lieferanten wie möglich an seinen Marktplatz anbinden. Hierfür werden allerdings nicht nur bestimmte Tools benötigt, sondern der Aktivierungs-Prozess muss möglichst einfach gestaltet sein (z.B. Selbst-Registrierung und Content-Konvertierung).

In der Praxis kommt die dritte Möglichkeit recht selten vor, zumindest im europäischen Wirtschaftsraum. Das liegt darin begründet, dass die Marktplatzbetreiber ganz gezielt auf Einkaufsorganisationen mit der entsprechenden Lieferantenbasis zugehen. Ein weiterer Grund ist die organisatorische Form des Marktplatzes an sich. Viele Marktplätze sind rechtlich gesehen der Zusammenschluss von mehreren Unternehmen oder von großen Unternehmen, die quasi als Beschaffungsdienstleister für andere Unternehmensbereiche auftreten. Diese organisatorischen Konstrukte führen zu einer Vermischung der beiden ersten Formen der Lieferantenauswahl, was sich ebenfalls auf die Wahl der Produkte und Dienstleistungen auswirkt.

In den meisten Fällen konzentrieren sich die Bemühungen der Lieferantenanbindung auf eine schon vorhandene Lieferantenbasis von Einkaufsorganisationen, die als Kunden bei dem Projekt mitmachen.

Die vorher beschriebenen Auswahl-Kriterien werden dabei allerdings oft nur zum Teil für eine objektive Evaluierung herangezogen. Das Kriterium, welches oft als Auswahlgrundlage benutzt wird, ist das Transaktionsvolumen pro Jahr sowie die „e-readiness". In der Praxis lässt sich beobachten, dass die Definition der Kriterien oft nicht sehr sorgfältig vorgenommen wird. Liegt der Fokus bei der Auswahl auf bestimmten Produkten, z.B. PCs, so tritt häufig der Fall ein, dass diese Zielgruppe von Lieferanten schon bei anderen Marktplätzen angebunden ist oder sogar selbst im Internet kauft und verkauft.

Unkompliziert ist in der Regel die Aktivierung eines Lieferanten, der schon auf einer anderen Marktplatz-Plattform angebunden ist. Relativ schwierig wird es dann, wenn eine einkaufende Organisation gerne Lieferanten aktivieren möchte, zu denen noch überhaupt keine Geschäftsbeziehung besteht, wenn mit dem Angebot der Marktplatzteilnahme gleichzeitig Preisverhandlungen stattfinden, oder auch, wenn sich die Geschäftsbeziehung mit dem ausgesuchten Lieferanten schwierig gestaltet. Nachdem bestimmte Lieferanten ausgewählt sind, müssen diese von der Sache überzeugt werden. Dies geschieht mit der richtigen Strategie, deren wichtigster Erfolgsfaktor die Kommunikation ist.

Die Aktivierungs-Strategie in der Praxis

Eine funktionierende Aktivierungsstrategie besteht aus den drei schon im vorhergehenden Abschnitt beschriebenen Elementen Infrastruktur, der „e-message" und den Teilnahmebedingungen („easy steps").

Bevor die aktive Rekrutierung der Lieferanten beginnt, arbeiten die Lieferantenteams ein Kommunikationsprogramm aus, welches ebenfalls einen der Erfolgsfaktoren darstellt. Ziel dieses Programms ist die Gewinnung der Lieferanten durch die Vermittlung der e-Commerce-Initiative und die Darstellung des Nutzens für die Beteiligten. Dies geschieht durchgängig und beginnt praktisch beim Projektstart.

Aus der Erfahrung empfiehlt sich besonders der Aufbau einer funktionierenden **Supplier Support-Infrastruktur** mit:

- Einem festen Ansprechpartner (Supplier Account Manager), der für alle Fragen am Telefon, per Fax und über e-Mail kompetent Auskunft geben kann

- Einer Informationsmappe mit Marketingmaterialien über die e-Commerce-Initiative, einem auf notwendige Fragen beschränkten Fragebogen, einer „Frequently Asked Questions"-Liste etc.

- Einer Lieferanten-Datenbank, die alle Informationen über teilnehmende Lieferanten enthält

- Einer Hotline, insbesondere für die operative Abwicklung in späteren Phasen, z.B. für Preis-updates

Ein weiterer wichtiger Baustein der Kommunikation ist die „e-Botschaft" (e-Message), welche die einkaufende Organisation und der Marktplatzbetreiber den Lieferanten vermitteln.

Die Vermittlung des Mehrwerts für den Lieferanten, wenn er sich der e-Inititative anschließt, ist eine der wichtigsten kritischen Erfolgsfaktoren überhaupt. Wenn der Lieferant nicht versteht, warum er mitmachen soll und was ihm diese Initiative bringt bzw. ihn kostet, wird er kein Interesse haben, mitzuwirken oder zumindest versuchen, entsprechende Aktivitäten zu blockieren. Gerade bei Lieferanten, die schon bei anderen Initiativen, z.B. bei der Einführung von EDI mitgewirkt haben, ist die Vermittlung des Mehrwerts enorm wichtig. Für sie verursacht die Teilnahme an einem Marktplatz gerade in der ersten Phase doppelte Kosten. Dieses Wissen um Mehrkosten sollte sich im „pricing model" des Marktplatzbetreibers widerspiegeln. Kosten fallen vor allem an für:

- Katalogerstellung
- Transaktionen

Hier empfiehlt sich die Ausarbeitung eines „pricing models", welches mehrere Optionen anbietet (z.B. Anreize in Form von Kostenübernahme durch die einkaufende Organisation).

Die meisten Marktplätze führen zur Kommunikation ihrer e-Message einen so genannten **Lieferantentag** durch. Diese Veranstaltung hat nicht nur Informationscharakter, sondern verfolgt ebenso das Ziel, die Lieferanten aktiv in die e-Inititative einzubeziehen und ihnen den wirklichen Mehrwert, z.B. durch die konkrete Berechnung des Return-on-Investment (ROI), vorzustellen. Ein typischer Lieferantentag gliedert sich in:

- Vorstellung der e-Initiative der einkaufenden Organisation

- Darstellung des Marktplatzprojekts durch die Marktplatzbetreiber

- Detaillierte Beschreibung der Vorgehensweise in den einzelnen Projektphasen mit Anforderungen, Zeitachsen und Terminen

- Vorstellung des Teilnahmeprozesses („easy steps")

- Spezielle Workshops, beispielsweise zum Thema Content oder zur technischen Integration

Es hat sich gezeigt, dass diese Veranstaltungen umso besser verlaufen, je professioneller die Organisation im Vorfeld geplant und initiiert wurde. In der Regel liegt die Beteiligung der angesprochenen Lieferanten nach einem Lieferantentag bei ca. 60%-70 % der angesprochenen Lieferanten. Es dauert im Durchschnitt 15 Wochen von der Auswahl des Lieferanten bis zum fertigen Katalog, der auf einem Marktplatz publiziert werden kann.

Deshalb ist es enorm wichtig, dass die Kommunikation zu den Lieferanten von Anfang an kontinuierlich gepflegt wird und zu keinem Zeitpunkt abreißt. Dies erweist sich umso schwieriger, je mehr Parteien (z.B. Lead buyer, Marktplatzbetreiber, Content-Service Provider) involviert sind. Die Lieferanten sind sich sehr wohl bewusst, dass sie einen entscheidenden Bestandteil des Marktplatzszenarios darstellen: Ohne sie ist der Marktplatz wertlos. Deshalb empfiehlt sich in jedem Fall, Zeit in eine effiziente Kommunikationsstrategie zu investieren.

Zusammenfassung

Die Beschreibung der Lieferantenanbindung in den vorhergehenden Ausführungen stellt nur einen Teilbereich eines Marktplatzprojektes dar. Es lässt sich jedoch unbestritten feststellen, dass ohne die erfolgreiche Gewinnung der Lieferanten und deren Anbindung an den Marktplatz keinerlei Transaktionen stattfinden können.

Zusammenfassend lassen sich deshalb die folgenden Erfolgsfaktoren subsumieren:

- Eine e-Business Marktplatzvision mit einer entsprechenden Strategie und Umsetzung vor allem im Bereich Marktplatz-Services

- Phasenweises Projektvorgehen mit realistischen Zeitfenstern

- Content Management- und Lieferantenanbindungs-Strategie mit:

    o Objektiver Evaluierung und Auswahl der Lieferanten

    o Stringenter Kommunikationsstrategie

    o Klarer „e-Message", die den Mehrwert für den Lieferanten vermittelt und einem flexiblen „pricing model", wenn es um die Kosten der Anbindung für den Lieferanten geht

    o Einfachen Teilnahmebedingungen und damit verbunden einer klar strukturierten Lieferanten-Support-Organisation

    o Technischem Know-how seitens des Marktplatzbetreibers in den Bereichen Integration und SAP

Aus heutiger Sicht müssen Marktplatzbetreiber zukünftig noch effizienter mit den einkaufenden Organisationen und den Lieferanten zusammenarbeiten. Eine engere Zusammenarbeit der Beteiligten führt in der Regel auch zu einem größeren Verständnis für die Situation jedes Einzelnen.

Für einen Marktplatzbetreiber ist es überlebenswichtig, dass er qualitativ hochwertigen Content auf seinem Marktplatz bereithält. Deshalb sollte er schon im eigenen Interesse genauer hinterfragen, warum ein Lieferant seine Daten nicht in einer bestimmten Qualität liefern kann. Oftmals handelt es sich bei den Lieferanten um mittelständische Unternehmen, die für die Aufbereitung in verschiedenen Datenformaten und die Pflege der Daten einfach keine zusätzlichen Mitarbeiter einsetzen können.

Viele Lieferanten beteiligen sich an unterschiedlichen Marktplätzen. Jeder Marktplatz stellt andere Anforderungen in Bezug auf die Datenaufbereitung an den Lieferanten, da es einfach noch keine weltweit akzeptierten Standards, gerade in Bezug auf die Beschreibung von Content, gibt. Das führt zu einem Jonglieren von nationalen und internationalen, branchenunabhängigen und branchenspezifischen Beschreibungen der Inhalte. Eine Lösungsmöglichkeit stellen hier sicherlich die Content Service Provider dar, welche eine Mittlerfunktion als Informationsaufbereitungsstelle zwischen den Lieferanten und dem Marktplatz einnehmen.

Allerdings müssen sich sowohl die Lieferanten als auch die Marktplatzbetreiber darüber im Klaren sein, dass die Inanspruchnahme der Leistungen eines solchen Dienstleisters nicht umsonst ist. Die gerechte Aufteilung dieser Kosten wird leider allzu oft nicht ausreichend thematisiert, und führt dann oft dazu, dass der Projektfortschritt nur sehr zögerlich vonstatten geht. Erwähnenswert in diesem Zusammenhang ist sicherlich auch ein zu Beginn unter der Teilnahme aller Beteiligten zu definierender Prozess, wer wann welche Daten bekommt und wie bei auftretenden Problemen zu verfahren ist. Das Festlegen von definierten Kommunikationswegen erleichtert die Zusammenarbeit erheblich und erlaubt einen reibungslosen Ablauf der Datentransformation.

Insgesamt gesehen stellt die Entwicklung elektronischer Marktplätze für alle Beteiligten einen Gewinn dar. Wenn dieser auch nicht so schnell zu erreichen ist, wie die Gurus des e-Commerce das den Unternehmen prophezeit haben. Internet-basierte Technologien erweitern nicht nur die Möglichkeiten des Global Sourcing für einkaufenden Organisationen, sondern tragen ebenfalls zu einer verbesserten Datenqualität der Produkte und Dienstleistungen seitens der Lieferanten bei. Das hilft, Produkt- und Prozesskosten in der Beschaffung zu senken. Für die Lieferanten eröffnet es die Möglichkeit, bestimmte Prozessschritte einer Bestellung automatisiert über das Internet abwickeln zu können. Wenn auch der oft totgesagte Papierkatalog von vielen Einkaufsorganisationen immer noch zusätzlich angefragt wird. Durch die Teilnahme an einem Marktplatz werden beim Lieferanten oft bestimmte Entwicklungen vorweg genommen, die es ihm erlauben, frühzeitig zu reagieren und so einen Zeitvorteil zu realisieren.

Für die Marktplatzbetreiber bedeutet der operative Betrieb eines Marktplatzes eher Learning by doing, aber auch die Chance zum Aufbau von Kernkompetenzen und ein Gefühl für das Machbare zu entwickeln, beispielsweise auch die Flexibilität, Business Modelle zu überdenken und umzuformulieren. Durch aktive Mitarbeit und die strukturierte Formulierung von Anforderungen durch Marktplatzbetreiber, einkaufende Organisationen, Lieferanten und Content Service Provider ergibt sich für die Technologielieferanten die Möglichkeit, ihre Software entsprechend den Kundenbedürfnissen anzupassen. Eine auf diese Weise optimierte Software generiert Mehrwert bei Bestands- und Neukunden.

Gelingt es, die Herausforderungen des Content Managements (siehe auch Beitrag 5) organisatorisch und inhaltlich besser in den Griff zu bekommen, werden elektronische Marktplätze wirkliche Marktplätze, auf denen ein vielfältiges Angebot auf eine rege Nachfrage trifft.

5 Die Aufgabe eines marktplatzorientierten Catalog Content Managements

Nils Ewers, Harry Longwitz

War das Content Management und insbesondere das Katalogmanagement bis vor kurzem noch ein ungeliebtes und gerne vernachlässigtes Thema, so tritt es heute als einer der kritischen Erfolgsfaktoren auf, die über den Erfolg eines Marktplatzes entscheiden.

Dabei kommt es nicht nur darauf an, möglichst viele Lieferantenkataloge auf dem Marktplatz zu haben, sondern vielmehr den Spagat zu schaffen, eine einheitliche Darstellung der Lieferantenartikel zu haben und trotzdem den Lieferanten eine Möglichkeit zu bieten, sich und ihre Artikel differenziert zu den anderen Lieferanten darzustellen.

Darüber hinaus muss gewährleistet sein, dass der Einkäufer auf einem Marktplatz möglichst einfach seine benötigten Materialien findet und zwar nur seine im Vorfeld definierten, mit seinen spezifischen Preisen.

Damit es so weit kommt, sind im Vorfeld noch einige Hürden zu nehmen – die Materialstammdaten aus dem ERP-System (oder anderen) des Lieferanten sind für einen Onlinekatalog im Normalfall nur bedingt zu gebrauchen und müssen erst aufgearbeitet und angereichert werden. Doch ist es mit einem einmaligen Erstellen des Kataloges nicht getan. Für den kontinuierlichen Erfolg eines e-Markets oder einer e-Procurement-Lösung ist es unabdingbar, dass der Katalog stetig gepflegt und aktualisiert wird. Beachtet man dann noch, dass zukünftiges Catalog Content Management immer mehr auch direkte Güter berücksichtigen muss, wird seine große Bedeutung für den Lieferanten noch deutlicher, da hier noch stärker mit Rahmenverträgen und Lieferplänen gearbeitet wird, deren Konditionen im Katalog abgebildet werden müssen.

In diesem Kapitel soll das Vorgehen bei der Erstellung eines Onlinekataloges beschrieben werden, um danach stärker auf die

Sicht der Net Market Maker zum Thema Catalog Content Management einzugehen.[9]

„Content is King"

Die Zeiten, in denen man „die Katze im Sack" gekauft hat, sind auch im Bereich des e-Business vorbei – falls es sie dort je gegeben hat. Ziel des B2B-Geschäftes ist die Option auf weltweite Beschaffungsmöglichkeiten und die Überschreitung bisher einschränkender geographischer Bedingungen.

Auf die Frage, welcher kritische Erfolgsfaktor für elektronische Marktplätze und e-Procurement-Systeme dabei heute der wichtigste sei, gibt es eigentlich nur eine richtige Antwort: Content! Das Zitat „Content is King"[10] beschreibt dies eindrucksvoll, insbesondere da es sich hierbei um eine Erkenntnis aus der Frühzeit des Electronic Commerce handelt. Seither ist einige Zeit verstrichen, die Relevanz von Content hat aber eher noch zu- als abgenommen. Content in diesem Zusammenhang ist als strukturierter Content (= Katalogdaten) zu verstehen, im Gegensatz zu semi-strukurierten Webinhalten (z.B. Verbandsinformationen, Börsenticker, ...), die in diesem Artikel nur eine periphere Rolle einnehmen.

Viele Marktplätze leiden im Bereich des Catalog Content heute unter den gleichen Symptomen:

- Wird der Marktplatz durch die Käuferseite initiiert, vermuten viele Lieferanten, dass er nur dazu dienen soll, die Preisschraube ein weiteres Mal anzuziehen und sehen weniger die Möglichkeiten der Prozesskostenreduzierung, die über die internet-basierte Geschäftsabwicklung entstehen kann.

- Daher gestaltet sich die Anbindung der Lieferanten aufwändiger und ist langwieriger als ursprünglich geplant, wodurch die Anzahl der Lieferanten auf den Marktplätzen gering ist und nur wenig Catalog Content zur Verfügung steht. In der Folge ist die Teilnahme auf diesen

---

[9] Die Methodologie der Supplier Adoption wird im Artikel von Martina Gerst behandelt

[10] Ernst & Young LLP „Content Management: The Critical Success Factor for eProcurement", 1999

Marktplätzen unattraktiv und Käufer bleiben aus. Ein schnelles Erreichen der kritischen Masse (hier die Anzahl der potenziellen Lieferanten) ist oftmals vom Beschaffungsvolumen der Kunden oder der Marktmacht der Marktplatzbetreiber abhängig.

- Die Käufer wollen einen auf ihre Bedürfnisse hin zugeschnittenen Katalog mit ihren Preisen und Informationen sehen. Sowohl die Klassifizierung der Produkte als auch die Darstellung muss sich an den Käuferanforderungen orientieren, unabhängig von den Quellinformationen der Lieferanten.

Die Hauptaufgabe heutiger Marktplätze ist oftmals die Verlagerung bereits bestehender Kunden-/Lieferantenbeziehungen auf das Internet. Dies kann nur dann funktionieren, wenn die Abwicklung über den Marktplatz schneller, einfacher und günstiger ist als auf den herkömmlichen Wegen. Damit dies so ist, muss auf dem Marktplatz ein fortgeschrittenes Katalogmanagement implementiert sein, welches eben nicht nur die Abbildung der Artikel beinhaltet, sondern es darüber hinaus ermöglicht, Zusatzinformationen und Services rund um die Artikel darzustellen, sowie eine komfortable Möglichkeit des Updates der Katalogdaten zu bieten. Dadurch wird ebenfalls erreicht, dass die eigentliche Bestellabwicklung deutlich komfortabler vonstatten geht, als auf den herkömmlichen Wegen.

Die oben aufgeführten Punkte sind unabhängig davon zu sehen, welche Art von Gütern (direkte oder indirekte) über einen Marktplatz beschafft werden, sie stimmen in beiden Fällen. Bei der Beschaffung von direkten Materialien kommt noch ein weiterer Aspekt hinzu: die verfügbare Menge (Verfügbarkeitsprüfung). Wenn es sich um Materialien handelt, die direkt in die Produktion einfließen, reicht die pauschale Aussage „innerhalb von 2-3 Tagen lieferbar" nicht aus. Es werden Informationen benötigt, welche die aktuelle Lieferfähigkeit des Lieferanten widerspiegeln. Dies führt zu einem zusätzlichen Aufgabenkomplex für den Marktplatzbetreiber, da er sich nun darum kümmern muss, wie die Backend-Systeme seiner Lieferanten angeschlossen werden können. In dem Abschnitt „Dynamische Daten" wird das Thema nochmals intensiver betrachtet.

Vom Excel-File zum Katalog

Bei der Implementierung der ersten e-Procurement-Systeme erlebten viele Einkäufer böse Überraschungen, als sie die ersten Daten ihrer Lieferanten für den zukünftigen e-Catalog geliefert bekamen. Die Lieferantendaten waren alles andere als sofort zu verwenden. Nicht nur lieferten die verschiedenen Lieferanten unterschiedliche Datenformate, sie lieferten ihre Daten auch in unterschiedlicher Qualität, mit unterschiedlichem Informationsgehalt hinsichtlich des Inhalts und in Bezug auf die verwendete Klassifizierung. Schon beim ersten Blick auf die Rahmenbedingungen wird klar warum:

- Verschiedene Quellen für Produktdaten, Grafiken, Fotos etc. schon bei einem Lieferanten

- Teile der Informationen müssen erst „e"-fähig gemacht werden, d. h. in eine Form gepackt werden, die auch andere Systeme verstehen.

- Gleiche Teile werden unterschiedlich beschrieben, so bezeichnet ein Lieferant seine Festplatten als „hard drive", ein anderer als „storage device" und ein dritter wiederum anders.

- „Jeder" Lieferant liefert ein anderes Datenformat (MS-Excel, CSV-Dateien, etc.) und andere Dateninhalte.

Bei Betrachtung aller dieser Aspekte wird klar, dass die Generierung von Catalog Content ein Mehrstufen-Prozess ist, der auf jeder Stufe den Informationsgehalt der Daten erhöht und sich dem Ziel, einen funktionierenden und verwertbaren Katalog zu erstellen, kontinuierlich annähert.

Dieser Mehrstufenprozess wird im folgenden Bild dargestellt und in den folgenden Abschnitten eingehender beschrieben.

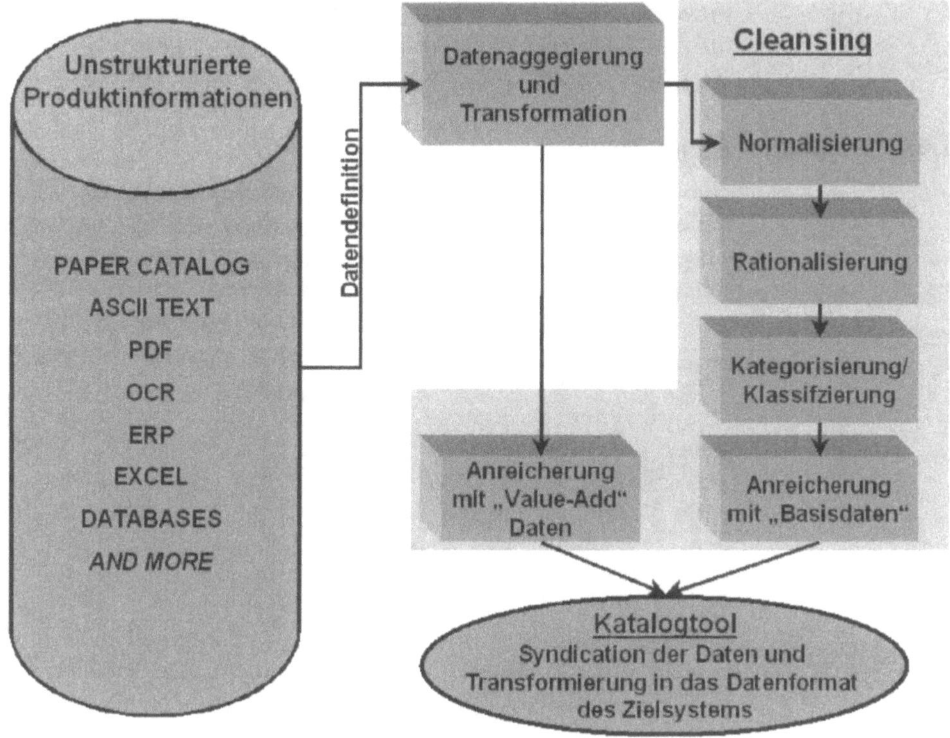

Bild 26   **Datenaufbereitung im Katalogumfeld**

Datendefinition

Vor der Arbeit der Datenextraktion steht eine solide Vorbereitung darüber, welche Daten überhaupt benötigt werden. Typischerweise ist ein Lieferant die ergiebigste Quelle, wenn es um Informationen und Daten seiner Produkte geht. In einem ersten Schritt geht es um die Daten, welche unumgänglich sind, die nachgelagerten Prozesse – heutzutage typischerweise ein Anfrage- oder Kaufprozess – anzustoßen und erfolgreich durchzuführen.

In Zukunft werden sich die Anforderungen an die benötigten Daten noch dadurch erhöhen, dass statt der oben erwähnten reinen Kauf-/Verkaufsprozesse auch sekundäre/assoziierte[11]

---

[11] Unter sekundären/assoziierten Prozessen versteht man Vorgänge, die nicht direkt zu einer Kaufabwicklung gehören, dieser aber vor- oder nachgelagert sind bzw. das Zustandekommen einer solchen unterstützen (z.B.

Prozesse Daten und Informationen, wie z.B. Ladeinformationen für den Logistiker, Warenwerte für die Warenausfallversicherung oder die Zolltarifnummer für die Zollabwicklung, benötigen.

Transformation & Aggregierung

Die Definition der benötigten Daten ist der Startschuss für die nächste Stufe der Catalog Content-Erstellung, der Datenaggregierung oder kurz Aggregierung. Hierbei wird identifiziert, woher die benötigten Daten kommen sollen bzw. wo sie physisch vorhanden sind. Wohl kaum ein Lieferant wird alle geforderten Daten in einer Quelle „vorrätig" haben und per Knopfdruck liefern können. Vielmehr werden Produktdaten üblicherweise in verschiedenen Backend-/ERP-Systemen (sofern vorhanden) zu finden sein, Zeichnungen und Grafiken in einem CAD-System, Serviceinformationen und weiterführende Beschreibungen in einer Vertriebsdatenbank und ausführliche Produktbeschreibungen und Bilder/Fotos in einer Marketingdatenbank oder ggf. sogar extern bei einem Printkataloghersteller. Und obwohl das Thema ERP-Integration seit den achtziger Jahren in den Unternehmensköpfen ist, wird bei vielen Unternehmen eine große Anzahl aussagekräftiger Informationen nur in Exceltabellen (z.B. Verkaufspreiskalkulationen) oder Worddokumenten vorhanden sein.

Nicht zu unterschätzen ist der Anteil der Informationen, die nur in Printform (z.B. als Produktkataloge) vorliegen. Hier finden sich sehr oft die für eine Präsentation der Produkte in elektronischen Katalogen gewünschten Beschreibungen, Formulierungen etc. Ebenso oft sind sie in digitaler Form vorhanden, aber nicht in einem Format, das ein elektronischer Katalog verarbeiten kann. Eine Transformierung in so genannten e-Business-fähige Formate muss stattfinden, bevor eine Weiterverwendung in Online-Katalogen überhaupt möglich ist. So trivial dies erscheint, in der Realität werden heute noch ca. 80 % der Kataloginformationen manuell aus Papierquellen zusammen gestellt – d. h. manuell abgetippt[12]. Das ist zeitintensiv und hemmt durch die entstehende Verzögerung der Verfügbarkeit dieses Contents auf dem e-Market das Zustandekommen von Traffic. Deshalb ist Catalog Content einer der kritischen Erfolgsfaktoren!

Transportabwicklungen etc.).

[12]   Bill Roberts: „The Aggravation of Aggregation" in Line56 News, 02/2001

Wie, wo und selbst wann die Daten tatsächlich aggregiert werden, hängt primär davon ab, ob ein Lieferant seinen eigenen Inhouse-Catalog erstellt oder ob es sich um einen externen Content-Provider handelt, der möglichst viel Masse ansammeln und aufbereiten will.

Normalisierung & Rationalisierung

Normalisierung beschreibt den Prozess der Angleichung lieferantenspezifischer Abkürzungen und Begriffe an eine gemeinsame Terminologie für Artikelmerkmale mit dem Ziel, gleiche Merkmale auch gleich zu beschreiben. Weiterhin geht es darum, dass die Artikel des Kataloges einheitlich und eindeutig benannt werden. Das Beispiel des Begriffes „Stift" mag dies verdeutlichen: Neben der Verwendung dieses Begriffes für ein Schreibgerät kann damit auch ein Nagel oder ein „kurzes Stück Metall zur Verbindung zweier Teile" bezeichnet werden. Daneben kann das Schreibgerät natürlich auch als Kugelschreiber bezeichnet werden, was die Vergleichbarkeit für den Interessenten schwierig bis unmöglich macht. Ein weiteres Beispiel sind die Begriffe „Außenmaße" und „Breite". Beide können das gleiche Merkmal beschreiben, das Katalogtool muss dies erkennen und es zu dem einen oder anderen Begriff zusammenführen. Die Beispiele für sich betrachtet sind eher lapidar, durch das Auftreten vieler dieser Probleme wird die Normalisierung jedoch zu einer echten Aufgabe.

Rationalisierung dagegen meint die Anordnung (Reihenfolgebildung) der Artikelbezeichnung und -merkmale nach ihrer Bedeutung für den Kunden mit dem Ziel, die relevanten Begriffe zu den Artikeln suchfähig und primär sichtbar zu machen. Auch hier soll ein Beispiel die Thematik veranschaulichen: Lieferant A beschreibt einen Artikel mit „Papier, weiß A4 90g", der zweite mit „A4-Papier, 90g weiß". Allein die alphabetische Sortierung führt hier schon zu Verwirrung und macht dem Kunden eine Auffindbarkeit schwer.

Kategorisierung

Kategorisierung[13] ist die Einordnung von Artikeln in eine meist mehrstufige Hierarchie von Produktklassen mit dem Ziel, gleiche

---

13   Als Synonym für den Begriff Kategorisierung wird auch der Begriff Klassifizierung verwendet.

bzw. gleichartige Artikel verschiedener Lieferanten für die hierarchische Suche in einer Gruppe zusammenzuführen.

Dabei gilt es zwei unterschiedliche Bedürfnisse zu befriedigen. Zum einen will der Lieferant seine Artikel so strukturieren, dass sie sich für ihn möglichst leicht pflegen lassen und „seiner Logik" entsprechen. Dies ist normalerweise dann der Fall, wenn er seine ihm vertraute oder sogar von ihm definierte Kategorisierungslogik verwendet (→ Da ist er zu Hause und kennt sich aus.). Außerhalb seines Unternehmens kann damit jedoch vielleicht niemand etwas anfangen.

Die Präsentationsseite wiederum sieht anders aus. Um dem Kunden die Möglichkeit einer einfachen Produktsuche zu ermöglichen, ist es unabdingbar, die Artikel in unterschiedliche Kategorien zu legen, ggf. angepasst an die jeweilige Kundengruppe, die adressiert werden soll. Ein Kunde aus der Baustoffindustrie vermutet unter „Glasartikel" ggf. andere Produkte als ein Kunde aus der chemischen Industrie. Ein Verkäufer von Büroartikeln hat möglicherweise eine wesentlich feinere Kategorisierung für Schreibblöcke als ein Handwerksbetrieb, beide decken ihren Bedarf jedoch bei einem Großhändler.

Um die oben erwähnten Konflikte aufzulösen, ist der Einsatz eines standardisierten Klassifizierungsmodells bei elektronischen Katalogen sinnvoll. In der Vergangenheit haben sich verschiedene Modelle herausgebildet, von denen zwei der international bekanntesten im Folgenden eingehender betrachtet werden.

eCl@ss

eCl@ss[14] ist gekennzeichnet durch einen vierstufigen, hierarchischen Materialklassifikationsschlüssel mit einem aus 14.000 Begriffen bestehenden Schlagwortregister. Die Hierarchiestufen heißen Sachgebiet, Hauptgruppe, Gruppe und Untergruppe. Für jede der vier Stufen bzw. Ebenen stehen zwei Stellen zur Verfügung, insgesamt sind somit pro Ebene bis zu 99 Klassen denkbar. Durch das umfangreiche Schlagwortregister können auch Klassen ohne detaillierte Kenntnisse der Hierarchie gefunden werden: Das stellt sicher, dass eCl@ss zur Kommunikation einheitlich über Bereichs- und Firmengrenzen hinweg genutzt werden kann.

---

[14]   Informationen über eCl@ss unter www.eclass.de

Ziel ist es, an jeden Klassifizierungsendpunkt von eCl@ss eine Merkmalleiste anzufügen. Die Merkmalleiste ist die Zusammenstellung einzelner Merkmale, die das zugehörige Produkt genauer beschreiben.[15] Durch diese Vorgehensweise werden Fehlinterpretationen von Beschreibungen weitestgehend minimiert und systematisches Suchen unterstützt.

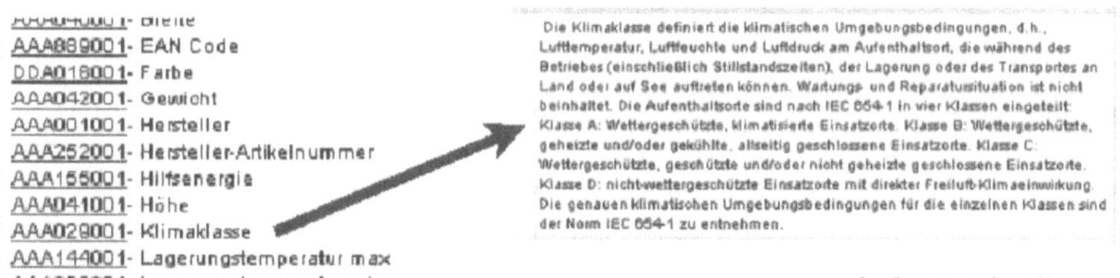

Bild 27   **Funktionsweise eClass „*Merkmalsleisten zu Produkten (Beispiel: Klimaklasse)*"**

eCl@ss findet derzeit vor allem in Deutschland Unterstützung durch zwei große Partner: der SAP AG und dem BME[16]. Die SAP ist seit Beginn der Entwicklung von eCl@ss Mitglied im Projektteam und unterstützt diesen Klassifizierungsstandard in ihrem Warenwirtschaftssystem SAP R/3. Der BME hat durch die von ihm geschaffene XMLVariante „BMECat"[17] einen einheitlichen Standard zur Digitalisierung von Warenkatalogen für den elektronischen Geschäftsverkehr zwischen den Partnern definiert, der mittlerweile ebenfalls immer stärker angewendet wird und eCl@ss vollständig unterstützt.

Bei allen Vorteilen von eCl@ss ist jedoch zu erwähnen, dass es sich hierbei um einen Standard handelt, der aus Deutschland in die Welt „exportiert" werden soll und derzeit in den USA und im asiatischen Wirtschaftsraum noch sehr eingeschränkt vertreten ist. Der Umfang und die noch nicht vollständig abgeschlossene

---

15   So können in der Klasse der Elektromotoren Merkmale wie Leistung und Verbrauch, neben anderen, einen einzelnen Motor spezifizieren und von den anderen Mitgliedern der Klasse unterscheiden

16   BME: Bundesverband Materialwirtschaft, Einkauf und Logistik, Frankfurt/Main (www.bme.de)

17   vgl. www.bmecat.de

Beschreibung vieler Klassen tun ihr Übriges, die Verbreitung in andere Wirtschaftszentren der Welt zu verzögern.

Derzeit unterstützen die großen internationalen Marktplatzhersteller den Klassifizierungsstandard eCl@ss nur sehr bedingt, so kann in der „Buysite" von Commerce One zwar eine mehrstufige Klassifikation gepflegt werden, die Verwaltung und Benutzung von Merkmalen ist jedoch derzeit noch nicht möglich. Ariba hat sich mit dem Produkt „Buyer" ebenfalls bisher auf UN/SPSC als Klassifizierungsstandard konzentriert.

UN/SPSC

UN/SPSC (United Nations Standard Product and Service Codes) ist eine hierarchische Produkt- und Service-Klassifizierung, die in ihrem Aufbau relativ einfach und somit auch leicht verständlich ist. Fünf Hierarchiestufen in den Reihenfolgen **Segment, Familie, Klasse, Warengruppe und Funktion** erlauben eine eindeutige Zuordnung von Produkten.

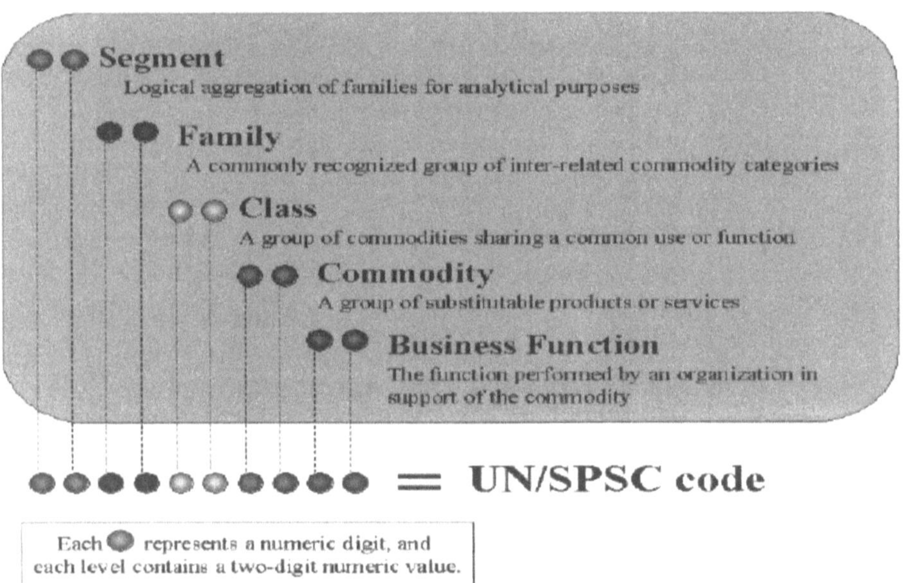

Bild 28   UN/SPSC Klassifizierungsstruktur[18]

---

[18]   Quelle: UN/SPSC White Paper, 10/2000 GS Research

Im Gegensatz zu eCl@ss unterstützt UN/SPSC jedoch keine Beschreibung über Merkmale, so dass viele Anwender bei der Pflege der Katalogdaten UN/SPSC für untauglich halten. Beide Standards sind jedoch, gerade bei der Klassifizierung von direkten Materialien, viel zu ungenau, was dazu führt, dass viele Unternehmen eigene Erweiterungen der Standards vornehmen.

Bild 29 verdeutlicht die Beziehung zwischen einem UN/SPSC-klassifizierten Gesamtkatalog und den diversen Lieferantenkatalogen, die ihre jeweils eigene Produktgruppenstruktur haben. Die Art der Gruppenbildung variiert erheblich zwischen den Lieferanten und dem eigentlichen Marktplatzkatalog. Die Produkt- und Gruppenbezeichnungen in den Lieferantenkatalogen sind dabei die Basis, um den UN/SPSC-Katalog evolutionär zu entwickeln und gegebenenfalls die Begrifflichkeit zu erweitern.

Bild 29   **Beziehung UN/SPSC zu Lieferantenkatalogen**[19]

Neben dem bisher Beschriebenen existieren noch eine Unzahl weiterer, oft sehr branchenspezifischer Standards, exemplarisch seien hier noch ETIM (Elektroindustrie) und UCC/EAN (eher ein Identifikationsstandard als ein Klassifizierungsstandard) erwähnt.

Datenverifizierung (Staging)

Die im Vorfeld beschriebenen Schritte sind jedoch nicht so zu verstehen, dass sie nacheinander, quasi in einem Rutsch abgearbeitet werden können. Es ist vielmehr notwendig, dass der

---

[19]   Quelle: Conextrade AG

Lieferant die Daten nach jedem Schritt hinsichtlich Richtigkeit und Konsistenz prüft. Bild 30 soll dies nochmals verdeutlichen.

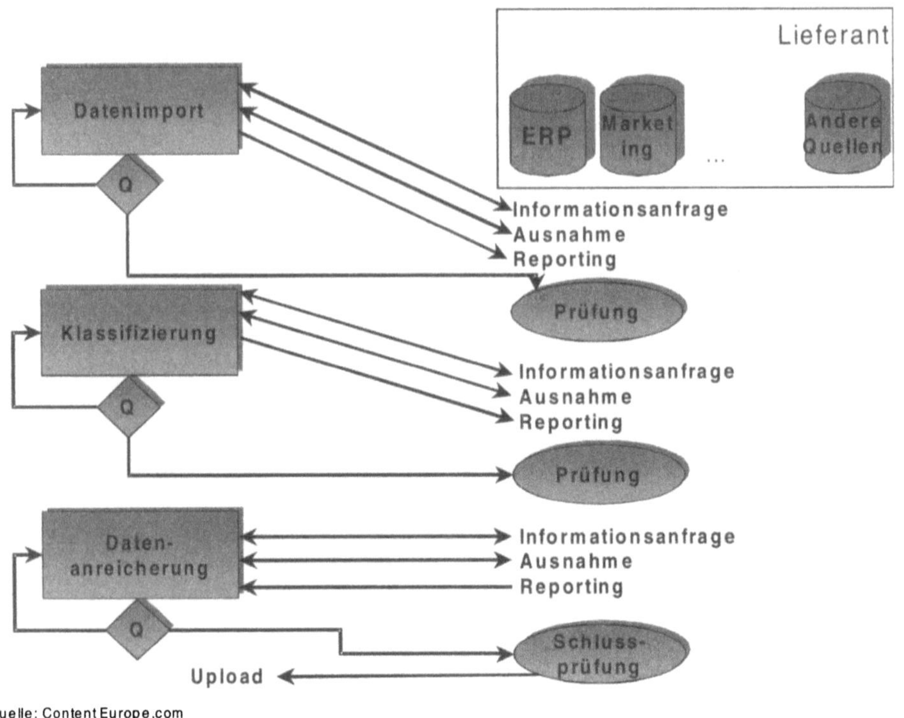

Bild 30   Staging

Anreicherung der Daten

Um Produkte wirklich vergleichbar zu machen, reichen verbale Kurzbeschreibungen nicht aus. Der Satz „ein Bild sagt mehr als tausend Worte" gewinnt auch im e-Business und damit bei der Katalogerstellung zunehmend an Bedeutung.

Zukunftsbezogene elektronische Kataloge beinhalten schon heute Daten und Informationen, die über eine reine Kurzbezeichnung und textuelle Beschreibung hinausgehen. Je komplexer bzw. erklärungsbedürftiger ein Produkt ist, desto eher müssen alternative bzw. ergänzende Informationen bereitgestellt werden, die den „entscheidenden" Unterschied zu einem Mitbewerberprodukt erst wirkungsvoll vermitteln. Werkzeuge dazu gibt es heutzutage schon viele:

- **Bilder**: Viele Unternehmen verfügen heute über einen Printkatalog, dessen Fotos und Produktbeschreibungen digitalisiert und auch in elektronischen Katalogen zur Verfügung gestellt werden können. Hierzu existieren Tools, welche die Daten aus DTP-Systemen für die Verwendung in Katalogsystemen konvertieren und somit „wiederverwertbar" machen.

- **3D-Animationen**: Durch die Verwendung von Virtual Reality-Programmen können Produkte dreidimensional animiert und der Funktionsumfang verständlicher dargestellt werden.

- **Grafiken/Explosionszeichnungen**: Im Industriebereich ist der Einsatz von interaktiven Explosionszeichnungen, die mit komplexen Stücklisten verbunden sind, sinnvoll bzw. erleichtert die Suche und das Finden von Teilen erheblich. Individuell generierte „Hotspots" verbinden dabei Zeichnung und Produktbeschreibung.

- **Referenzen**: Hierzu zählen sowohl die Anwendungshinweise („zu verwenden in", oder „bei Einbau beachten") wie auch Querverweise auf Produkte mit ähnlichen Eigenschaften und vergleichbarer Ausstattung/Qualität, die dem Anwender Alternativen aufzeigen bzw. ihn nicht ins Leere laufen lassen, falls sein gewünschtes Produkt nicht verfügbar ist oder ersetzt wurde.

Bezogen sich alle bisherigen Punkte direkt auf die Produktauswahl und setzten den Fokus auf Produkteigenschaften, so gibt es auch Informationen, die zwar produktbezogen, jedoch nicht direkt als Produkteigenschaften anzusehen sind. Dessen ungeachtet erhöhen diese Informationen aber den Gehalt eines Kataloges und beeinflussen immer öfter die Produktauswahl. Hierzu zählen u. a.:

- **Service Informationen**: Ein gedrucktes Handbuch verursacht gleich mehrfach Kosten – die Kosten zur Erstellung/Druck, Versand, Updates etc. Diese Informationen können Teil eines Produktkataloges sein und können so von einem Hersteller bzw. Wiederverkäufer jederzeit ohne großen Aufwand für Versand etc. aktualisiert werden.

- **Entsorgungshinweise/Umweltverträglichkeit**: Der Lebenszyklus von Produkten endet bekanntlich nicht mit dem Ende der Nutzung, sondern mit seiner gerechten

Entsorgung. Kataloge können schon Daten hierzu enthalten, die für einen Anwender ggf. auch erst zu einem späteren Zeitpunkt Relevanz haben.

Diese Aufzählung ließe sich um diverse Punkte ergänzen und weiterführen. Zu beachten ist an dieser Stelle besonders, dass bei der Verwendung von Informationen dritter Parteien Haftungsausschlüsse etc. mitberücksichtigt werden. Nicht immer steht bei der Generierung eines Kataloges die Originalinformationsquelle zur Verfügung[20].

Herausforderung an das Katalogmanagement

Aus den Beschreibungen des vorherigen Kapitels und einem prognostiziertem Umsatz im e-Commerce für das Jahr 2003 von weit über \$3 Billionen[21] mit der entsprechenden Anzahl von elektronischen Katalogen sieht sich das Katalogmanagement zukünftig Aufgaben gegenüber, die nur mit „der Reinigung der Ställe des Augias durch Herkules dem Halbgott" zu vergleichen sind. Um diesen Aufgaben künftig gerecht zu werden und um schnell einen verwertbaren und aktuellen Onlinekatalog zu erstellen, bedarf es des Einsatzes eines Katalogtools, welches zumindest einige der vorher beschriebenen Aufgaben automatisiert erledigen kann.

Dem gegenüber stehen jedoch die hohen Kosten, die durch den Einsatz eines eigenen Katalogtools entstehen. In verschiedenen Studien wurde festgestellt, dass es sich in den seltensten Fällen für ein Unternehmen lohnt, eine eigene Katalogsoftware zu erwerben, da es ja nicht nur damit getan ist, die Software zu besitzen[22]. Vielmehr müssen Ressourcen aufgebaut werden, welche die Systeme warten, die sich in die Werkzeuge einarbeiten (was zeitintensiv ist) und später den Katalog aktuell halten. Dies ist nicht nur eine Frage des Geldes, sondern auch eine Frage des Personals, welches zu Beginn einer Katalogerstellung

---

[20]   An diesem Bereich sind die Grenzen zu einem traditionellen Content Management mit redaktionellem Inhalt fließend bzw. müssen genau definiert werden.

[21]   Ernst & Young LLP „Content Management: The Critical Success Factor for eProcurement", 1999, S. 1

[22]   TPN Register: „The secret to speeding your internet procurement ROI", 04/2000

benötigt wird. Eine mögliche sinnvolle Alternative hierzu stellt die Option dar, die technische Umsetzung des Kataloges mit externer Hilfe zu realisieren und die eigenen Kräfte darauf zu konzentrieren, die inhaltliche Qualität der Katalogdaten zu gewährleisten.

Was für die Lieferantenseite gilt, gilt noch in einem viel stärkeren Umfang für Marktplätze. Der Marktplatzbetreiber muss notwendigerweise in kürzester Zeit eine große Menge an Katalogdaten auf seinem Marktplatz integrieren und dafür sorgen, dass dieser auch stetig aktuell bleibt und erweitert wird. Vergibt er diese Aufgabe an Dritte, die neben der reinen Katalogerstellung noch zusätzliche Services wie Klassifizierung oder Lieferantenanbindung liefern können, kann er sich um die wesentlichen Aspekte seines Geschäftsmodells kümmern.

Catalog Content Aggregierung

Der gesamte Absatz „Vom Excel-File zum Katalog" befasste sich mit der Aufbereitung von Catalog Content und den verschiedenen Stufen, die ein Datensatz auf dem Weg vom Excel File zur Catalog Item Line durchlaufen muss. Auf den dabei derzeit noch sehr hohen manuellen Aufwand ist schon mehrfach hingewiesen worden. Die Herausforderung besteht in der weit möglichsten Automatisierung der Vorgänge. Derzeit sind die Mittel hierzu noch beschränkt, moderne Tools aber in der Entwicklung.

Diese Systeme helfen dabei, Katalogdaten weitgehend automatisch zu generieren und zu aktualisieren, indem sowohl transaktiver[23] als auch beschreibender Content (wie Produktbeschreibungen) aus unterschiedlichsten Quellen (bis hin zu Web-Sites) gesammelt und verarbeitet werden kann. Dabei lassen sich Parameter und Logiken hinterlegen, die sowohl die zeitliche wie auch die organisatorische Aufbereitung der Informationen steuern. Zur Datenextraktion bedienen sich diese Tools verschiedener Technologien (z.B. Liasion Content Change der so genannten ACR[24] Technologie, die Informationen anhand von vordefinierten Schlagworten, Such- und Klassifikationsschemata extrahiert,

---

23   Transaktiver Content bezeichnet den für eine Transaktion relevanten Inhalt, im Gegensatz zu sog. beschreibendem Content, der für die tatsächliche Durchführung einer Transaktion nicht relevant ist, wohl aber das Zustandekommen einer Transaktion unterstützt.

24   ACR = Adaptive Content Recognition

konvertiert und in strukturierte Daten aufbereitet, die weiterverarbeitet werden können).

Mit Hilfe dieser Technologien lässt sich die Aggregierung von Daten beschleunigen, jedoch nicht über einen bestimmten Punkt hinaus, manuelle Korrekturen werden auch weiterhin nötig sein.

Updatefähigkeit

Gemäß einer Studie der Aberdeen Group[25] wird der transaktionsrelevante Content in einem Katalog jährlich zu 150 % aktualisiert, so genannter beschreibender Content immerhin zu 50 %. Schon bei einer relativ geringen Anzahl von hundert Lieferanten mit je ca. 1.000 Artikeln ist damit ein Aufwand verbunden, der nach den derzeit gängigen Updates einen nicht wirtschaftlich sinnvollen Kosten- und Personalaufwand mit sich zöge.

Daher ist es wichtig, dass in der Zukunft die Updates des Katalog Contents möglichst automatisiert ablaufen. Hierbei können verschiedene Business-Regeln und andere Faktoren wie z.B. Zeit oder Aktionen berücksichtigt werden.

Präsenz auf mehreren Marktplätzen

Schon heute zeichnet sich ab, dass zumindest größere Unternehmen sich auf mehreren Marktplätzen betätigen werden und es für sie nicht „den" ultimativen Marktplatz geben wird[26]. Dementsprechend muss ein Katalogmanagement sich diesen Anforderungen stellen und flexibel genug sein, Daten gemäß den Anforderungen der jeweiligen Marktplätze, aber auch gemäß der Zielsetzung des Unternehmens auf dem jeweiligen Marktplatz entsprechend aufzubereiten. Neben ggf. unterschiedlichen Klassifizierungsmodellen geht es dabei auch um die Bereitstellung von entsprechenden Export- und Import-Datenformaten wie z.B. CIF[27]3 (Ariba), CUP[28]6 (Commerce One) oder OCI[29] (SAP AG).

---

[25] Aberdeen Group: „Impact"; Bosten, September 28, 2000

[26] Expertenmeinung von Fr. Anke Hoffmann, META Group Deutschland

[27] CIF = Catalog Interface Format

[28] CUP = Catalog Update Package

[29] OCI = Open Catalog Interface

Verschiedene Klassifizierungsmodelle

In der Zusammenführung der verschiedenen Klassifizierungsmodelle liegt eine weitere große Herausforderung des Catalog Content Managements. Hierbei geht es darum, die Klassifizierung der Kataloginhalte nach mehreren, ggf. auch individuellen Klassifizierungmodellen aufzubereiten und jeweils anderen Marktplätzen zur Verfügung stellen zu können. Nur so kann gewährleistet werden, dass die Informationen in Zukunft auch wirklich „universell" einsetzbar sind.

Diese Aufgabe geht weit über das Mappen von Daten hinaus[30], denn es geht nicht nur um eine Mehrfachzuordnung eines Produktes zu Klassen auf verschiedenen Hierarchieebenen, sondern auch um die jeweilige Zuordnung der Attribute/Merkmale. Ein modernes Catalog Content Management System muss dies ermöglichen und zu jeder Zeit die Erweiterung bzw. Ergänzung um einen zusätzlichen Klassifizierungsstandard zulassen. Idealerweise existiert in einem leistungsfähigen Catalog Content Management System eine Art „Meta-Datenbank", von der aus die jeweils relevanten Klassifizierungsschemata gemappt werden – inklusive der relevanten Attribute/Merkmale.

Katalogtools

Die Abschnitte „Datendefinition" bis „Datenverifizierung (Staging)" haben die einzelnen Schritte beschrieben, die notwendig sind, einen elektronischen Katalog zu erstellen und mit welchem Aufwand dies verbunden ist. Der Abschnitt „Anreicherung der Daten" befasste sich eher mit sog. Zusatzinformationen, und in den vorhergegangenen Abschnitten wurde schließlich erläutert, welchen Herausforderungen das Katalogmanagement darüber hinaus noch gegenüber steht. Dabei wurde deutlich, dass diese Arbeiten nur in den seltensten Fällen manuell getätigt werden können. Vielmehr ist es sinnvoll, hierfür ein Katalogtool einzusetzen.

Die Hauptaufgaben eines Katalogtools sind im Folgenden hervorgehoben:

- Verwaltung komplexer und vielstufiger Produkthierarchien und -kategorien

---

[30] Unter Mapping wird das Verbinden der einzelnen Felder in unterschiedlichen Strukturen verstanden

- Detaillierte und multimediale Darstellung von Produkten (Bilder, Zeichnungen, detaillierte Texte)

- Multi-Lieferantenfähigkeit und Verwaltung sowohl lieferanten- als auch kundenspezifischer Produkt- und Artikelnummern

- Schnelle und unkomplizierte Suche nach Produkten

- Möglichkeit, Produkte nach mehreren Kriterien zu vergleichen und ggf. Ersatzprodukte bzw. Produkte mit ähnlichen Eigenschaften zu finden

- Leistungsfähige Stagingfunktionalitäten, die skalierbar sind und von verschiedenen Anwendern gemäß ihren Anforderungen definiert werden können

- Umfangreiche Importmöglichkeiten zur Vereinheitlichung unterschiedlicher Datenstrukturen der Lieferanten und Integrationsschnittstellen für die Verarbeitung

- Unterschiedlichste Ausgabeformate und hochgradige Skalierbarkeit

- Katalog mit redaktionellen Aktualisierungsfunktionalitäten

- Grob gerasterte Ausschlussfunktionalitäten, die auf Basis bestimmter Parameter (z.B. einer Länderkennzeichen) Benutzern bestimmte Daten vorenthalten bzw. ggf. ersetzen (Restriktionen z.B. im arabischen Raum)

- Detailliertes Profiling für die Individualisierung der Daten für jeden Kunden bzw. einer genau definierten Gruppe

- Content Generierung aus unterschiedlichsten Bezugsorten, insbesondere externen Quellen, wie Homepages von Lieferanten oder andere Marktplätze.

Darüber hinaus muss es unkompliziert zu verwenden, robust, schnell und zuverlässig sein, und letztendlich die Möglichkeit bieten, als gehostete Version auf einem Marktplatz zu laufen, um so auch kleineren Lieferanten den Zugang zu einem Marktplatz zu ermöglichen.

Technische Entwicklung – Ausblick im Katalogmanagement

Elektronische Kataloge und Katalogtools zur Generierung der selbigen sind einer der kritischen Erfolgsfaktoren eines Marktplatzes oder einer e-Procurement-Lösung. Aber nicht alle Probleme sind direkt mit Hilfe eines Catalog Content Tools zu lösen, alternative Techniken helfen hier.

Content Engines

Die sog. Content Engines sind Suchmaschinen, die vorhandene Websites absuchen und von dort Daten extrahieren und entweder einem Katalog anfügen oder aber als Suchergebnis anzeigen. Sie sind eine weitere Möglichkeit, Kataloge zu erstellen bzw. deren Umfang stetig zu erweitern.

Ihr derzeit größter Vorteil liegt darin, dass sie den gesamten Vorgang der Catalog Content Generierung auf der Lieferantenseite belassen, gleichzeitig aber über die Fähigkeit verfügen, die gefundenen Daten in verschiedene Datentransfer-Formate (z.B. eines der XML-Derivate der großen e-Marktplatz-Hersteller) an den Käufer gemäß dessen Anforderungen zurückzuliefern. Ein Käufer kann so sicher sein, eine große Treffergenauigkeit bei seiner Suche zu erzielen, ohne einen übertriebenen Aufwand in seinem Catalog Content Management System zu haben.

Punch-Out – Zugriff auf den Katalog eines Onlineshops

In der Einleitung wurde darauf hingewiesen, dass ein Hauptinteresse eines Lieferanten darin besteht, seine Produkte möglichst differenziert zu präsentieren. Eine Variante hierfür ist die Verwendung der „Punch-Out"-Technik. Hierbei wird der Marktplatz lediglich als Router verwendet, d.h. der Kunde meldet sich auf dem Marktplatz an und wird, wenn er ein solches Produkt sucht, direkt auf den Onlineshop des Lieferanten geleitet. Dadurch ist gewährleistet, dass die Darstellung so ist, wie der Lieferant sich das vorstellt. Hat der Kunde das gewünschte Produkt gefunden, wird es durch einen „Punch-Out" Server in den Warenkorb der e-Procurement-Lösung geschleust, von wo aus der normale Beschaffungsprozess weitergeht.

Nachteilig ist dieses Verfahren jedoch für den Einkäufer eines Unternehmens, wenn er die Produkte verschiedener Hersteller vergleichen möchte, da er gezwungen ist, von einem Online-Shop zum anderen zu „wandern" und jedes Mal vor dem Problem eines anderen Layouts steht. Für ihn ist es wichtiger, möglichst einfach die Produkte der einzelnen Lieferanten zu finden, um sie vergleichen zu können.

Der Einsatz der „Punch-Out"-Technik macht jedoch dann Sinn, wenn es sich bei dem zu beschaffenden Produkt um ein konfigurierbares Material handelt, da hinter einem Konfigurationsmodell meist ein Werk mit komplexen Regeln steht, die es erlauben, über die Bewertung von Merkmalen ein individuell zusammengestelltes Produkt eindeutig zu beschreiben. Eine Abbildung dieses Regelwerkes auf dem Marktplatz ist in den meisten Fällen schon aus technischen Gründen nicht praktikabel, geschweige denn, dass die Lieferanten gewillt sind, dieses Wissen aus der Hand zu geben.

Dynamische Daten

In der Einleitung wurde schon kurz auf die Notwendigkeit der genauen Aussage über verfügbare Mengen bei der Beschaffung von direkten Materialien eingegangen. Damit das funktioniert, sind in den meisten Fällen Real-Time-Zugriffe auf das Back-End-System eines Lieferanten notwendig.

Der Real-Time-Zugriff wird über den Einsatz von Konnektoren gewährleistet. Die Mengenanfrage aus dem Procurementsystem des Kunden wird so direkt in eine Nachricht oder Funktion umgewandelt, die das Lieferanten-Back-End-System versteht und ausführen kann. Als Ergebnis wird die aktuell verfügbare Menge an das Procurementsystem des Kunden zurückgegeben. Je nach Möglichkeiten des Back-End-Systems kann der Lieferant auch nur eine Teilmenge der tatsächlich verfügbaren Menge für den Handel über den Marktplatz freigeben und den Rest für den Handel über die „alten" Vertriebswege sperren. Bild 31 soll dies verdeutlichen:

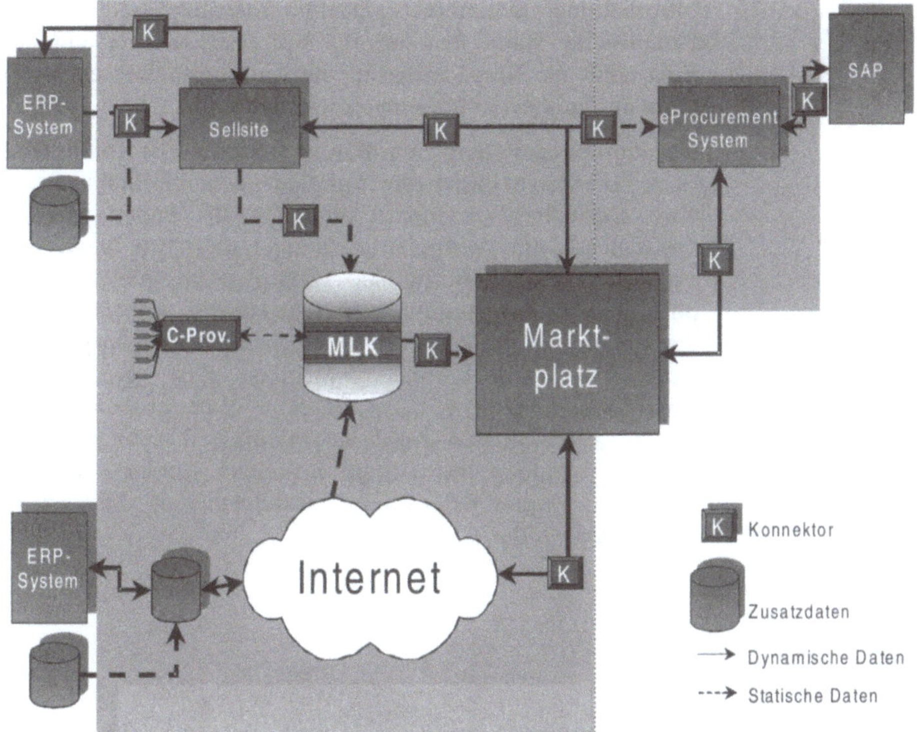

Bild 31   Dynamische und statische Daten

Neben der Abfrage der verfügbaren Menge ist die dynamische Ermittlung des Preises aus dem Back-End-System ein Thema, welches im Zusammenhang mit Konnektoren oft erwähnt wird. Dies ist dann sinnvoll, wenn komplexe Konditionsschemata zur Ermittlung des aktuellen Preises vorliegen und ein Lieferant diese Pflege nicht doppelt machen möchte oder die Marktplatzplattform nicht zur Abbildung dieser Konditionsschemata in der Lage ist.

Aber auch an anderer Stelle sind dynamische Daten notwendig und können von einem Catalog Content Management System nicht bereitgestellt werden. Hierbei handelt es sich um Daten, die entweder in dem Back-End-System dynamisch bzw. situativ auf Anfrage hin erstellt werden, sowie um Informationen, die für einen Katalog unerheblich sind, anderen Applikationen aber dienen können. Beispielhaft sei hier ein Logistikservice angeführt, der mit den einzelnen Verkaufsmengen von Produkten nicht die für eine zuverlässige Logistikabwicklung relevanten

Informationen bekommt. Logistisch relevante Daten sind eher dynamischer Natur. Erst bei der Kommissionierung einer Lieferung steht die Verpackungsart, die Ladungseinheit etc. fest und kann an den Service übermittelt werden.

Bei allen dynamischen Zugriffen ist jedoch zu beachten, dass das Back-End-System durch die Anfragen nicht unerheblich belastet wird. Deshalb ist es oftmals sinnvoller, die Änderungen in den Preisdateien und verfügbaren Mengen im Back-End-System in zyklischen Abständen auf den Marktplatz zu spielen und somit quasi Real-Time-Auskünfte geben zu können, und nur die Daten dynamisch zu ermitteln, die sich nicht auslagern lassen. Ein weiteres Problem besteht darin, dass viele, gerade kleinere Unternehmen nicht in der Lage sind, ohne größeren Aufwand direkte Anfragen von außen zu verarbeiten oder sich generell dagegen sträuben, ihr System für einen direkten Zugriff von außen zu öffnen. Hier bleibt tatsächlich nur die asynchrone Aktualisierung der Marktplatzdaten.

6 Elektronische Services auf e-Markets

Carola Iksal, Daniel Messinger

Ein wesentlicher Grund für das zögerliche Aufkommen der e-Markets ist das Fehlen von (elektronischen) Services im Bereich des Fulfillment. Viele Fulfillment-Fragen, z.B. aus der Logistik, der Versicherung oder der Finanzabwicklung, blieben bei der e-Market-Auftragsabwicklung ungelöst. Der potenzielle Vorteil der e-Markets, dass nämlich das Angebot und die Nachfrage womöglich global zusammenkommen, kann häufig deswegen nicht ausgespielt werden. Die einer Auftragsabwicklung assoziierten Fulfillmentprozesse werden nur unzureichend unterstützt.

e-Markets bildeten sich also in der Vergangenheit vor allem dort, wo das Fulfillment geregelt oder wo die Verhandlungsmacht einseitig gebündelt ist, da entweder der Lieferant oder der Einkäufer das Fulfillment (Logistik, Verzollung, Versicherungen, etc.) übernimmt. Dies ist eine wichtige Erklärung für die Entstehung und die zunehmende Dominanz der aus der „Old Economy" gegründeten e-Markets.

Obwohl also das Regeln der Fulfillmentprozesse entscheidend für den Erfolg von e-Markets ist, werden diese Services dennoch vernachlässigt. Um dies zu veranschaulichen, wird die Rolle dieser Prozessunterstützung an einem einfachen Beispiel aus dem B2C-Bereich skizziert, und zwar anhand eines portugiesischen Wochenmarktes.

Exkurs: portugiesischer Wochenmarkt

Auf einem portugiesischen Wochenmarkt sind die Fulfillmentprozesse – meist stillschweigend – geregelt. Präzisiert man die Funktionalitäten, so ergibt sich folgendes Bild für einen Fischhandel:

Die Liefervereinbarung lautet grundsätzlich „Frei Einkaufskorb". Das heißt, der Fischer übernimmt die Logistik von seinem Lager zum Übergabeort, in vielen Fällen wird er sogar selbst Transporteur sein. Die Versicherung der Ware auf diesem Transportweg hat er, wenn überhaupt, selbst abgeschlossen. Betrachtet man das Einwickeln des Fisches als Verpackungsleistung im Rahmen des Warehousing, so wird auch diese Funktion durch eigene Ressourcen des Lieferanten abgedeckt.

Der weitere Transportweg bis zum Lager des Abnehmer (dem Kühlschrank) wird von diesem selbst übernommen, auf eine Transportversicherung wird verzichtet. Bonitätsprüfung und Kreditversicherung werden durch eine vereinfachte Zug-um-Zug-Abwicklung ersetzt, da der Kunde die Rechnung bei Übernahme der Ware direkt begleicht. Während dieses Prozesses von gleichzeitiger Warenannahme und Zahlungsleistung übernimmt der Kunde selbst die Qualitätsprüfung der Ware bzw. des Fisches. Die Zahlungsabwicklung wird in der Regel von allen Beteiligten durch die Nutzung einer Handkasse unterstützt. Der Marktplatz selbst stellt also keine weiteren Leistungen zur Unterstützung des Handels zur Verfügung.

Übertragung auf den B2B-Bereich

Bei der Übertragung des portugiesischen Wochenmarktes auf den B2B-Bereich stellen sich die einzelnen Aufgaben zur Abwicklung weitaus komplizierter dar. Hier sind Käufer und Verkäufer weiter räumlich voneinander entfernt, müssen verschiedene Transportmedien kombinieren, um die Ware zu oder vom definierten Übergabeort zu bewegen und haben dadurch einen höheren Aufwand zur Sicherstellung einer erfolgreichen Lieferabwicklung. Durch komplexe Transportwege entstehen wiederum andere Anforderungen an Verpackung und Lagerung. Aufgrund der Distanz zwischen Käufer und Verkäufer kann das Begleichen der Rechnung nicht gleichzeitig mit der Übergabe der Ware erfolgen, was einen Bedarf zur Deckung der dadurch entstehenden Risiken bei Käufer (Sicherung der Qualität der Ware) und Verkäufer (Sicherung der Zahlungsleistung) weckt.

Immer dann, wenn die Verhandlungsmacht einseitig gebündelt wird, z.B. die Incoterms entweder Ab-Werk (Ex-Works) oder frei Haus sind, kann die Beschaffung größtenteils vereinfacht erfolgen, da die Verantwortung für das Fulfillment bei einem der beiden Partner (Lieferant oder Einkäufer) liegt.

Komplizierter wird es, wenn sich beide Partner das Fulfillment teilen müssen, wie zum Beispiel im Fall einer neuen Wirtschaftsbeziehung und einem ausgehandelten Incoterm „Free-on-Board Amsterdam".

In diesem Beispiel liegt potenziell ein Bedarf an Logistik, Versicherung und Finanzabwicklung geteilt auf Lieferanten- und Abnehmerseite vor. Diese Fulfillment-Abwicklung wird heute noch kaum durch e-Markets unterstützt. Oft ist nicht nur die manuelle Suche und Analyse der handelnden Personen notwendig, sondern es müssen weitere Unternehmensabteilungen eingeschaltet werden. Dies verlangsamt den Beschaffungsprozess und reduziert die potenziellen Prozesskosteneinsparmöglichkeiten der e-Procurement- und e-Market-Systeme.

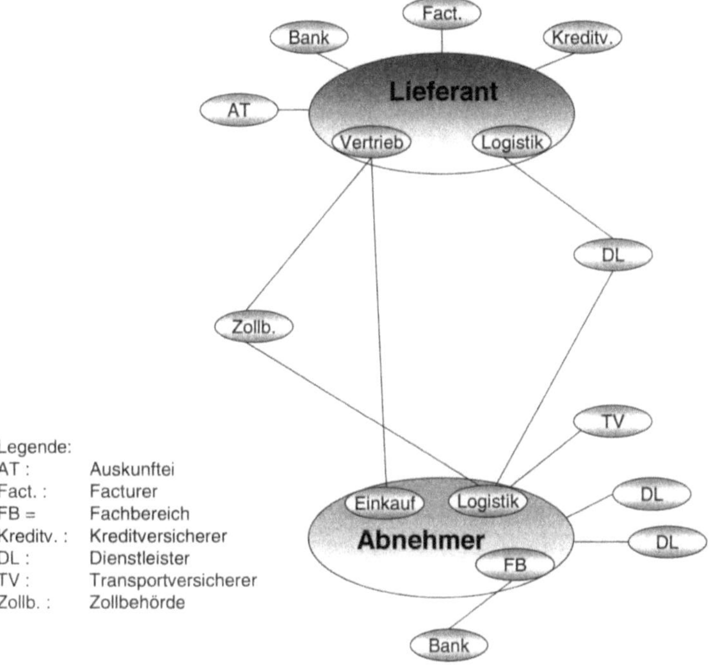

Bild 32   Teilnehmer im klassischen Beschaffungsprozess zwischen Lieferant und Abnehmer

Bild 32 fasst die Beziehung zwischen Abnehmer und Lieferanten sowie die beteiligten Fulfillmentpartner zusammen.

Bedeutung von Fulfillment-Services für elektronische Marktplätze

Der e-Market besitzt also das Potenzial und die Chance, genau diesen Abstimm- und Fulfillment-Bedarf durch spezialisierte Finanz-, Versicherungs- oder Finanz-Services abzubilden und nahtlos in den e-Market-Beschaffungsprozess zu integrieren.

Kommen auf einem offenen e-Market neue Abnehmer-Lieferanten-Beziehungen zustande, ist der Bedarf an Fulfillmentprozessen besonders groß. Es muss sich z.B. über Incoterms und Zahlungsbedingungen geeinigt werden. Der e-Market kann mit der elektronischen Plattform hier das geeignete Mittel bereitstellen.

Ein elektronischer Marktplatz erhebt den Anspruch darauf, der Intermediär oder Handelspartner der Lieferanten und Abnehmer zu werden. Daher sollte man annehmen, dass die Nutzung des e-Markets davon abhängt, ob dieser die Bedürfnisse der Beteiligten erfüllt und damit auch Dienstleister für seine Abnehmer ist. Die Aufgaben, die sich für diese Dienstleistung ergeben, können schon aus der Lehre der Handelsfunktionen abgeleitet werden (s. Beitrag 3). Meist reduziert sich der jedoch die Funktionalität der e-Markets auf eine Content-Suche- und Bestellübermittlungsplattform.

Ein entscheidender Mehrwert kann aber dadurch entstehen, dass die gesamte Bestellabwicklung inklusive der Abwicklung der assoziierten Fulfillmentdienstleistungen automatisierte abgewickelt wird. Das Vorhandensein der Fulfillmentservices ist gerade bei offenen e-Markets entscheidend, bei denen häufig noch keine Fulfillmentprozesse zwischen den jeweils handelnden Parteien etabliert sind, da diese sich noch nicht kennen und sich im Fall der offenen e-Markets erstmalig geschäftlich treffen.

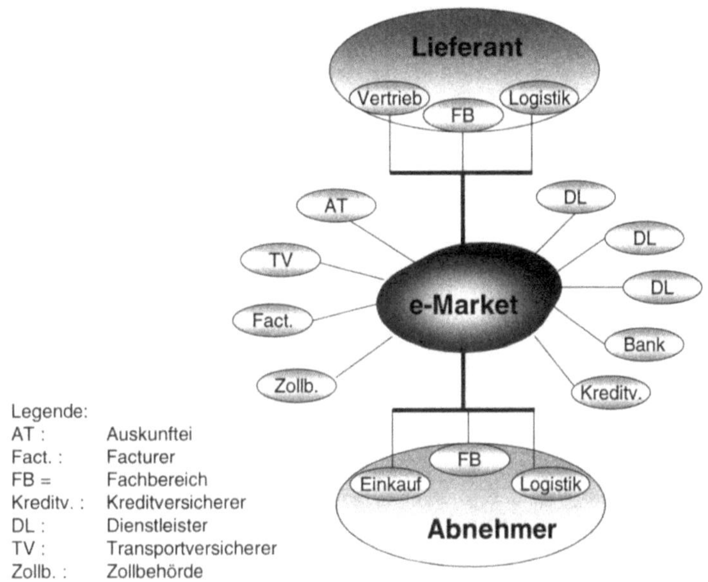

Bild 33   **Verlagerung und Bündelung bisher externer Funktionalitäten auf einen e-Market**

Mit der Übertragung weiterer Fulfillment-Funktionen für Abnehmer und Lieferanten auf den e-Market vergrößert sich der Anreiz der Nutzung für die Teilnehmer. Der enstehende Netzwerkeffekt ist in Bild 33 dargestellt. Der e-Market fungiert als zentrale Stelle für die Übermittlung der Bestellinformationen und die Vermittlung von Fulfillmentservices. Mit erhöhter Nutzung des e-Markets rentiert sich das Betreiben eines solchen. Dies wiederum zieht weitere Teilnehmer an.

Somit werden e-Markets erst durch das Angebot von Fulfillmentdienstleistungen attraktiv.

Mögliche Einsatzgebiete für e-Services

Die offensichtlichsten Potenziale, die sich aus dem Einsatz von elektronischen Marktplätzen ableiten lassen, ergeben sich daraus, dass die Abwicklung sämtlicher dorthin verlagerten Prozesse durch Nutzung eines einheitlichen elektronischen Mediums beschleunigt werden. Die Potenziale erschließen sich schon bei reiner Elektronifizierung der vorhandenen Prozesse, bei der bestehende Strukturen und Partner unverändert bleiben und lediglich das Web-Enabling entlang der Prozesse genutzt wird.

Beispiel: Elektronifizierung bestehender Prozesse

Klassisches Beispiel ist ein durch mehrere einkaufende Unternehmen initiierter elektronischer Marktplatz, der bestehende Lieferanten aufgrund seiner Einkaufsmacht zur Teilnahme verpflichtet. Durch die standardisierte elektronische Anbindung der Lieferanten wird der Informationsaustausch beschleunigt und die Fehlerquote der Kommunikation verringert. Die zentrale Anbindung für jedes einkaufende Unternehmen durch einen Kanal (in diesem Fall die Schnittstelle zwischen Marktplatz und Beschaffungssystem des Einkaufs) ermöglicht, anders als beispielweise bei einer EDI-Integration, zusätzlich eine Skalierbarkeit dieser Effekte.

Die aus der Prozessverkürzung resultierenden Einsparpotenziale vergrößern sich mit der Ausdehnung der Unterstützung auf nachgelagerte Prozessschritte, wie etwa eine Rechnungsversandabwicklung über den Marktplatz.

Mit der reinen „Elektronifizierung" der Prozesse wird jedoch nur ein kleiner Teil der Möglichkeiten ausgeschöpft, die sich durch Nutzung eines Marktplatzes als Handelsplattform ergeben können. Mit der Erweiterung der Funktionen des e-Markets, oder besser der Übertragung weiterer Funktionen auf den elektronischen Marktplatz, lassen sich diese Potenziale durch das Bereitstellen von e-Services nutzbar machen.

Elektronifizierung und Mehrwert: e-Services

An dieser Stelle bietet sich die Chance für e-Service-Anbieter, welche genau diesen Fulfillment-Bedarf vorverhandeln und diese Fulfillment-e-Services in mehreren Beschaffungs-e-Markets anbieten. Der Vorteil liegt in einer online und synchronen Abwicklung neben Fulfillmentgarantie sowie in den günstigen Konditionen dieser Dienstleistungen.

Diese zusätzlichen Dienstleistungen bzw. Services werden zum Zeitpunkt des auf einem e-Market entstandenen Handelsgeschäftes dort elektronisch bereitgestellt, weshalb man auch von e-Services spricht.

Bei der Integration von elektronischen Services werden die Angebote von Dienstleistern in eine Marktplatz-Plattform technisch eingebunden. Ein Beispiel: Ein Lieferant bietet seine Produkte über einen elektronischen Marktplatz zu einem attraktiven Preis an. Allerdings unterstützt er nicht den Transport der Ware bis zum Tor des Abnehmers; auch ist die Ware während des Transportes nicht versichert. Damit sich der Käufer des Produktes nicht noch um die Transportabwicklung inklusive der Versicherung kümmern muss, vermittelt ihm der Marktplatz-Betreiber Zusatzdienstleistungen, die er während des Bestellvorgangs per Mausklick aktiviert. So erhält der Käufer das komplette Dienstleistungsangebot, ohne sich um die weitere Abwicklung persönlich kümmern und Zeit investieren zu müssen. Würde der Lieferant wiederum aufgrund mangelnder Bonität des Abnehmers ohne weitere Absicherung kein Geschäft mit diesem eingehen, so kann hier vorab definiert werden, in welchen Fällen er eine Versicherung gegen einen Zahlungsausfall des Abnehmers abschließt. So kann er diesem die Ware unbedenklich anbieten kann, da bei erfolgtem Kauf gleichzeitig automatisiert der Abschluss einer Kreditversicherung erfolgt.

Lieferanten und Abnehmer profitieren von e-Services

Der e-Market kann Lieferanten eine Reihe von Dienstleistungen anbieten, wobei er in den seltensten Fällen selbst diese Zusatzleistungen erfüllen wird. Es liegt im Wesentlichen daran, dass die Kernfunktionen und der Mehrwert in der Koordination und Organisation dieser Zusatzdienstleistungen liegt.

Durch die Verlagerung dieser Leistungen hin zum e-Market wird dem Lieferanten bzw. dem Abnehmer ermöglicht, sich auf seine Kernprozesse zu konzentrieren.

Beispiel: Hat sich ein Einkäufer auf einem Marktplatz für ein Produkt entschieden, so kann er während dieser Transaktion wählen, welche weiteren Dienste er in Anspruch nehmen möchte. Er wählt z.B. aus, dass er einen „landed cost" Preis für sein Produkt erhält und kann durch Zustimmung mit einem Mausklick parallel den Lieferanten und alle weiteren beteiligten Dienstleister wie Logistiker, Versicherungen, etc. beauftragen. Diese technischen Integrationsmöglichkeiten bieten ein hohes Potenzial zur Prozesseffizienz, stellen aber gleichermaßen hohe Anforderungen an die integrierten Partner und deren Systeme.

Definition und Abgrenzung von elektronischen Services (e-Services)

Wie können die oben beschriebene Elektronifizierung, die e-Services und die Mehrwertservices klassifiziert werden, um so diejenigen zu identifizieren, welche den größten Nutzen für Abnehmer und Lieferanten und somit für e-Markets darstellen? Welche e-Services garantieren die Attraktivität und damit die ausreichende Nutzung von e-Markets? Es können verschiedene Kategorien von Services unterschieden werden:

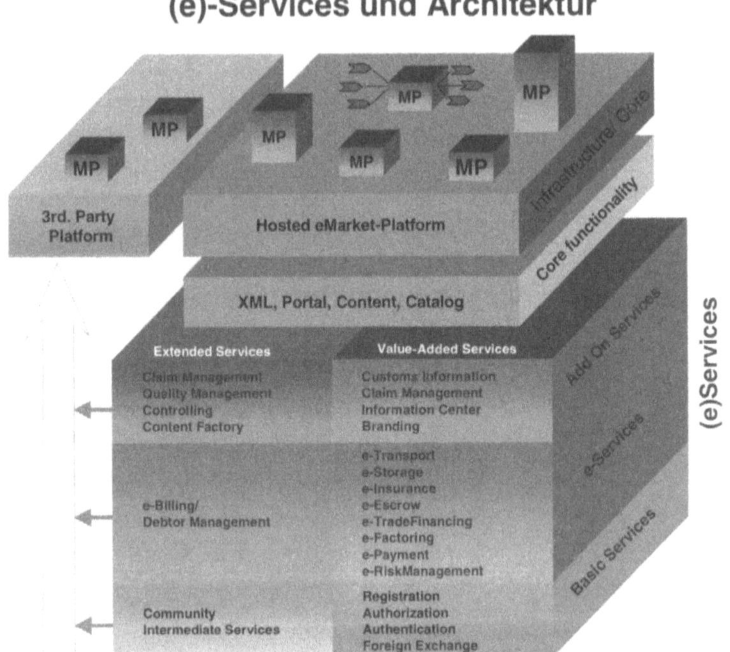

Bild 34   **e-Services**

Basic Services

Zunächst sind eine Reihe von Dienstleistungen erforderlich, um den elektronischen Handel überhaupt zu realisieren. Hierunter fällt das Bereitstellen der elektronischen Plattform und deren Grundfunktionalitäten. Werden zusätzliche Mehrwerte angeboten, wie z.B. einen Single Sign On Service im Rahmen der Registrierung oder ein Foreign Exchange Service, so fallen diese Basis Services unter die Kategorie „Value-added Service" (s.u.).

Add-On Services

Produktdaten müssen in eine einheitlich strukturierte Form gebracht werden, damit sie in einem elektronischen Katalog zur Verfügung gestellt werden können. Zur Aufbereitung dieser Produktdaten bedarf es kurzfristig hoher Umsetzungskapazitäten. Die Erreichung eines frühzeitig kompletten Angebots auf dem e-Market lässt sich durch einen Service zur Umsetzung der Lieferantenanbindung sicherstellen,. Dieser Add-on Services aus dem Bereich des Content Management, die den elektronischen Handel überhaupt erst ermöglichen, erhalten in der Aufbauphase eines elektronischen Marktplatzes höchste Priorität und sind zu diesem Zeitpunkt erfolgsentscheidend. Weitere Beispiele für Add-on Services sind Branding Services oder das Controlling.

e-Services

Wenn es nach der Realisierung dieser Grundfunktionalitäten des elektronischen Marktplatzes darum geht, seine Attraktivität nachhaltig zu sichern, werden weitere elektronische Services benötigt. Diese kennzeichnen sich durch die durchgängige Integration in die Prozesse eines elektronischen Marktplatzes, so dass Zusatzdienstleistungen ohne Medienbrüche innerhalb des Prozesses abgebildet werden können. e-Services realisieren genau die oben genannten Funktionen. Für ein einkaufendes Unternehmen komplettieren sie die effiziente Unterstützung des Beschaffungsprozesses und reduzieren den Aufwand dafür auf ein Minimum.

Durch die gebündelte Nachfrage hat der e-Market günstigere Konditionen, die er an seine Abnehmer weitergeben kann. Der Reiz der Nutzung des elektronischen Marktplatzes liegt neben der Transparenz der verschiedenen Produktanbieter darin, bequem weitere elektronische Zusatzdienstleistungen zu günstigen Konditionen zu nutzen.

Elektronische Services (e-Services) sind vollständige, in sich geschlossene Transaktionsketten, die eine elektronische Koordination vorher festgelegter Partner und / oder Ressourcen on-line ermöglichen. Sie verwalten, sammeln und verteilen Informationen, um operative Prozesse zu steuern und zu kontrollieren. Darüber hinaus zeichnen sich e-Services aus durch:

- eine Optimierung in definierten Prozessen,

- eine Skalierbarkeit auch bedingt durch einen hohen Standardisierungsgrad und

- offene Schnittstellen.

Extended und Value-added Services

Aus Sicht der Abnehmer und Lieferanten liefern beide Servicearten einen Mehrwert, wobei es bei dieser Unterscheidung nicht auf den Automatisierungsgrad (wie bei den e-Services) ankommt. Sowohl Extended Services als auch Value-added Services können als e-Service implementiert sein – oder auch nicht, da aufgrund des Servicescharakters Medienbrüche unabdingbar sind.

Was sind nun Value-added Services und Extended Services? Beide Servicearten gehören zur Kategorie der Mehrwertservices. Es wird allerdings nach der Quelle des Mehrwertes unterschieden. Es gibt zwei Quellen für einen Mehrwert. Zum einen den Fulfillment-Partner und zum anderen den e-Market selbst. Im letzteren Fall, dass also der e-Market-Betreiber die e-Market-Plattform selbst mit Zusatzfunktionalität und Dienstleistungen erweitert, spricht man von Extendet Servies. Beispiele für extended Services sind Sammelrechnungen oder Content Management.

Falls ein Mehrwert durch das Dienstleistungsangebot Dritter (meist Fulfillmentpartner) angeboten wird, handelt es sich um Value-addes Services. Beispiele sind e-Transport oder Customs Information.

Kombination von Value-added Services und e-Services

Die nachhaltigsten Dienstleistungen sind diejenigen, die sowohl als Value-added Services zu bezeichnen sind, also den Mehrwert der Fulfillment-Partner liefern, als auch gleichzeitig in den e-Market voll-integriert sind, also e-Services sind.

Die folgende Grafik zeigt diejenigen Services auf, die einer Marktplatzplattform als „Untermauerung" dienen können. Die Services sind in dem unteren Würfel nach zwei Dimensionen (Extended Service versus Value-added Service) mit je drei Kategorien (Basis Service, Add-on Service und e-Service) einsortiert.

Diese e-Services – z.B. e-Transport, e-Storage, e-Insurance, e-Escrow, e-Factoring, e-Payment oder e-Riskmanagement –

schließen die oben erwähnte Lücke, indem Partnerunternehmen wie Spediteure, Banken und Versicherungen ihre Dienstleistungen zu vorverhandelten (und somit automatisierbaren) Konditionen im Sinne von Preisen und Verfügbarkeiten online bereitstellen.

Value-added e-Services zeichnen sich also dadurch aus, dass die entsprechende angebotene (Mehrwert)-Dienstleistung direkt über den e-Markets zugreifbar und somit beziehbar ist. Im Fall der Bonitätsauskunft wäre dieses als automatisierte Rating implementiert, wobei entsprechend integrierte Institute, Unternehmen und Datenbanken online eine Auskunft über die Bonotät neuer Geschäftspartner geben. Daraus können unterschiedliche Prozessabläufe auf dem e-Market bzw. im e-Procurement-System resultieren. Technisch gesehen, ruft bei der automatischen Bonitätsauskunft entsprechende Applikationsrechner des e-Market bzw. des e-Procurement-System automatisch einen Rechner bzw. eine Datenbank des Fulfillmentanbieters auf. So entsteht voll integrierte, durchgängige Informations- und Prozessketten, also ein e-Service bzw. eine e-Supply Chain ohne Medienbruch.

Umsetzung von e-Services - eine Frage der Technik

Verschwiegen werden darf dabei nicht, dass es sich bei e-Services nicht um einen Plug & Play-Mechanismus handelt, sondern dass durchaus Eingriffe und Customizingaktivitäten auf Seiten des e-Markets sowie ggfs. der e-Procurement-Anwendung durchgeführt werden müssen. Dabei ist die Einbindung von Zusatz-Dienstleistungen in einen elektronischen Marktplatz mitunter nicht immer trivial. Je nach zugrunde liegender Marktplatztechnologie muss die elektronische Integration externer Dienstleister einzeln entwickelt werden. Weder bei der Marktplatztechnologie noch bei den Schnittstellen hat sich bisher ein einheitlicher Standard etabliert.

Gewisse Standard-Services sind heute auf jedem Marktplatz zu finden, da ohne diese ein Marktplatz mittelfristig nicht bestehen kann. Die Verwirklichung eines Angebotes weiterer Zusatzdienstleistungen, welche die Abwicklung des Beschaffungsprozesses für den Marktplatzbenutzer weiter vereinfachen werden, bedarf eines relativ hohen Aufwands. Dies ist darin begründet, dass zum einen die externen Dienstleister technisch gesehen heute selten in der Lage sind, die Leistungen online für einen Marktplatz anzubieten, und zum anderen sind die Schnittstellen zu den Marktplatz-Plattformen noch nicht so weit standardisiert, dass die technische Einbindung nicht mit hohen Kosten verbunden ist.

Ausblick e-Services

Der eigentliche Mehrwert bei der elektronischen Bestellung über e-Markets entsteht dann, wenn die gesamte Prozesslücke auf e-Markets geschlossen werden kann. Dabei geht es nicht nur um die komplette Bestellübermittlung inklusive Lieferantenintegration, sondern vor allem um die Unterstützung aller relevanten assoziierten Prozessschritte aus den Bereichen Logistik, Finanz und Versicherung geschlossen.

Über e-Services werden Dienstleistungen Dritter in einen elektronischen Marktplatz integriert. Ein elektronischer Marktplatz ist daher mehr als „nur" ein Marktplatz, der als Ort des Handels zu verstehen ist. Vielmehr unterstützt der e-Market die gesamten mit einem elektronischen Bestellprozess assoziierten Prozesse.

Diese e-Services stehen heute allerdings seitens der Fulfillmentpartner kaum zur Verfügung, was teilweise auf fehlende Geschäftsmodelle und vielmehr auf die fehlende technische Reife zurückzuführen ist. Viele Services lassen sich heute noch kaum wirtschaftlich elektronisch in Form eines e-Service anbieten.

Ob also die Zusatzdienstleistungen in jedem Fall elektronisch integriert, also in Form von e-Services zur Verfügung gestellt werden müssen, bleibt zu diskutieren. War der frühere Gedanke, den kompletten Beschaffungsprozess inklusive der Zusatzleistungen elektronisch abzubilden, so haben sich u.a. aufgrund der hohen Aufwendungen zur technischen Umsetzung bisher auch Services etabliert, die bisher noch nicht vollkommen elektronisch abgebildet werden, da die Umsetzung nicht in jedem Fall wirtschaftlich und/oder technisch sinnvoll oder möglich ist.

Eine mangelnde Integration der Systeme zur Prozessunterstützung hat für den unternehmensinternen Bereich schon früher zum Aufkommen von integrierter Standardsoftware geführt. Analog dazu werden sich auf im Web-Service Umfeld technische Standards bilden. Allerdings etablieren sich diese nur recht langsam.

Beispiele für Value-added e-Services, welche Dienstleistungen integrativ und zeit- und bedarfsgerecht dem Benutzer zur Verfügung stellen, sind selten. Meist werden Fulfillmentdienstleistungen offline und asychron – wenn überhaupt – angeboten. Noch kein e-Market schließt zur Zeit die Fulfillment-Lücke vollständig. In der Vergangenheit haben sich viele e-Market länger als erwartet mit technischen Problemen und dem Thema Content beschäftigt, was ein Grund für die zögerliche e-Market Entwicklung war.

e-Markets, welche diese Fulfillmentaufgaben gelöst haben, haben sich gut positioniert. Diese e-Markets sind meist eher vertikale Netze, bei denen das Fulfillment deshalb vergleichsweise unkritisch war, als dass meist bestehende Handelsstrukturen über diese Netze abgewickelt wurden, bei denen die Fulfillment Prozesse bilateral zwischen Abnehmer und Kunden bereits geregelt waren.

Fulfillment Services bilden somit die kritischen Erfolgsfaktoren für offene e-Markets. In Fällen, bei denen das Fulfillment eine eher untergeordnete Rolle spielt – so z.B. bei horizontalen e-Markets für C-Artikel – hat sich bereits eine Fülle von e-Markets gebildet. Ob sich darüber hinaus offene e-Market bilden, hängt insbesondere von der Verfügbarkeit von integrative Value-added e-Services ab. Ob sich diese in Zukunft durchsetzen werden, bleibt abzuwarten.

7 Die Bedeutung von logistischen Services für elektronische Handelsformen

Marc Possekel

Die Geschwindigkeit der Entwicklung im elektronischen Handel ist durchaus langsamer als sämtliche euphorischen Studien noch in den letzten Jahren prognostiziert hatten. Viele Projekte der Großindustrie wurden zwar angekündigt, doch bei der Umsetzung oder besser der Umstellung auf elektronische Formen des Handels, wie beispielsweise elektronische Beschaffungs-Lösungen oder elektronische Marktplätze, stoßen die Umsetzenden oftmals auf nicht bedachte Schwierigkeiten, die größtenteils mit den gewachsenen Strukturen und Abläufen zusammenhängen. Dennoch liefen die ersten Procurement-Projekte an und gewinnen immer schneller an Fahrt.

Sowohl im Handel zum Endkonsumenten als auch im rein gewerblichen Bereich sind Handelsgeschäfte im engeren Sinne angelaufen, d.h. der Einkauf oder Verkauf von Produkten funktioniert, auch wenn vielerorts die kritischen Massen noch nicht erreicht werden. Daher machen sich die Strategen, Business Developer und Funktionsverantwortlichen aus den nicht marketing- oder IT-orientierten Bereichen verstärkt Gedanken, diejenigen Lücken in den Prozessketten zu schließen, die zwischen den Verkaufs- oder Einkaufsprozessen am Frontend und den nachgelagerten Prozessen in der Wertschöpfungskette noch bestehen.

Im Folgenden soll zunächst ausgehend von den Transaktionsformen auf die daraus entstehenden „Lücken" und die Bedürfnisse der elektronischen Handelsformen eingegangen werden. Fokussiert auf den zwischenbetrieblichen Materialfluss (Supply Chain) werden mögliche Lösungsansätze skizziert, bevor eine umfassende logistische Lösung für elektronische Handelsformen hergeleitet wird, die stellvertretend für die Schließung der vielschichtigen Transaktionslücken stehen soll. Dargestellt sei beispielhaft die elektronische Kombination von Waren- und Finanzströmen – die so genannte escrow-Abwicklung („elektronische Zug um Zug-Geschäfte"). Zusammenfassend wird ein Überblick über die vollständigen Prozessketten und die logistischen Mehrwerte gegeben.

Der Schwerpunkt der Betrachtung liegt auf der Betrachtung der Logsitik für business-to-business-Prozesse.

Die Formen des elektronischen Handels

Für den transaktionsbezogenen elektronischen Handel zwischen zwei Unternehmen sind mehrere Formen bekannt, die sich in Art und Transaktionsführerschaft unterscheiden und bei denen im Wesentlichen die Art und Weise des Entscheidungsprozesses zur Preisfindung zwischen Angebot und Nachfrage differiert. Rein betriebswirtschaftlich entspricht dies der Art und Weise, wie das Zusammenkommen von Angebot und Nachfrage auf der Preisabsatzfunktion gestaltet wird. Man unterscheidet unter anderem:

- Die Katalogbestellung als elektronische Abbildung von Einkäufer- und Verkäuferbeziehungen, die durch die verkäufergesteuerte Marktsegmentierung der jeweiligen Einkäuferzielgruppen determiniert wird

- Freitextbestellungen und das Beschaffen von A-Teilen

- Die Ausschreibung als Einkäuferinstrument

- Die Auktion als Verkäuferinstrument.

Diese Formen des Handels sind im Kern nichts Neues. Erinnert sei an die Lieferantenkataloge der Konsumgüterindustrie, die Ausschreibungen im Baugewerbe beziehungsweise bei der Vergabe öffentlicher Aufträge, oder die Auktionen bei Rohstoffen, Blumen oder vielen anderen Massengütern. Die Unterschiede ergeben sich eher in den ureigensten Eigenschaften des verwendeten Mediums, i.d.R. das Internet.

Der Verkaufs- bzw. Einkaufsprozess ist heute im Kern bereits recht unkompliziert und problemlos elektronisch abwickelbar. Deutliche Unterschiede zu den traditionellen Abläufen des Kaufens und Verkaufens ergeben sich allerdings insbesondere aus:

- der Anpassung der unternehmensinternen Strukturen und Abläufe

- der möglichen Geschwindigkeit der Geschäftsabwicklung

- der geographischen Reichweite

- der zeitlichen Reichweite

- der Wahrnehmung von Chancen bzw. in der Vermeidung von Gefahren durch Nichtakzeptanz oder Ausschluss der neuen Handelsformen

- der Abwicklung der Waren- und Finanzorientierten Fulfillmentleistungen sowie der administrativen Prozesse und

- der mangelnden Integration der Fulfillmentleistungen in die elektronische Handelsform.

Gerade die letzten beiden Punkte machen das momentane Bemühen und Streben der Betreiber der elektronischen Handelsformen, so die Betreiber der offenen Marktplätze sowie die der Einkaufs- bzw. Verkaufslösungen (Corporate Intranets), deutlich. Die zentralen Fragen stellen sich nach den Mehrwerten, die geboten werden, um die Warentransaktion per Mausklick überhaupt in ihrer Vollständigkeit zu gewährleisten.

Betrachtet man die handelnden Personen des Kaufprozesses, wird schnell deutlich was benötigt wird. Auf Seiten der Transaktionsplattform sitzen sich Einkäufer und Verkäufer gegenüber und müssen zumeist über ihre Kernkompetenzen hinausgehende Entscheidungen treffen, damit das Geschäft besser abgewickelt werden kann bzw. im Extremfall überhaupt zustande kommt.

Die Transaktionslücken

Neben dem Warengeschäft gilt es, die damit verbundenen oder angestoßenen Prozesse abzuwickeln und eventuelle externe Partner zu beauftragen. Demnach wird die Anbindung verschiedener Parteien an das elektronische Handelssystem angestrebt, so:

- die Anbindung der unternehmensinternen Systeme, insbesondere der Abteilungen und Anwendungssysteme

- die Anbindung der externen Fulfillmentpartner und

- die Anbindung der administrativen Prozesse.

Im Grunde genommen geht es darum, den handelnden Personen die Werkzeuge anhand zu geben, welche diese in die Lage versetzen, den gesamten Prozess online abzuwickeln. Geschieht dies nicht, besteht die Möglichkeit, mit vorhandenen Strukturen und Systemen die Transaktion abzuschließen bzw. das Fulfillment zu erbringen. Daraus würden sich allerdings große Nachteile ergeben, die vielen Vorteilen des e-Commerce-basierten Handels zuwider laufen dürften. Im Einzelnen betrifft dies z.B. die Vermeidung unnötiger Medienbrüche oder den Zeitverlust, der sich aus den Verzögerungen ergibt. Sehr oft kommt es sogar vor, dass die Warentransaktion im eigentlichen Sinne nicht zustande kommt, weil administrative oder ausführend-operative Prozesse nicht oder nicht ausreichend geregelt wurden. Das Gleiche gilt beispielsweise für die Auswahl und damit die Berücksichtigung von Lieferanten bei Ausschreibungen, die das Fulfillment nicht oder nicht ausreichend geregelt haben.

Betrachtet man die Herausforderungen für die Handels- und Transaktionsplätze genauer, so ergeben sich folgende Hauptgruppen der abzuwickelnden oder zu berücksichtigenden Prozessketten, deren Lücken es zu schließen gilt:

- die warenflussorientierten Themen

- die finanzflussorientierten Themen

- die Berücksichtigung der administrativen Prozesse sowie explizit auch die Schaffung von Transaktions-Sicherheit.

Zu den administrativen Prozessen zählt die Berücksichtigung der datenbankbezogenen Dienste, wie z.B. das Controlling und das Qualitätsmanagement.

In diesen wichtigen Bereich fällt auch das Thema Sicherheit mit den wesentlichen Kernfunktionalitäten der Authentifizierung und der Autorisierung der Transaktionsteilnehmer auf der Plattform. Darüber hinaus sind die Bonitätsauskünfte beziehungsweise das Scoring und Rating der Teilnehmer, aber auch die Absicherung von Zahlungsausfallrisiken oder die online veranlasste Qualitätsüberwachung von herausragender Bedeutung.

Die finanzflussorientierten Services umfassen die Bereiche des Payments, das allerdings wiederum auf unterschiedliche Weise erfolgen kann, z.B. in Form der Überweisung oder durch Bankeinzug, jeweils unter Involvierung eines neutralen Treuhandkontos, sowie durch die vielfältigen Möglichkeiten von Kredit- und Purchasingkarten. Weitere finanzbezogene Dienste sind die Übernahme von Inkasso- und Factoringfunktionalitäten, insbesondere die Möglichkeit der Forfaitierung, also des einzeltransaktionsbezogenen Forderungsverkaufes und die jederzeitige Ermöglichung der Währungsumrechnung. Ferner sind bill presentment, also die Visualisierung der offenen Kreditoren und Debitorenposten sowie weitere Auskünfte von zentraler Wichtigkeit. Andere denkbare Finanzdienste, so die Zwischenfinanzierung von Handelsgeschäften, der Lieferantenkredit oder das Leasing, sind dagegen bei Finanzinstituten und Marktplätzen erst angedacht.

Trotz dieser Vielzahl auszugsweise erwähnter Prozesse, die es online abzuwickeln gilt, kommt gerade den warenflussorientierten Prozessketten eine zentrale Bedeutung zu. Zu den warenflussorientierten Prozessen zählt im Kern die physische Betrachtung und Abwicklung von Warenflüssen, also die operative Logistik inklusive der notwendigen Informationen und der Problematik der Verzollung bei internationalen Transaktionen. Darüber hinaus sind auch die Lager- und Bestandsauskünfte und die Versicherungen der Transport- und Lagerrisiken zentrale Punkte.

Die Herausforderungen an die Logistik

Komplexität und Bedeutung, aber auch Probleme der Logistik für elektronische Handelsformen werden deutlich, wenn man die Leistungstiefen z.B. einer Zahlungstransaktion im Finanzbereich mit denen im logistischen Bereich vergleicht. Das logistische Fulfillment divergiert gravierend in den einzelnen Lösungsvariationen und deren Möglichkeiten. Das entscheidende Differenzierungsmerkmal ergibt sich durch die Komplexität der Geschäftsprozesse im logistischen Umfeld. So sind die gehandelten Güterarten bzw. die Branchen, in denen die Unternehmen tätig sind, wesentliche Determinanten. Aber auch weitere Variablen und Einflussgrößen wie z.B. Entfernung, Art oder Umfang der Transaktion oder die Relation, d.h. die räumliche Verbindung der involvierten Unternehmen, sind wesentliche Einflussfaktoren.

Die Erfüllung der logistischen Leistung ist demnach von vielen Einflussfaktoren abhängig, die im Folgenden eine genauere Analyse finden. Eine der Kernanforderungen an eine generelle Logistiklösung ergibt sich aus den gehandelten Gütern an sich. Zu groß ist auf Marktplätzen oftmals die Vielfalt der angepriesenen Waren, um überhaupt noch eine sinnvolle Standardisierung erzielen zu können. So gibt es einerseits **M**aintenance **R**epair and **O**rganisation Goods, im Kern also C-Artikel und Ersatzteile. Man spricht in diesem Zusammenhang auch von indirekten Gütern, da sie nicht direkt in den Produktions- oder Handelsprozess einfließen. Andererseits wachsen aber immer schneller die Handelsplattformen für direkte Güter, also Waren, die dem betriebswirtschaftlichen Zweck im engeren Sinne der entsprechenden Unternehmung dienen.

Eng mit der Art der Güter verbunden ist die Problematik der notwendigen logistischen Informationen. So sind Aussagen über Art der Transporteinheit, Beschaffenheit, Abmessungen und Gewicht der zu handelnden Bestellung in der Regel gar nicht auf einem Marktplatz vorhanden. Vielmehr werden die Informationen in den Systemen der ein- bzw. verkaufenden Unternehmung vorgehalten. Dabei sind allerdings die Qualität und Vollständigkeit der logistischen Daten genauestens zu analysieren. In diesem Punkt ist eine grundsätzliche Weiterentwicklung der elektronischen Handelsformen und der zugrunde liegenden technischen und logistischen Inputs zu erwarten, um die Inhalte durch dringend benötigte Informationen für die Dienstleister zu erweitern. Insbesondere der Datenextraktion aus den ERP-Systemen, im Speziellen den Warenwirtschafts- und Lagerführungssystemen, kommt dabei eine zentrale Bedeutung zu.

Die Logistik ist auf zweierlei Art durch eine extreme Heterogenität geprägt, wodurch der exakten Ansprache der operativ Ausführenden, was, wie, von wo nach wo in welcher Zeit befördert werden soll, eine zentrale Bedeutung zukommt. Diese Heterogenität bezieht sich zum einen auf die sehr zerklüftete Branche der Dienstleistungsunternehmen, zum anderen bedingt die Komplexität der Güter eine große Anzahl an Transportmitteln, Transporteinheiten und weiteren Transportmöglichkeiten.

Eine besondere Herausforderung geht von dem unterschiedlichen Entwicklungstand und den unterschiedlichen Entwicklungszyklen der Technik aus. Einerseits bezieht sich das auf den Stand unter den Logistikern, andererseits auf den Stand zwischen der logistischen Welt und der des internetbasierten Electronic Business.

Eine in der operativen Logistik nicht wichtig genug einzuschätzende Herausforderung im e-Business ergibt sich aus den retrograden Logistikströmen, im Wesentlichen den Retouren. Im weiteren Sinne handelt es sich um Schlechtfälle des Leistungserstellungsprozesses, die kaum zu standardisieren sind. Sie bedürfen sauberer Abläufe und Verantwortlichkeiten - vor allem auf Seiten des Logistikdienstleisters sowie explizit ausgebildeter Fachkräfte an allen Stellen der Supply Chain. Retouren stellen die elektronische Welt der Logistik deshalb vor so große Harausforderungen, weil die Anzahl der Fehlerquellen groß und deren eindeutige Klärung nicht immer möglich ist. Z.B. können Sendungen auf verschiedene Arten beschädigt, unvollständig, also zu viel oder zu wenig oder gar falsch geroutet sein, um nur einen kleinen Überblick über mögliche Fehlerquellen zu geben. Die Klärung dieser Schlechtfälle bedarf fast immer einer menschlichen Interaktion, wodurch eine 100 %-ige Standardisierung und Echtzeitaufklärung schwerlich vorstellbar ist.

Eine besonders delikate Anforderung ergibt sich aus den internationalen Geschäftsbeziehungen. Internationale Logistikströme außerhalb der EU haben direkt etwas mit den Hürden der Verzollungsproblematik zu tun. Dabei steht die operative Abwicklung weniger im Vordergrund. Anforderungen ergeben sich vielmehr aus der Vielzahl der verwendeten Incoterms, die Berücksichtigung finden müssen. So sind logistische Verantwortlichkeiten und damit auch Leistungsumfänge direkt von den Liefer- und Zahlungsbedingungen abhängig. Die Verzollung stellt darüber hinaus auch Anforderungen an die Informationsinhalte und die Bereitstellung von Dokumenten im Speziellen.

Eine weitere Anforderung an eine logistische Lösung ergibt sich aus den durchgängigen Informationsbedürfnissen. Was nützen auf Dauer die besten e-Procurement- oder Marktplatzlösungen, wenn die Logistik mit mehr Medienbrüchen und höheren Fehlerwahrscheinlichkeiten konfrontiert wird?

Daher stellt sich als Kernanforderung die Integration, d.h. die Sicherstellung, dass alle relevanten logistischen Informationen den involvierten Teilnehmern der logistischen Kette zur Verfügung stehen. Dabei steht vor allem die Integration der Dienstleister bzw. deren Anwendungssysteme in die e-Buisness-Plattform im Vordergrund.

Neben den Logistikdienstleistern benötigen gerade die Einkaufs- und Verkaufsorganisationen Informationen, die aber nur durch eine geschlossene Informationskette zwischen Dienstleistern, Marktplatz, Käufern und Verkäufern gewährleistet werden. Dieser Informationsbedarf und die daraus abgeleiteten Inhalte ergeben sich beispielsweise für einen Einkäufer aus folgenden Fragestellungen:

- Was kostet der Transport, inklusive aller notwendigen Zusatzleistungen?

- Was kostet die Verzollung?

- Wann wird die erworbene Ware geliefert?

- Wer haftet, wenn die Ware nicht den Kaufbedingungen entspricht oder in nicht einwandfreiem Zustand den Käufer erreicht?

Die logistischen Lösungsansätze

Um elektronische Handelsformen und operative logistische Prozesse zusammenzubringen, gibt es mehrere Möglichkeiten, die kurz skizziert werden sollen.

Die einfachste Art, auf einem Marktplatz einem Käufer oder Verkäufer die Möglichkeit zu geben, Anfragen zu starten und gegebenenfalls einen Logistikauftrag am Bildschirm zu vergeben, ist die „Verlinkung" mit einem Dienstleister, d.h. es wird eine Verbindung zu einer Internetseite des gewählten Partnerunternehmens geschaffen. Dort stehen zumeist Informationen zu Preisen und Laufzeiten entweder statisch zur Verfügung, oder müssen je Einzelfall angefragt werden. In der Regel sind auch umfangreiche Eingabemasken vorhanden, die eine Auftragsvergabe und Weiterverarbeitung für den Logistikdienstleister möglich machen. Zumeist arbeiten solche Systeme auf einer EDI-Verarbeitung in den rückwärtigen Prozessen des Dienstleisters.

Die Vor- und Nachteile dieser Möglichkeit liegen auf der Hand. Zu den unmittelbaren Vorteilen zählen die schnelle und unkomplizierte Umsetzbarkeit, der geringe Aufwand, die Stabilität und die direkte Möglichkeit des Partnertausches. Allerdings stehen den Vorteilen große Nachteile gegenüber. So ist die „Verlinkung" nur eine sehr einfache, funktionsarme, meist auf bestimmte Logistikanforderungen beschränkte Lösung, die sich auf bestimmte Arten der Logistik beschränkt, so Stückgut-, Paket-, See- oder Lufttransporte. Für den Logistikdienstleister sind die individuellen Anfragen mit großem manuellen Aufwand verbunden. Tracking und Tracing werden nur über weitere Medienbrüche möglich. Für Einkäufer und Verkäufer ist der Aufwand erheblich und wesentliche Funktionalitäten fehlen gänzlich (z.B. Zollinformationen) oder sind nur durch längere Wartezeiten erhältlich.

Eine Weiterentwicklung dieser einfachsten Lösung ist die Anbindung mehrerer Dienstleister aus verschiedenen logistischen Gebieten sowie die Ergänzung um Mehrwertdienste, so Zollinformationsdienste. Die Medienbrüche werden dadurch allerdings nicht weniger, der Aufwand steigt und die Funktionalität bleibt durch viele verschiedene Ein- und Ausgabelogiken zweifelhaft.

Aktuell gibt es zwei weitere Möglichkeiten, die es zu erwähnen gilt. Zum einen eine Vielzahl von Transportbörsen, die Angebot und Nachfrage an logistischen Leistungen zusammenbringen. Der Integrationsgrad in die Marktplatzlogik ist allerdings in der Regel nicht gegeben. Außerdem scheitern viele Versuche an dem Fehlen kritischer Massen. Das Funktionsangebot ist stark beschränkt, eine Konzentration auf europäische Landverkehre die Regel. Charakteristisch ist das Fehlen jeglicher weitergehenden Informationsmöglichkeiten z.B. zur Laufzeit.

Zum anderen gibt es mehr und mehr Unternehmen, die mit vertraglich fest verbundenen Partnern datenbankgestützte Dienste anbieten. Diese kommen aus eher stark standardisierbaren logistischen Bereichen, so aus dem Express- und Paketumfeld oder aus ergänzenden Dienstleistungsbereichen, z.B. der Transportkostenkalkulation oder der Verzollungsinformation. Die Problematik für elektronische Handelsformen ist das Fehlen von Ganzheitlichkeit und Orientierung an den vollständigen Informations- und Erfüllungsbedürfnissen der handelnden Personen auf den elektronischen Handelsplätzen.

Generell kann festgehalten werden, dass es aktuell keine funktionierende, generische logistische Lösung für elektronische Marktplätze gibt, die wesentliche Grundfunktionalitäten erfüllt:

- Ganzheitlichkeit in Funktionsumfang und Informationsinhalten, so dass alle logistischen Prozesse der Einkaufstransaktion unterstützt werden. Dies gilt für alle Güter- bzw. Transportarten ebenso wie für Preis- und Laufzeitinformationen und Verzollungsunterstützung

- Integration, d.h. die weitgehend vollelektronische Informationsverarbeitung ohne Medienbrüche

- Sicherheit und Skalierbarkeit, das bedeutet die garantierte Ausführung der Leistung

- Allgemeingültigkeit, so dass die Unterstützung einer möglichst großen Anzahl an elektronischen Marktplätzen und somit an einkaufenden und verkaufenden Unternehmen gewährleistet wird.

Im Folgenden soll eine Lösung dargestellt werden, die diesen Funktionsanforderungen genügt. Es handelt sich dabei um einen mit zahlreichen Geschäftsregeln ausgestatteten logistischen Informationsbroker, der aktuell als Prototyp entwickelt wird.

Ein integrativer Lösungsansatz

Im Folgenden sei ein logistischer Lösungsansatz skizziert, der sich im Wesentlichen dadurch auszeichnet, dass er

- voll integrativ ist, d.h. die Informationen allen an dem Fulfillment Beteiligten zur Verfügung stellt und die Steuerung der gesamten Prozesskette selber übernimmt, überwacht und die dafür notwendigen Informationen sammelt

- einen Großteil weitreichender Informationen in Echtzeit zur Verfügung stellt

- deutlich mehr Informationen liefert als den Speditionsauftrag und das Tracking für einen Warentransport

- viele Möglichkeiten der Anwendung offen hält, da der zentrale logistische Prozess an sich generisch gestaltet wird

- den Nutzern eine Fulfillmentgarantie eröffnet, da die Partner durch vorverhandelte Verträge angebunden sind.

Die Abwicklung stellt sich wie folgt dar:

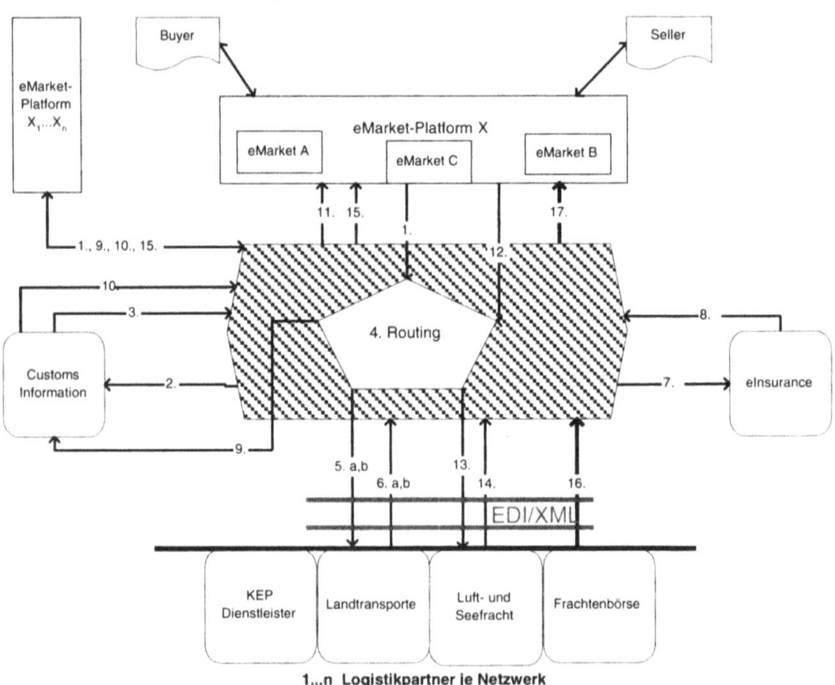

Bild 35   Abwicklung auf Marktplätzen

Zunächst fragt ein Einkäufer (buyer) oder auch ein Verkäufer (seller), z.B. bei nicht vorhandener eigener Logistik und verhandelter „Frei Haus"-Warenlieferung, einen Transport nach [1]. Routinemäßig wird ein sogenannter „Compliance Check" durchgeführt, der die Unbedenklichkeit des Ex- oder Imports bestimmter Güter auf der jeweiligen Relation überprüfen soll [2.+3.]. Kommt es zu einem negativen Ergebnis, wird das gesamte Szenario an dieser Stelle abgebrochen und der potenzielle Auftraggeber erhält umgehend die Meldung der Nichtdurchführbarkeit. Der Compliance Check ist durch einen externen Partner weltweit auf jeder Relation möglich, d.h. von jedem in jedes Land online durchführbar.

Im Anschluss bestimmt eine entwickelte Software den geeigneten Logistiker [4]. Die Auswahl wird nach definierten Kriterien elektronisch abgebildet. Die Auswahlkriterien bestimmen sich im Wesentlichen nach der Relation, d.h. von wo nach wo soll die Ware transportiert werden, dem Zeitpunkt bzw. dem Zeitraum zur Durchführung des Fulfillments und vor allem nach dem Transportgut bzw. der Transporteinheit. Aus diesen Angaben wird der geeignete Logistikdienstleister ermittelt. Die zu handelnden Güter terminieren die logistischen Einheiten und diese wiederum die logistischen Dienste oder Netzwerke. Demnach kann für jeden Kunden ein dementsprechend spezielles Dienstleistungsnetzwerk hinterlegt werden. Entscheidend sind die im Vorfeld geschehenen vertraglichen Bindungen und die Schaffung der technologischen und dateninfrastrukturellen Voraussetzungen auf Seiten des oder der Dienstleister.

Wichtig ist, dass es immer nur eine eindeutige Auswahl geben kann, d.h. es ist genau ein Dienstleister vorbestimmt. Der entsprechende Dienstleister erhält direkt nach seiner Auswahl eine Anfrage nach der Laufzeit (Regellaufzeit) und dem Preis, also was kostet der Transport inklusive aller Gebühren und Steuern [5.a + 5.b]. Hier wird deutlich, dass sowohl Preis als auch Laufzeit voreingestellte, d.h. im Vorfeld verhandelte und in Datenbanken abgelegte Informationen sein müssen. Es empfiehlt sich, die einzelnen logistischen Dienste einerseits und die Relationen andererseits zu parzellieren, um den Datenstrukturaufbau und dessen Pflege für den einzelnen Dienstleister und die Abhängigkeiten zum Dienstleister nicht zu groß werden zu lassen. Als nächster Schritt werden diese Informationen [6.a + 6.b] um die Kosten der Transportversicherung ergänzt [7 + 8]. Sämtliche Informationen werden benötigt, um die sogenannten landed costs, also die gesamten Kosten des Transportes, inklusive eventueller Gebühren, so z.B. Container Handling Charges, und Steuern zu berechnen [9 + 10].

Dabei ist eine Kalkulation anhand der jeweiligen Incoterms möglich. Das bedeutet, dass dem Beauftragenden die Möglichkeit gegeben wird, unterschiedliche Status der Transaktionskette zu vergleichen. Eine Möglichkeit der Berechnung gibt folgendes Kalkulationsschema wieder:

Die Landed Cost-Kalkulation

Warenwert /	Rechnungspreis
+	Versicherung je nach Art des Transports
=	FOB Preis
+	Transportkosten
=	CIF Preis
+	Zollgebühren
+	Zoll
+	Steuern (Einfuhrumsatzsteuer, Verbrauchssteuer)
+	Transportkosten
=	**DDP Preis**

Mit diesen Informationsabläufen ist ein Vergleich unterschiedlicher Lieferanten mit differenzierenden Liefer- und Zahlungsbedingungen möglich. Sogar ein direkter Vergleich von Lieferanten in Ausschreibungen oder in nicht synchronisierten Multilieferantenkatalogen ist möglich. Dies gilt allerdings nur in Bezug auf die logistischen Abwicklungsmöglichkeiten.

Die Kosten der angefragten Leistung werden dem Anfragenden übergeben [11]. Wichtig ist bei dieser Art integrativer Anfrage zu verstehen, dass seit Auslösen der Anfrage nur wenige Sekunden vergangen sind. Die Partner, die bei diesem Ablauf involviert sind, und dies sind mindestens fünf Unternehmen, sind demnach integrativ miteinander verbunden.

Entscheidet sich das Unternehmen zur Inanspruchnahme der angebotenen Dienstleistung, gibt es als nächstes den Transportauftrag frei [12]. Dieser wird dem Logistikdienstleister übermittelt, welcher umgehend mit einer Auftragsbestätigung antwortet [13 + 14]. Im Folgenden erhält der jeweilige Auftraggeber noch Trackinginformationen [15 + 16], die sich allerdings auf die wesentlichen Status „Ware abgeholt" und „Ware zugestellt" beschränken sollten, da die elektronische Auskunftsfähigkeit der Dienstleister bezüglich der Trackinginformation nicht einheitlich sind. Dies gilt natürlich nur bei Unterstellung vieler, zumindest mehrerer Dienstleistungspartner.

Was ist zu beachten?

Das skizzierte Konzept ist ein möglicher zukunftsweisender Lösungsansatz. Einen entscheidenden Vorteil stellt dabei die Integrationstiefe dar, welche bei genauerer Betrachtung allerdings gleichwohl Herausforderung an alle Beteiligten bedeutet. So ist ein hoher Standardisierungsgrad der Abläufe eine notwendige Grundvoraussetzung. Das bedeutet, dass die Geschäftsprozesse im logistischen Fulfillment stets die gleichen sein sollten. Ausnahmen sind nur durch Akzeptanz umfassender Medienbrüche und Interaktionen i.d.R. mehrerer Beteiligter regulierbar und müssen im Vorfeld erkannt sein und Berücksichtigung finden. Als Paradebeispiel seien die Retouren und das logistische Projektgeschäft im Transportwesen erwähnt. Es erscheint also sinnvoller, mit einem begrenzten Leistungsumfang zu beginnen, diesen aber mit hoch standardisierten Prozessketten zu sichern.

Ein ebenso wesentlicher Punkt ist die Verfügbarkeit der Informationen auf allen Ebenen der logistischen Kette. Zur Zeit gibt es kaum einen Marktplatz oder eine funktionierende Procurementlösung, die eine Verfügbarkeit der relevanten logistischen Informationen berücksichtigt. Somit fehlen diese Daten und können auch nicht den involvierten Partnern zur Verfügung gestellt werden – es sei denn entkoppelt auf speziellen Portalen. Dieses Vorgehen weist aber nicht die gleiche Integrationstiefe wie die hier skizzierte Lösung auf. Als Beispiel sei an die logistischen Einheiten bzw. die Abmessungen und Gewichte erinnert, die zur Kapazitätsplanung, Laufzeit- und Preisauskunft sowie zur Durchführung des Transportes notwendig sind.

Ein weiterer Punkt ist die Berücksichtigung bestehender Liefer- und Vertragsbeziehungen. Jeder Service wird nur in dem Maße am Markt akzeptiert, wie die Anforderungen der Zielgruppe erkannt wurden. Entscheidende Argumente wie ein gutes Preisniveau, eine geringe Fehlerquote, reibungslose Abläufe oder Zuverlässigkeit, müssen für die „Neue Ökonomie" ebenso Anwendung finden. Ein kritischer Punkt kann das Eingreifen in bestehende Dienstleistungsbeziehungen sein. Hier gilt es allerdings zu berücksichtigen, dass die Schaffung einer integrierten Lösung und die mit dem elektronischen Handel verbundenen Vorteile bei den Prozesskosten sowie Einkaufs-/Verkaufsvorteile höher zu bewerten sind als eventuell auftretende Eingriffe in bestehende logistische Distributions- oder Beschaffungskonzepte. Außerdem erscheint es fraglich, dass eine online-, besser integrierte Lösung schlechter sein soll als etablierte logistische Beziehungen, die in der operativen Praxis selten stabiler sind. So wechseln Partner oder Sendungsstrukturen innerhalb gewachsener Strukturen in ähnlicher Form.

Unkritisch ist, dass die oben skizzierte Möglichkeit bei anonymen Transaktionen, also Geschäftsbeziehungen, bei denen sich Einkäufer und Verkäufer nicht kennen, unumgänglich für den Erfolg der elektronischen Handelsplattform sind. Gleiches gilt übrigens im besonderen Maße auch für den Endkonsumentenbereich. Im business-to-consumer-Bereich ist der Kunde nur über Services und Zuverlässigkeit auf Dauer zu binden. Bei den anonymen Transaktionen gilt es Sicherheit, Neutralität und Durchführungsunterstützung zu gewährleisten.

Von zentraler Bedeutung ist das Eruieren und die vertragliche Bindung der richtigen Partner. So sind Unternehmen unter anderem für die operative Durchführung der Transporte und die Informationsdienste vonnöten. Denkbar ist auch die Integration von Versicherungen, Optimierungstools oder anderen Funktionalitäten, um Beschaffungs- oder Distributionslogistik kundenorientiert zu gestalten, so z.B. das Zusammenführen oder Splitten von Sendungen.

Die operativ-logistische Funktionsfähigkeit eines voll integrierten Systems und die richtige automatisierte Auswahl des logistischen Partners sind entscheidende Funktionalitäten, die es im Sinne eines möglichst 100%-igen Fulfillments zu gewährleisten gilt. Die generelle Funktionsfähigkeit wird möglich, indem die Logistikdienstleister durch genau beschriebene Leistungen rahmenvertraglich verpflichtet werden. Die rahmenvertragliche Bindung kann dabei nach unterschiedlichen Güterklassen des Marktplatzes differenziert werden. Es kann also ein Stückgutdienstleister für Gesamtdeutschland ausgewählt werden, ein Paketdienstleister für alle Relationen innerhalb der Europäischen Union von und nach Deutschland, usw.

Die vollautomatisierte Auswahl des genau richtigen Dienstleisters kann anhand mehrerer Kriterien gewährleistet werden. Grundsätzlich ist zu überlegen, ob für jedes denkbare Ereignis nur ein Fulfillmentpartner in Frage kommt oder ob man eine automatisierte Auswahl zulässt, die anhand zusätzlicher Kriterien zu definieren ist. Denkbar sind Kriterien wie der optimale Preis oder die beste Laufzeit für eine bestimmte Relation oder ein bestimmtes Netzwerk.

Der vollständige logistikintegrierte Beschaffungsprozess

Nachfolgende Graphik dient dazu, einen verbesserten Einblick in die logistischen Abläufe und Integrationen sowie deren Komplexität zu geben, und den gesamten und vollständigen, d.h. für den Kunden der „old economy" gewohnten Ablauf darzustellen:

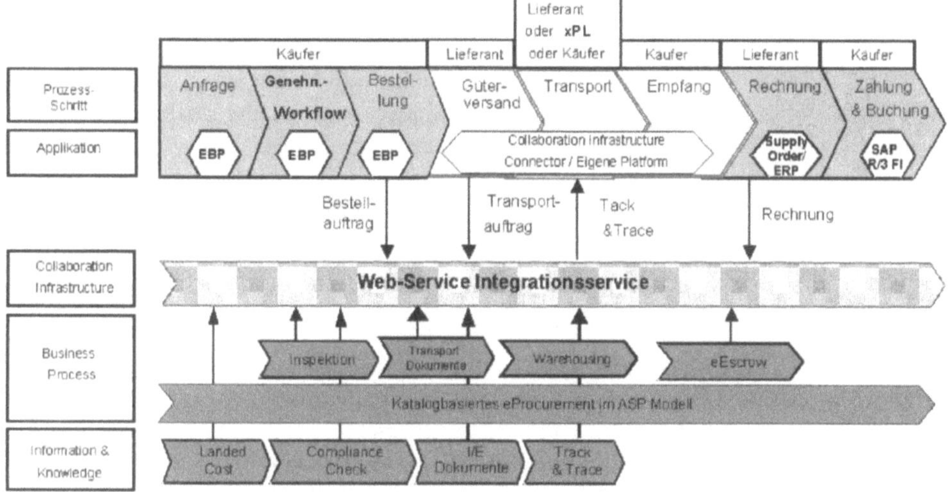

Bild 36   Vollständiger Beschaffungsprozess

Ansatzweise ist zu erkennen, dass neben der reinen Transporttätigkeit und den damit verbundenen Informationen, wie dem Tracking, auch die hier nicht näher erläuterten, warenbestandsbezogenen Informationen (e-Warehousing) von besonderem Interesse sein können. Auch deutlich wird, dass nur eine ganzheitliche Betrachtung des Prozesses die gewünschte Integrationstiefe bietet. Aufgrund von praktischen Erfahrungen kann dabei festgehalten werden, dass neben den Rationalisierungen in und durch logistische Teilprozesse, die gesamtheitliche Erfassung und Integration überproportionale Vorteile bringt.

Das Beispiel Escrow als zukunftsweisende Ein-/Verkaufs-Prozessvariante

Escrow-Services stellen vereinfacht die Symbiose zwischen den Finanzströmen und den Warenströmen dar. Als Zug-um-Zug-Geschäfte erhöhen sie die Sicherheit für das Handeln im Internet. Insbesondere dann, wenn man sich vor Augen hält, dass elektronische Handelsformen den Beschaffungs-/Absatzmarkt für ein Unternehmen weltweit dramatisch erweitern können und die Erschließung neuer Märkte zu minimalen Kosten möglich wird. Prozesskosten können massiv gesenkt werden, da konkurrierende Anbieter und alternative Nachfrager über Landesgrenzen hinweg elektronisch in Sekundenschnelle ermittelt werden können, womit eine zeit- und kostenintensive Überprüfung einzelner Lieferanten bzw. die Suche nach potenziellen Kunden entfällt.

Um allerdings das wirtschaftlich attraktivste Angebot annehmen zu können, werden Geschäfte mit häufig wechselnden Partnern getätigt, über deren Zahlungs- und Lieferverhalten nichts oder wenig bekannt ist. Es kann eine völlige Anonymität entstehen, die zu Geschäften unter ungewissem Risiko führen kann.

Einerseits greifen herkömmliche Sicherungsinstrumente wie Zahlungsausfallversicherung, Dokumentenakkreditiv o.ä. nicht ausreichend. Außerdem sind sie oft teuer und relativieren den Vorteil der schnellen Abwicklung.

Andererseits treten neben die traditionellen Werte wie Lieferantentreue und Zahlungsmoral neue Anforderungen an die Sicherung der Geschäfte. Diese Überlegungen gelten insbesondere für kleine und mittelständische Unternehmen, bestimmte Branchen mit globaler Reichweite, heterogener Struktur und systematisierbaren Waren, sowie bestimmte Handelsformen, so die Ausschreibung und die Auktion. Aber auch Bestellungen bei mehreren Lieferanten oder Agententechnologien werden durch Zug-um-Zug-Geschäfte deutlich verbessert.

Der Escrow-Ablauf im Einzelnen

Der Ablauf eines echten, logistikaktiven Escrow-Geschäftes stellt sich wie folgt dar:

Auf einem elektronischen Marktplatz wurde ein Geschäft abgeschlossen und zwischen Ein- und Verkäufer die Inanspruchnahme von Escrow vereinbart.

Zunächst werden von dem „Softwareprodukt Escrow" die eingebundenen Services Transport und Payment für eine explizit für diese Transaktion vergebene Nummer auf "STOPP" gesetzt und ein automatisierter Ablauf dieser Services damit verhindert. Die Datensätze der involvierten Unternehmen werden auf Vollständigkeit überprüft, das heißt: Sind alle für Transport und Payment benötigten Daten vorhanden und sind diese eindeutig? Ist dies nicht der Fall, werden die fehlenden Daten bei den Transaktionspartnern oder anderen Auskunfteien abgefragt. Sind alle relevanten Daten verfügbar, wird der Geldtransfer veranlasst. Der Käufer wird aufgefordert, den Kaufpreis plus Kosten für Transport, Versicherung und Payment sowie die Servicegebühren für Escrow auf ein Treuhandkonto bei der Partnerbank einzuzahlen. Nach Eingang des korrekten Betrages wird Escrow über den Eingang informiert. Escrow initialisiert den anschließenden Transport, analog dem oben beschriebenen Vorgehen. Bei Anlieferung quittiert der Käufer dem Spediteur den ordnungsgemäßen Wareneingang. Diese vom Logistikpartner elektronisch übermittelte Quittierung (Trackinginformation) wird an Escrow weitergeleitet, damit der Treuhandbetrag freigegeben werden kann. Die Bank wird informiert, den Betrag freizugeben und dem Verkäufer gutzuschreiben. Escrow wird über die Auszahlung informiert und die Transaktionsnummer wird als erledigt abgelegt.

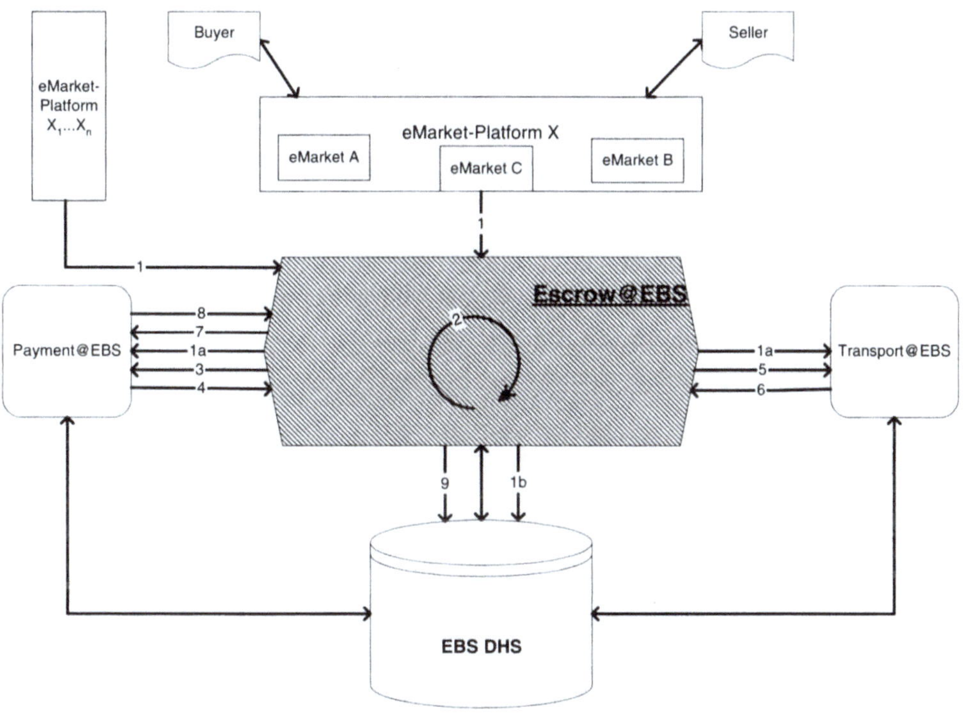

Bild 37   **Ablauf Escrow**

Zukünftige Entwicklung der Logistik im B2B-Umfeld

Es ist nicht eindeutig abzusehen, welche Bedeutung Marktplätze und somit auch anonyme Transaktionen erlangen werden. Ebenso offen ist die Gewichtung der Transaktionsformen Katalog, Ausschreibung und Auktion. Doch ist unstrittig, dass die Internationalisierung beschleunigt und die elektronische Abwicklung von Geschäften dramatisch an Bedeutung gewinnen wird. Dieser Tendenz müssen sich sowohl die handelnden Unternehmen als auch die Betreiber von Einkaufs- und Verkaufslösungen widmen. Erst wenn Ein- und Verkäufer in nahezu Echtzeit logistische Informationen nebst Waren einerseits und Finanzmittel andererseits austauschen werden, ist der vorläufige Wettlauf der integrativen Entwicklung abgeschlossen. Wie in der Gegenwart wird die Logistik bei steigenden Transaktionszahlen, insbesondere im internationalen Bereich, auch zukünftig der entscheidende Engpassfaktor bleiben. In der operativen Logistik werden sich die Wettbewerbsvorteile durch Preis- oder Qualitätsführerschaft erzielen lassen. Dabei erscheint aus Sicht des Dienstleisters oder des Marktplatzes insbesondere das Know-how und damit der Zeit-Vorsprung der entscheidende Punkt zu werden. Strategisch wird der Wettlauf um die zwischenbetriebliche Interaktionstiefe ausschlaggebend. Man unterscheidet zwischen horizontaler innerhalb der Kunden, Logistiker oder Marktplätze, vertikaler zwischen den Logistikkettenbeteiligten, insbesondere zwischen Marktplatz und Logistiker sowie lateraler Integration, also der Verknüpfung mit weiteren Diensten zu einem Servicepackaging.

Darüber hinaus sind schon heute neue Probleme und Herausforderungen absehbar, die bei der Konzeption von Logistiklösungen für elektronische Handelsplattformen bedacht werden sollten. So ist die direkte Anbindung von Unternehmen und die automatisierte Abwicklung von Geschäftsvorfällen eine wesentliche Tendenz, mit der sich gerade auch die ERP-System-Hersteller intensiv beschäftigen. Daraus ergeben sich die Optimierungschancen für die Logistik, im Besonderen auf den Gebieten der Kundenbindung, der Kapazitätsplanung und bei den Prozesskosten. Eine weitere große Tendenz ergibt sich aus der Verknüpfung von Marktplätzen untereinander, so dass sich Märkte potenzieren können.

8 Reverse Auctions gelangen im Unternehmenseinkauf zur Reife

Wolfram Mueller, Dr. Marcus Windhaus

Mit Reverse Auctions geht der Einkauf neue Wege. Das Internet als Kommunikationsmedium erlaubt es heute, in Echtzeit Gebote einzuholen und Werte jeder beliebigen Größenordnung zu verhandeln.

Reverse Auctions sind umgekehrt verlaufende Auktionen, in denen sich die Wettbewerber im Verlauf gegenseitig unterbieten. Sie eignen sich für den Einkauf von Waren und Dienstleistungen. Die Auktion wird vom Einkäufer initiiert, die ausgewählten Bieter werden zugelassen und der Beschaffungspreis fällt im Verlauf. Anstelle des Preises können auch andere Größen wie Preis-Leistungs-Verhältnisse, Prozentsätze und Lieferzeiten verhandelt werden.

Hauptmerkmal von Auktionen ist, dass alle Anbieter während des gleichen Zeitraums ihre Gebote abgeben müssen. Ihre Höhe ist für alle Teilnehmer sichtbar, die Bieter selbst bleiben aber anonym. Da diese Preisfindung einen Teil der in der Wirtschaft bisher üblichen, nacheinander verlaufenden verdeckten Preisverhandlungen ersetzt, spricht man von einer neuen „Transparenz" der Preise. Im Gegensatz zu den gleichfalls transparenten Börsenkursen geht es allerdings beim Auktionsergebnis um den einmaligen Preis für einen punktuellen Bedarf, nicht um eine fortlaufende, endlose Preisbildung für ein Produkt mit sehr breiter Nachfrage. Am Ende erhält für jede Position ein Bieter den Zuschlag oder ein Gesamtzuschlag wird erteilt.

Stehen ausreichend viele verkaufswillige Bieter zur Verfügung, treten sie aufgrund der Kombination aus Preistransparenz und zeitlich eng begrenzter Bietemöglichkeit in einen starken Wettbewerb, so dass im Ergebnis niedrigere Preise zu erwarten sind als durch lediglich manuelle Verhandlungsrunden. Grund dafür ist, dass der Aufwand für mehr als drei bis vier Runden im Normalfall so hoch ist, dass man meist auf sie verzichtet. Neben dem durch Simultanität und begrenzte Zeit ausgelösten Verhandlungsdruck spielen die anonym sichtbaren Realgebote eine wesentliche Rolle. Durch sie werden die Bieter sehr viel stärker zum Nachhalten herausgefordert, als in intransparenten, verdeckten Verhandlungen. Die Erfahrung bestätigt, dass sich Bieter durch Vergleichbarkeit und Transparenz ebenso viel stärker herausfordern lassen, wie Sportler viel stärker an ihre Leistungsgrenze gehen, wenn sie in der Arena offen gegeneinander antreten.

	Transparenz	Teilnehmer	Dauer	Zuschlag
Manuelle Verhandlung	nein	beliebig	physisch und mental begrenzt	manuell
Reverse Auction	ja; Einschränkung möglich	zugelassene; freie Teilnahme möglich	0,5 h bis einige Stunden	automatisch oder manuell
Börse	ja	Agenten; Angebot und Nachfrage frei	fortlaufende Preisfindung	automatisch

Bild 38   **Auktionen und andere Preisfindungsmechanismen**

Neben die durch das Internet ermöglichte Transparenz tritt die Beschränkung der Bietezeit auf 30 Minuten bis einige Stunden. Diese verkürzte „Verhandlungsdauer" spielt auf der Prozesskostenseite eine stark wachsende Rolle.

Es gibt unterschiedliche Auktionstypen, die die jeweiligen Verhandlungsstrategien abbilden. Hierin stehen wiederum wählbare Parameter zur Verfügung. Dieses Repertoire an Einstellmöglichkeiten optimal zu nutzen, ist das Know-how des Auktionsdienstleisters bzw. erfahrenen Einkäufers.

Auktionsdienstleister wie Goodex bieten international bereits seit Anfang des Jahres 2000 Auktionen über das Internet an. Unterschieden wird zwischen reinen Betreibern einer „Selbstbedienungs"-Plattform und beispielsweise Goodex, wo ausgefeilte Auktionsmechanismen aufgrund langjähriger Erfahrung im industriellen Einkauf entstanden sind und die Services rund um die Einkaufsorganisation den Produktschwerpunkt bilden.

Internet-Ausschreibungen

Was für Auktionen gilt, gilt im Wesentlichen auch für Internet-Ausschreibungen. Nur die Bietefristen sind deutlich länger. Sie kommen zum Einsatz, wo komplexe Produkte und Dienstleistungen verhandelt werden, für die aufwändige technische Klärungen oder umfangreiche Kalkulationen notwendig sind. Beispiele: anspruchsvolle Zeichnungsteile, Bauprojekte, Dienstleistungen wie Facility-Management und andere. Transparenz und niedrige Abwicklungskosten stehen auch hier im Vordergrund. Die Kombination aus Ausschreibung für die Vorbereitungszeit und Klärungsphase und anschließender Auktion für die endgültige Preisfindung ist eine effektive Lösung für viele aufwändige Beschaffungsaufgaben in der Welt der immer kürzer werdenden Produktlebenszyklen.

Erfahrungen mit Beschaffungsauktionen

Eine große Zahl von Unternehmen hat bereits seit geraumer Zeit Erfahrungen mit Auktionen gesammelt und sie zur „Best Practice" ihrer Einkaufsstrategie erklärt. Mit umfangreichen Rahmenverträgen sichern sich große Unternehmen kurzfristig Auktionskapazität für Umsätze in mehrstelliger Millionenhöhe.

Die gewonnenen Erfahrungen sind dabei vielfältig: Große Erfolge durch Senkung der Preise auf ein völlig neues Niveau gehören ebenso dazu wie Misserfolge, verursacht durch mangelnde Vorbereitung, uneindeutige Warenspezifikationen, unrealistische Erwartungen aufgrund zu enger Märkte oder Nebenabsprachen.

Je nach Einsatzbereich, Produkt und Beschaffungsmarkt sind Auktionen unterschiedlich geeignet. Die nachstehende Tabelle nennt die bevorzugten.

Festgehalten sei noch, dass insbesondere kartellartige Situationen dann mit Auktionen unterwandert werden können, wenn sich so genannte „Preisbrecher" beteiligen. Gerade in diesen Fällen macht die Transparenz die neue Wettbewerbssituation besonders glaubhaft und führt im Gegensatz zu vom Einkäufer „behaupteten" Preisbrechergeboten zu erstaunlichen unmittelbaren Preissenkungen. Besonders manche sehr konservative Märkte wollen sich daher noch gegen Auktionen schützen.

Mittlerweile existiert ein sehr umfangreiches Wissen über die Voraussetzungen und den Aufbau erfolgreicher Auktionen. Heute prüft der Einkäufer die Bedarfe gezielt auf ihre Auktionseignung und passt Auktionstyp und Einstellungen optimal an Produkte und Marktbedingungen an.

Marktsituation	Einsatzmöglichkeit	Vorteile	Beispiele
„Nachfragemarkt"	Auktionen gut geeignet; hoher Bietedruck durch Transparenz		
„Lieferantenmarkt"	Transparenzvorteil in Einzelfällen; Prozesskostenvorteil im Vordergrund		
Börsennotiertes Gut oder börsenähnlicher Index	möglich nur für Zusatzkostenanteile wie Veredelung, Transport	Teil-Preisreduktion, Prozesskostenreduktion	Sonderlegierungen, Brennstoffe
viele Anbieter, Standard-Massengut	ja; wenn keine Konkurrenz zu börsenähnlichen öffentl. Foren; eingeschränkt bei regionaler Protektion	Preisreduktion, Prozesskostenreduktion	Paletten, Kopierpapier, Basischemikalien
Ausreichend viele Anbieter, keine Knappheit, keine Entwicklungspartnerschaft	ja; ideal für Auktionen	Preisreduktion, Prozesskostenreduktion	Metall-, Kunststoffbearbeitung, Chemikalien
wenige Standardbieter für Standardware bei oligopolistischem Angebot	nur mit einem „Preisbrecher"; sonst manuelles „Pokern" erfolgversprechender	volumenabhängige Preisreduktion	
< 5 Hersteller, Serienprodukt mit Alleinstellung oder strikte Markenbindung	Auktionen nur mit 4-5 Zwischenhändlern bzw. innerhalb eines Projekts mit Zusatzleistungen	Preisreduktion, Prozesskostenreduktion	Steuerungen mit aufwändiger Installation und Programmierung
Privatwirtschaftliches Projektgeschäft, mindestens vier Bieter	Auktionen gut bis sehr gut geeignet	hohe Preisreduktion; hohe Prozesskostenreduktion mit vorgeschalteten Ausschreibungen	Bauprojekte, Anlagenprojekte, komplexe Dienstleistungen
Entwicklungspartnerschaft	sehr gut zur Partnerauswahl	hohe Preis- und Qualifizierungskostenreduktion	Sonderwerkstoffe, Komponenten

Bild 39   **Einsatzbereiche für Auktionen**

Anfänglich bestehende Missverständnisse über Auktionen wurden in den Unternehmen nach und nach abgebaut. Einige davon sind heute noch verbreitet und sollen deshalb hier geklärt werden:

„Wir haben bereits bestmögliche Preise." „Sicher kann man in unserem Markt mit Auktionen nicht besser einkaufen als mit den Mitteln, die wir bisher eingesetzt haben."

Da Auktionen eine grundsätzlich andere Bietesituation herstellen, eröffnen sie deutlich größere Chancen als manuelle Verhandlungen. Ist der Bedarf gut auktionierbar, dann sind Auktionen grundsätzlich überlegen.

Produktions-Überkapazitäten einzelner Bieter fordern in Auktionen auch die übrigen Teilnehmer zu bisher ungewohnten Zugeständnissen heraus.

„Auktionen bringen erst etwas, wenn sie vollständig in die Unternehmens-EDV integriert sind."

Die umfangreichen Preis- und Prozesskosten-Einsparungen aus Auktionen sind unabhängig von Standort und Anbindung der Plattform. Sie sind unverhältnismäßig viel höher als diejenigen durch direkte Übertragung der Auktionsergebnisse in das unternehmenseigene ERP-System. Natürlich wäre es wünschenswert, die erzielten Auktionsergebnisse sofort in der eigenen EDV zur Verfügung zu haben. Der vierte Abschnitt geht auf diese Frage ein.

„Nur einfache Produkte können auktioniert werden."

Dies ist nicht der Fall, denn Auktionierbarkeit ist allein von der Zahl der unabhängigen (nicht oligopolistischen) Anbieter abhängig. Ein Bedarf muss lediglich eindeutig beschreibbar sein, damit alle Teilnehmer auf dieselbe nachgefragte Ware, komplexe Dienstleistung oder dasselbe ausreichend dokumentierte Projekt bieten können. Bei komplexen Gütern sind die Einsparungen überwiegend höher.

„Lieferanten müssen immer vor der Auktion qualifiziert sein."

Dass eine vorab durchgeführte Auktion Qualifizierungskosten sogar senken kann, zeigt ein Beispiel: Auktion mit den interessierten Bietern und automatischer oder manueller Zuschlag unter Vorbehalt der nachträglichen Qualitätsfreigabe in der Reihenfolge der besten Gebote.

„Mit Auktionen lassen sich Preisvergleiche durchführen."

Dies gilt nur sehr eingeschränkt und in wenigen Märkten. Anbieter sind meist nicht bereit, ihre Preisgrenzen zu zeigen, wenn der Umsatz nicht unmittelbar folgt. Internet-Ausschreibungen sind ein geeigneteres Hilfsmittel für den Preisvergleich.

„Der Auktionsdienstleister braucht nicht alle Ziele des Einkäufers zu kennen."

Die Ziele müssen zur richtigen Auswahl des Auktionstyps unbedingt bekannt sein. Nur eine gut vorbereitete Auktion bringt optimalen Erfolg.

Nebenabsprachen

Einzelnen Bietern überlassene kommerzielle oder technische Informationen verhindern die Transparenz der Preisfindung. Wichtig ist, dass allen Beteiligten die dem bisherigen Lieferanten bekannten, versteckten Einsparmöglichkeiten offengelegt werden.

Vorher manuell eingeholte Angebote

Nach der Auktionsankündigung eingeholte manuelle Gebote stellen die Transparenz infrage. Sie suggerieren, dass der Zuschlag außerhalb des transparenten Verfahrens erteilt wird. So sinkt der Bietedruck.

„Jeder kann Auktionen durchführen. Man benötigt lediglich die Software."

Natürlich lässt sich die technische Ablaufsteuerung schnell erlernen. Entscheidend sind jedoch die Prüfung der Auktionsvoraussetzungen, die auktionsgerechte Formulierung des Bedarfs und die optimalen Einstellungen. Erst Einkaufswissen gepaart mit der Kenntnis der Branchenbesonderheiten und breiter Auktionserfahrung stellen sicher, dass das Einkaufsziel erreicht wird.

Nachdem diese Erkenntnisse mehr und mehr Eingang in die Einkaufsabteilungen gefunden haben, wird das Hilfsmittel Reverse Auction zunehmend zielsicherer eingesetzt. Richtig in die Unternehmensabläufe eingebaut, trägt es heute in vielen Firmen dazu bei, das Betriebsergebnis durch Ausnutzung des vollen Gewinnhebels um einen wichtigen Beitrag zu verbessern. Nicht zuletzt im Zuge des breiten Bedeutungsgewinns der Einkaufsabteilungen spielen Werkzeuge wie Auktionen eine immer wichtigere Rolle für die Unternehmen. Sie etablieren sich als reifes Instrument im modernen Einkauf.

Auktions-Grundtypen und ihre Anwendung

Dieser Abschnitt erläutert zum besseren Verständnis die wesentlichen Auktionstypen.

Reverse Auctions und Forward Auctions

Im Einkauf findet die Reverse Auction, bei der die Gebote fallen, weitaus häufiger Anwendung als die Forward Auction, die für steigende Werte eingesetzt wird. Grund dafür ist, dass die Rechnungsgröße sehr viel häufiger der Preis als beispielsweise ein Rabattsatz ist. Ersatzweise erzeugt die spiegelverkehrte Eingabe nach der Formel „1 minus Rabattsatz" wiederum eine fallende Größe. Die Forward Auction wird im Grundsatz nicht benötigt.

Bundle-Auctions und Cherry-picking-Auctions

Die „klassische" Auktion des Einkaufs ist eine Reverse Bundle-Auction mit einer einzigen Position. Da häufig mehrere Positionen zu beschaffen sind, wurden Bundle- und Cherry-picking-Auctions entwickelt. Während beim Typ Bundle immer alle Positionen von einem einzigen Lieferanten bezogen werden, wurden Cherry-picking-Auctions für die Märkte geschaffen, in denen einzelne Bieter nur Teilbedarfe liefern können oder in bestimmten Positionen besonders günstig sind. Erwartet der Einkäufer von Position zu Position starke Leistungsunterschiede des einzelnen Bieters, wird er eher auf den Vorteil des Bezugs „Alles aus einer Hand" verzichten und die Cherry-picking-Auction wählen.

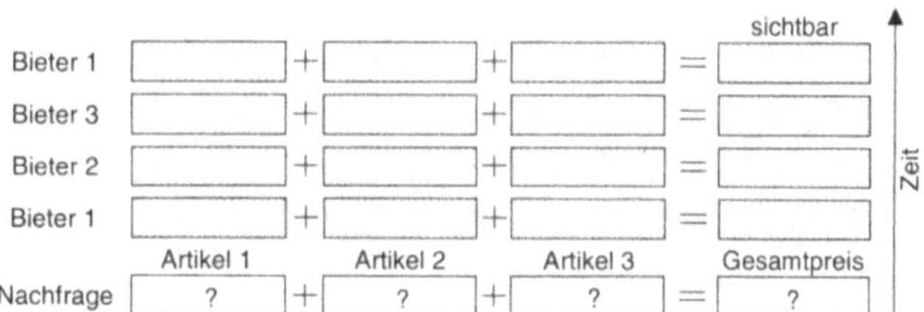

Bild 40   **Bundle-Auction mit 3 Artikeln (obligatorisch), Zuschlag automatisch oder manuell**

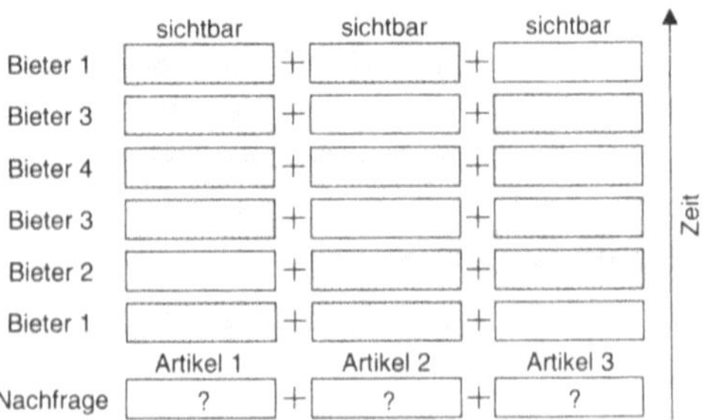

Bild 41   **Cherry-picking-Auction mit 3 Artikeln (nicht obligatorisch), Zuschlag automatisch oder manuell**

Scorecard- und Parametric-Auctions

Beide sind spezialisierte Formen der Grundtypen Bundle und Cherry-picking. Während bei Scorecard die Gebote kundenseitig bewertet werden, erlauben Parametric-Auctions den Lieferanten, zu ihren Geboten je nach Definition des Einkäufers Liefermengen, Zahlungsfristen oder Ähnliches anzugeben. Einfache Parametric-Auctions sind nur mit manuellem Zuschlag abwickelbar.

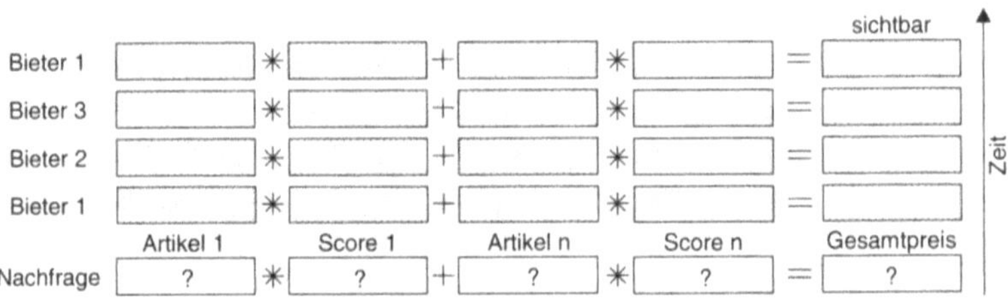

Bild 42   **Bundle-Scorecard mit n Artikeln (obligatorisch), Zuschlag automatisch oder manuell**

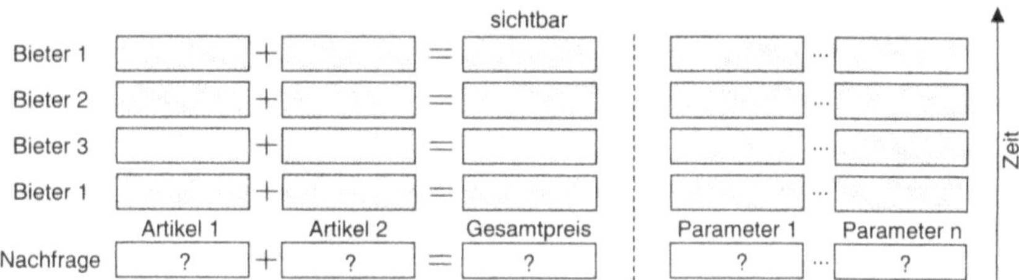

Bild 43   **Bundle mit 2 Artikeln und n Parametern (obligatorisch), Zuschlag manuell**

Power-Auctions

Power-Auctions erlauben es, Lose mehrerer Abnehmer zur Bedarfsbündelung einzugeben.

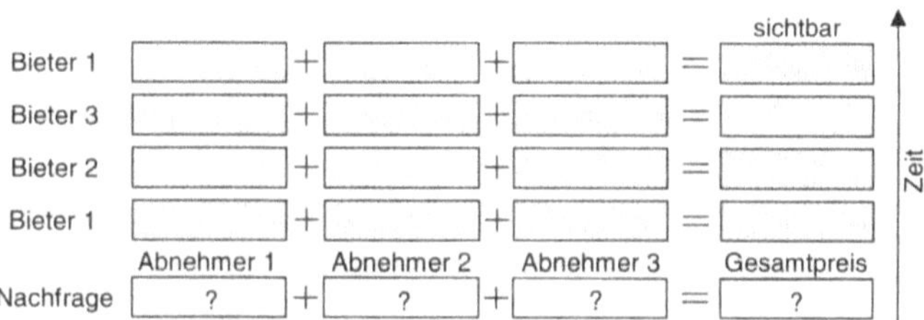

Bild 44   **Power-Auction mit 3 Abnehmern (Gebote obligatorisch), Zuschlag automatisch oder manuell**

Der richtige Einsatz der Reverse Auction

Übergeordnetes Ziel des Einkaufs ist, einen Bedarf zu möglichst niedrigen Gesamtkosten zu decken. Dazu müssen möglichst viele Teilziele aus Preis, Qualität, Termintreue, Nebenkosten, Flexibilität und Einflussnahme auf den Lieferanten erreicht werden.

Auktionen sind eine Methode, mit deren Hilfe der Einkauf diese Ziele besser erreichen kann. Um tatsächlich optimal einzukaufen, muss jedes Unternehmen die Antwort auf zwei Fragen finden:

a.   Welche Vorteile bringen Auktionen bei meinen Bedarfen?

b.   Welche dieser Bedarfe sind auktionierbar?

Die folgenden Abschnitte legen grundsätzliche Vorgehensweisen zur Beantwortung dieser Fragen dar. Individuell können jedoch lediglich der Warengruppenspezialist und der erfahrene Auktionator gemeinsam den höchstmöglichen Erfolg sicherstellen.

a. Vorteile durch Auktionen

Vorteile gegenüber anderen Methoden bringt eine Auktion dann, wenn mit Hilfe ihrer Stärken das individuelle Beschaffungsziel in größerem Umfang und/oder schneller erreicht werden kann. Natürlich muss zur Überprüfung dieses Ziel im Einzelnen bekannt sein. In der Formulierung solcher Ziele liegt nach wie vor eine der Hauptaufgaben des Einkaufs.

Vorteil durch Gebotstransparenz

Können unter Berücksichtigung aller wesentlichen Kostenpositionen in einer Auktion ausreichend viele unabhängige (nicht oligopolistische) Bieter in einen starken transparenten Bietewettbewerb treten, so sind im Ergebnis niedrigere Gesamtkosten zu erwarten als aufgrund herkömmlicher manueller Verhandlungsrunden. Dies liegt, wie oben beschrieben, daran, dass die anonym sichtbaren Gebote sehr viel stärker zum Weiterbieten herausfordern.

Tabelle 3 zeigt einige der Spielarten zusammen mit dem Grad des Vorteils der Transparenz.

Die Transparenz wird dann optimal genutzt, wenn der Zuschlag automatisch dem Bestbieter erteilt wird. Der nachträgliche manuelle Zuschlag an einen der besten Bieter bleibt umso machbarer, je wirksamer transparentes Bieten ist, also je unübersichtlicher das Marktgeschehen für die Lieferanten ist.

Art des Zuschlags	automatisch/ manuell	Vor-/Nachbereitung	Vorteil der Transparenz	Empfehlung
an Bestbieter	automatisch	Vorqualifikation	sehr hoch	ideal
an den Besten in der Reihenfolge der Nachqualifikation	manuell	Nachqualifikation	hoch	Kriterien klar kommunizieren
an einen beliebigen der zwei/drei Besten	manuell	nachträglicher Kommunikationsaufwand	stark steigend mit steigender Bieterzahl	möglichst nur zwei; ggf. Bieterzahl verdeckt halten
an einen beliebigen Bieter	manuell	nachträglicher Kommunikationsaufwand	niedrig	nur in ausgeprägten Käufermärkten

Bild 45   **Vorteil der Transparenz nach Art des Zuschlags**

Nachteil der Gebotstransparenz

Transparenz ist nachteilig, wenn das Angebot zu klein ist. Im Normalfall beteiligen sich dann weniger als vier bis fünf ernste Wettbewerber an der Auktion.

Tendenziell gilt: Je übersichtlicher das Marktgeschehen für die Lieferanten, desto weniger hilfreich ist transparentes Bieten. Oligopolisten hilft Transparenz sogar, festzustellen, ob ein Preisbrecher mitbietet. Ist dies nicht der Fall, tendieren sie zur Zurückhaltung. Bei Teilnahme eines Preisbrechers jedoch wirkt die Transparenz wieder zum Vorteil des Einkäufers.

Vorteile durch die Gebotsabgabe während des gleichen kurzen Zeitraums

Auf abgegebene Gebote können die Wettbewerber sofort reagieren. Während einer Auktion kann ein Bieter dadurch wesentlich mehr Nachbesserungen abgeben, als dies in manuellen Verhandlungsrunden durchführbar wäre. Der Aufwand für mehrfache manuelle Verhandlungsrunden ist üblicherweise viel zu hoch.

Vorteile durch den verkürzten Verhandlungsprozess

Neben dem Vorteil der Preissenkung wird auch bei wenigen Geboten der Verhandlungsaufwand stark verringert. Lediglich der manuelle Auktionszuschlag an einen der besten Bieter erfordert Einzelgespräche. Das Ergebnis des so verkürzten „Verhandlungsprozesses" wird technisch wie finanziell früher kostensenkend wirksam.

b. Auktionierbarkeit

Auktionierbar bedeutet, dass die Gebotstransparenz für einen Bedarf die wirksamere Lösung gegenüber verdecktem Bieten ist. Im Grenzbereich ist der Übergang fließend. Maß für die Auktionierbarkeit ist, wie die Zuschlagsregel gefasst werden kann. *Im Idealfall* soll der leistungsfähigste Teilnehmer der Auktion den Zuschlag dann erhalten, wenn er an die Grenze seiner Leistungsfähigkeit gegangen ist. Dies tut er, wenn ein ausreichend bedeutender Kunde einen ausreichend hohen, eindeutigen Bedarf in einem Nachfragemarkt decken will, indem er im Wettbewerb zu mindestens einem etwa gleich starken Konkurrenten steht.

Bedingungen für die Auktionierbarkeit

Auch jenseits der beschriebenen Idealumstände sind unter folgenden Bedingungen weit bessere Ergebnisse zu erwarten als bei verdeckter Verhandlung:

(1) Die Beschaffungsaufgabe wird auf *ein einziges* Zuschlagskriterium zurück geführt: Preis, Preis-Leistungs-Verhältnis, Prozentsatz oder auch Gesamtkosten.

(2) Es gibt mindestens vier bis fünf, wenn auch ungleich starke Bieter auf den beschriebenen Bedarf.

(3) Der Preis wird im Wesentlichen durch die Nachfrage bestimmt: kein „Lieferantenmarkt".

(4) Der Bedarf ist „interessant"; es gibt keinen Lieferengpass; die Ware wird nicht „zugeteilt".

(5) Keine besondere Abhängigkeit von einem Lieferanten, die nicht unter akzeptablen Zusatzkosten umgangen werden könnte.

(6) Keine langfristige Gebundenheit an den gegenwärtigen Lieferanten.

Die Lieferanten sind immer bestrebt, die Zahl der Unterscheidungsmerkmale zum Wettbewerber groß zu halten. Bei komplexen Einkaufszielen ist ihre Vergleichbarkeit daher nicht immer so offensichtlich, obwohl die Bieterzahl ausreichend ist. Normalerweise sind Auktionen dennoch durchführbar, wenn mit einigen einfachen Ansätzen die Auktionierbarkeit verbessert bzw. wiederhergestellt wird. Gerade dann sind die erzielten Einsparungen oft besonders hoch, wie Projekte des Anlagenbaus, des Facility-Managements, der Gebäudeausrüstung und Ähnliches beispielhaft zeigen.

Zusammengefasst:

Ist der Markt „wettbewerbswillig" genug und gibt es mindestens vier bis fünf auf eine Messgröße vergleichbare Bieter, dann bildet sich ein starker transparenter Bietewettbewerb aus. Die Auktion ist dann das geeignetste Einkaufsverfahren.

Übersicht: Prüfung der Auktionierbarkeit und Festlegung des Auktionstyps

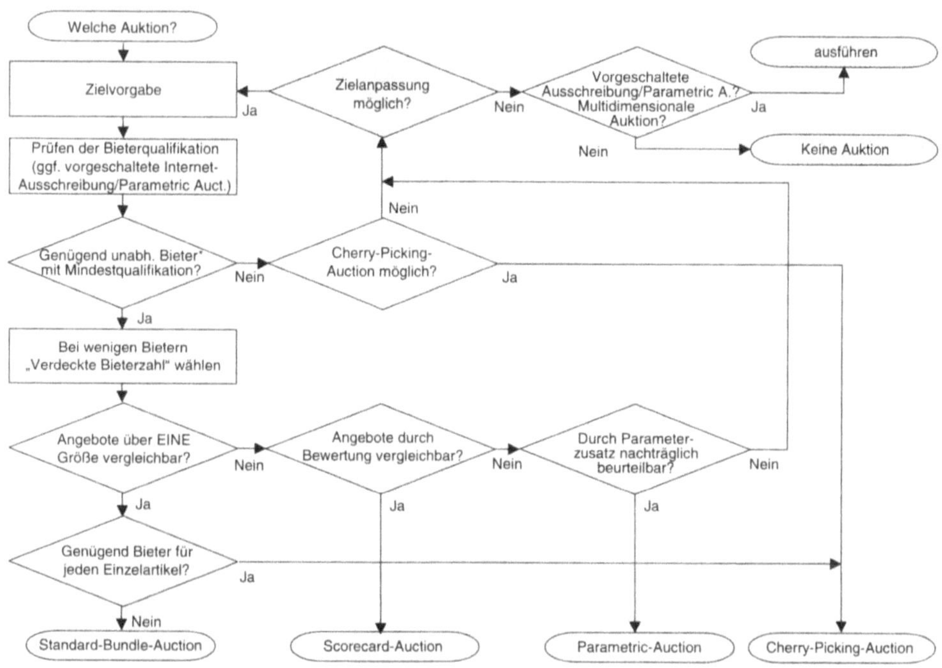

Bild 46   **Schritte zur Prüfung der Auktionierbarkeit: Lösung von Grenzfällen durch Zielanpassung (* kein oligopolistischer Markt ohne Preisbrecher)**

Maßnahmen, die die Auktionierbarkeit verbessern bzw. herstellen

Je enger die Zuschlagsregel gefasst werden kann, desto besser ist die Auktionierbarkeit. Ideal auktionierbar ist ein Bedarf, der in der Auktion automatisch dem Bestbieter zugeschlagen werden kann.

Die Auktionierbarkeit kann mit Maßnahmen verbessert werden, die zum traditionellen Einkaufsrepertoire gehören. Obwohl möglicherweise nicht alle Maßnahmen ausgeführt werden können, lassen sich Auktionen durch geschickt gewählte Parameter doch so beeinflussen, dass die Vorteile der Transparenz und des Zeitgewinns überwiegen.

Herstellen der Vergleichbarkeit möglichst vieler unabhängiger Bieter:

- Beschaffungsmarketing national/international

- Einkaufsziel anpassen (vereinfachen)

- Zahl der technischen Lösungsmöglichkeiten nicht unnötig einschränken

- Preisdrücker in eher oligopolistische Märkte einführen

Erhöhung der Unsicherheit im Markt (tatsächliche oder durch die Bieter angenommene Situation):

- z.B. durch Ankündigung weiterer Bedarfe oder Option auf ein Gesamtpaket

- manueller Einkauf kombiniert mit Auktionen

Herstellen der Vergleichbarkeit durch Anpassen des Einkaufsziels

Bei jedem Bedarf befindet man sich an irgendeiner Stelle auf einer Skala der Komplexität und der noch vorhandenen Bieterzahl.

Um einen ersten Eindruck von den Anpassungsmöglichkeiten zu vermitteln, werden stellvertretend einige Beispiele genannt:

Methode: **Ersatzpreis für geforderte, nicht von allen lieferbare Leistung**

Beispiel 1: **Standardverpackungsmaterial mit Umverpackung**

Altes Ziel: Qualität; Preis frei Haus; Mehrweg-Umverpackung, um Umweltkosten zu senken

Problem: Für einen ausgeprägten Wettbewerb nicht genügend Qualitäts-Lieferanten mit Entsorgung der Umverpackung

Lösung: Anbieter ohne Entsorgung als Preisdrücker einbeziehen, jedoch mit negativem Preisbonus, um die Entsorgungskosten abzudecken

Neues Ziel:	Qualität; Gesamtpreis aus Preis frei Haus und Entsorgung
Auktion:	Auktion mit Bonus (Typ: Bundle, Bonus oder Scorecard)
Ergebnis:	Ausreichende Bieterzahl, Herausforderung zum Wettbewerb: Vorteil durch transparentes Bieteverfahren.

Aus dem Beispiel 1 ergibt sich die Regel, in der Auktion Zusatzpositionen einzuführen, die die Kosten berücksichtigen, die bei einigen der Lieferanten dadurch anfallen, dass ihr Angebot sich von den ursprünglichen Anforderungen unterscheidet. Diese Zusatzpositionen werden in der Auktion entweder vom Lieferanten oder vom Abnehmer mit Preisen gefüllt. Die Lieferantenbasis erweitert sich, und durch das transparente Bieteverfahren sinken die Endkosten.

Methode: **Teillose: höherer Wettbewerb in den Teillosen als bei Gesamtvergabe**

Beispiel 2: **Metallprodukt in speziellen Lieferformen, große Volumina**

Altes Ziel:	Preis frei Haus, vorzugsweise alles aus einer Hand
Problem:	Regionales Oligopol, gegenwärtig hohe Auslastungen
Lösung:	Bieterkreis auf andere Regionen ausdehnen; Zuschlag auf Teillose erteilen, um Anbieter dazu zu bewegen, für Einzellose wegen besserer Maschinenauslastung günstigere Kapazitäten freizumachen und so Teillos-Preisbrecher zu erhalten
Neues Ziel:	Summe der Einzelpreise frei Haus
Auktion:	Auktion mit Teilloszuschlag (Typ: Cherry-picking, Hidden Sellers)
Ergebnis:	Große Bieterzahl, Unsicherheit für die Lieferanten: Vorteil durch transparentes Bieteverfahren innerhalb der Teillose.

Beispiel 2 zeigt die Möglichkeit, in oligopolistischen Märkten mit Teillosvergabe Preisbrechersituationen zu erzeugen, die durch das transparente Bieten voll zum Tragen gebracht werden können.

Methode: **Multidimensionale Auktion**

Beispiel 3:   **Standardchemikalien mit 3 Qualitätsstufen mit ähnlichen Mengen**

Ziel: Gesamtpreis aller Standorte frei Haus

Problem: Nur Hersteller B kann Qualität 1 unter erträglichen Transportkosten liefern; Angebote für Gesamtlieferung sind jedoch teilweise viel günstiger.

Lösungsversuch:

Hersteller B würde das seiner tatsächlichen Leistungsfähigkeit entsprechende Gebot 3 für Qualität 1 nur abgeben, wenn er die Gebotssituation bei den Qualitäten 2 und 3 nicht kennt. Nur bei Komplettlieferung bietet er einen guten Preis für Qualität 1. Selbst wenn der Zuschlag durch Cherry-picking dem jeweiligen Bestbieter der Einzelpositionen erteilt würde, würde das optimale Ergebnis

	Preis		
Lieferant B, „Gebot 3"	**3**	**2**	**2**
Lieferant B, Gebot 2	**5**	**2**	**-**
Lieferant C, Gebot 1	**-**	**2**	**3**
Lieferant B, Gebot 1	**5**	**-**	**-**
Lieferant A, Gebot 1	**6**	**3**	**1**
	Qualität 1	Qualität 2	Qualität 3

(Zeit →)

nicht erzielt werden.

Bestes reales Ergebnis mit Cherry-picking-Auction:

> 5+2+1=8   Zuschlag an B+B(C)+A

Erwartetes manuelles Ergebnis:

> 3+2+2=7   Zuschlag an B+B+B

Ergebnis mit multidimensionaler Auktion:

> 3+2+2=7   Zuschlag an B+B+B

Ergebnis: Das Ziel „Preis frei Haus" ist bei niedrigpreisigen Gütern und langen Transportwegen zweidimensional: Dimension 1: Preis ab Werk, Dimension 2: Transportpreis. Sinnvoll ist eine klassische, eindimensionale Auktion bei mehreren ähnlich entscheidenden Zieldimensionen nur, wenn sich die Gesamtpreise unter Berücksichtigung aller Teilziele nicht zu sehr unterscheiden.

Beschaffungsaufgaben nach Beispiel 3 können mit Zuschlag an den Bestbieter nur über mehrdimensionale Auktionen gelöst werden, in denen die Bieter Gelegenheit haben, gleichzeitig auf unterschiedliche Auftragskonstellationen zu bieten. Um den Rahmen dieses Buches nicht zu sprengen, soll hier nicht weiter darauf eingegangen werden.

Allgemein gilt: Können nicht alle Ziele für einen Bedarf mit vier bis fünf Anbietern erfüllt werden, werden sie durch Vereinfachung auf ein Preis-Leistungs-Verhältnis oder gar den Preis reduziert. Der am häufigsten genutzte Weg ist, für die von den noch benötigten Lieferanten nicht erfüllbaren Teilziele Ersatzkosten oder Bewertungen (Scorecard) einzusetzen, siehe Beispiel 1. Bleibt das Problem mehrdimensional, muss jeder Bieter Preise für unterschiedliche Lösungsmöglichkeiten abgeben. Eine Standard-Auktion mit einfachen Zuschlagsregeln und unter direkter Ausnutzung der Transparenz ist dann nicht mehr möglich. Der folgende Abschnitt nennt jedoch eine Ausweichmöglichkeit.

Methode: **Vorschaltung von Internet-Ausschreibungen oder Qualifizierungsauktionen**

Wenn das Angebot unübersichtlich genug ist, stört die Preistransparenz einer vorgeschalteten Internet-Ausschreibung oder Qualifizierungsauktion nicht. In drei Fällen gewinnt man damit die Möglichkeit, kostengünstig eine Vorauswahl der Lieferanten, der Technologie oder der Preisklasse zu treffen, bevor die Auktion mit dem eigentlichen Zuschlag erfolgt. Ziel kann auch sein, die technische Lösung mit den meisten Anbietern zu finden.

(1) Zur Optimierung bei konfligierenden Zielen und zur Lieferantenvorbewertung.

(2) Entwicklungsbegleitend oder in der Projekt-/Produkt-Definitionsphase.

(3) Bei hochkomplexen Produkten oder Dienstleistungen mit aufwändigen Kalkulationen, um den Lieferanten die Anpassung ihres Angebots an den Markt zu ermöglichen.

(4) Als Alternative zu multidimensionalen Auktionen.

Ziele können auch konfligierend sein, beispielsweise möglichst kleine Lieferlose bei gleichzeitig niedrigstmöglichen Lieferkosten.

(1) Optimierung und Vorbewertung

Auf der Grundlage der vorab versandten Leistungsbeschreibungen bieten die Lieferanten ihre jeweilige Technik oder sogar mehrere Lösungen. Der Kunde erhält so mit niedrigem Aufwand einen optimierten Überblick über die Preis-Leistungs-Verhältnisse. Auf analoge Weise kann auch die günstigste Größe des Lieferloses ermittelt werden.

Nach der Vorauktion wählt der Abnehmer die technisch und kommerziell günstigste Lösung aus. Seine nun genauer formulierte Nachfrage trifft im Idealfall auf das Angebot einer hohen Anzahl gleichermaßen qualifizierter Anbieter. Er kann sich dann allein aufgrund des Preises frei Haus entscheiden.

(2) Entwicklungsbegleitende Ausschreibung

Bei Erstbeschaffungen und komplexen Projekten kann der Preisfindungsprozess bereits während der Definitionsphase im Internet ablaufen. Dazu sind lediglich einige Startvorgaben notwendig. Internet-Ausschreibungen und Parametric-Auctions werden der abschließenden Bundle-Auction zum Ausloten der technischen und kommerziellen Möglichkeiten sowie zur Vorauswahl der Lieferanten, die in das weitere Vorgehen einbezogen werden sollen, vorgeschaltet.

(3) Bei hochkomplexen Produkten oder Dienstleistungen

Die Lieferanten haben durch die vorgeschaltete Ausschreibung Zeit, die Leistungsfähigkeit ihres Angebots zu vergleichen und ggf. vor der Auktion ihre Leistung bzw. Kalkulation anzupassen.

(4) Alternative zu multidimensionalen Auktionen

Indem Preise verschiedener Konstellationen ausgeschrieben/auktioniert werden, klären vorgeschaltete Ausschreibungs-/Auktionsstufen beispielsweise die Dimension der lieferbaren Mengen oder angefahrenen Standorte.

Eingliederung von Reverse Auctions in den Einkauf des Unternehmens

Reverse Auctions lassen sich klar und einfach als fester Bestandteil in die Abläufe des strategischen Einkaufs integrieren. Gleichwohl gibt es verschiedene technische und organisatorische Möglichkeiten und Modelle der Nutzung von Reverse Auctions, die hier vorgestellt werden sollen. Eine Standardantwort auf die Frage, welches Modell für welche Unternehmensgröße und welchen Unternehmenstyp das beste ist, gibt es zwar nicht, jedoch lässt sich sehr schnell mit jedem Unternehmen die unternehmensspezifisch geeignetste Variante identifizieren und umsetzen. Die folgenden Informationen helfen dabei, diese Frage individuell zu beantworten. Gleichzeitig wird auf die Kosten zur Implementierung sowie auf die Frage, welches Know-how zur Anwendung welchen Modells notwendig ist, eingegangen.

Die verschiedenen Modelle

(1) Auktionsdienstleister: Premium oder Basic-Auktion

(2) Reverse Auctions als ASP (**A**pplication **S**ervice **P**rovider)

(3) Erwerb einer Goodex-Lizenz

Auktionsdienstleister: Premium- oder Basic-Auktion

Ein idealer Einstieg für alle Unternehmen in das Thema Reverse Auctions ist die Beauftragung eines Auktionsdienstleisters. Im ersten Schritt nimmt hier üblicherweise der Einkaufsleiter des Kunden gemeinsam mit dem Market Manager des Dienstleisters eine individuelle Analyse des Einkaufsportfolios vor, um die auktionsfähigen Bedarfe zu identifizieren. Zu berücksichtigen ist z.B. die Laufzeit bestehender Verträge.

Sind die zur Auktion zu bringenden Bedarfe festgelegt, kann die Einzelabwicklung der Projekte beginnen. Auf Kundenseite übernehmen in diesem Stadium häufig die Facheinkäufer die Betreuung einzelner Auktionen, während der Einkaufsleiter Projektleiter ist.

Im Dienstleistungsbereich besteht die Wahl zwischen vollständig betreuten Premium-Auktionen und preisgünstigeren Basic-Auktionen nahezu ohne Betreuung. Technisch finden beide auf der Internet-Plattform des Dienstleisters statt; der Kunde benötigt keine IT-Ressourcen. Gebühren werden je Auktion entrichtet oder in einem Rahmenvertrag festgesetzt.

Derzeit verfügen die meisten Unternehmen noch über relativ geringe Erfahrungen mit Reverse Auctions. Daher sind zunächst Premium-Auktionen zu empfehlen, bei der die professionelle Betreuung durch erfahrene Market Manager zum Auktionsmechanismus und bei der Ablaufüberwachung zur Verfügung steht. Darüber hinaus helfen Spezialisten mit jahrelanger Einkaufserfahrung beim Auffinden und der Auswahl neuer Lieferanten und auch bei der Erstellung marktgerechter Spezifikationen.

Sind die ersten Erfahrungen mit Auktionen gemacht oder ist die Erweiterung der Lieferantenbasis nicht von zentraler Bedeutung, kann die Durchführung von Basic-Auktionen empfehlenswert sein.

Reverse Auctions als ASP-Modell (Application Service Provider)

Einige Unternehmen haben Reverse Auctions bereits als festen Bestandteil des Einkaufs integriert und führen regelmäßig in einer größeren Anzahl Einkaufsauktionen durch. Für diese bietet sich eine Nutzung des ASP-Modells an. Hierbei kann der Kunde gegen eine fixe monatliche Gebühr einen festen, abgeschotteten Bereich auf Servern mieten, um hier ohne jegliche Betreuung in Eigenregie Auktionen zu erstellen und durchzuführen. Hierbei ist der Kunde für alle Vorgänge, auch für das Training der Lieferanten, selbst verantwortlich. Der Einkauf übernimmt hier im Prinzip die Funktion des Market Managers (Bild 47). Auf Wunsch kann das System auch an die Corporate Identity des Unternehmens gestalterisch angepasst und beispielsweise auch in die Einkaufs-Homepage des Unternehmens integriert werden.

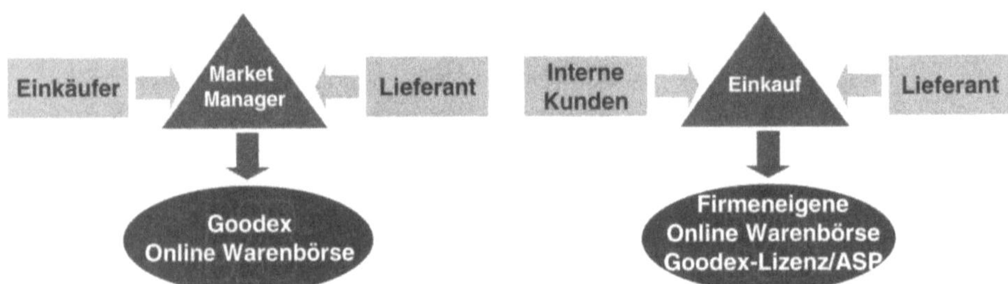

Bild 47   **Zusammenspiel zwischen Einkauf und Lieferanten mit den Market Managern (links) bei Premium-/ Basic-Auktionen im Vergleich zum Lizenz-/ASP-Modell, in dem der Einkauf die Funktion der Market Manager übernimmt (rechts).**

Die Eingliederung von Reverse Auctions als ASP-Modell hat einige Auswirkungen auf die innerbetriebliche Organisation. Da im Unternehmen anfangs meist nicht das entsprechende Know-how zur Nutzung der Software und zum Anlegen und Durchführen von Auktionen vorhanden ist, müssen Schulungen der Mitarbeiter durchgeführt werden. Gleichzeitig sollte ein Projektleiter definiert werden, der die Nutzung des Systems unternehmensintern koordiniert und bei ungeklärten Fragen als Ansprechpartner dient.

Beim ASP-Modell kann der Kunde aufgrund seiner individuellen Bedürfnisse entscheiden, ob er das vollständige funktionale Paket oder kleinere Pakete, in denen nicht alle Auktionstypen verfügbar sind, nutzen möchte. Er benötigt dafür ebenfalls keine eigenen IT-Ressourcen, da alle technischen Vorgänge auf den Servern von z.B. Goodex stattfinden bzw. gehostet werden. Das Anlegen von Auktionen, die Durchführung sowie die Auswertung sind bequem auf jedem PC mit Internetanschluss möglich, so dass das System im Unternehmen von mehreren unterschiedlichen Anwendern benutzt werden kann. Betreuung wie bei Premium-Auktionen ergänzt das ASP-Modell.

Erwerb einer Goodex-Lizenz

Speziell in Großunternehmen kann der Erwerb einer Goodex-Lizenzlösung die bessere Variante als ASP sein, da diese ein Höchstmaß an Individualität für den Kunden bietet. Bezüglich der Auswirkungen auf die Organisation gilt das bereits zum Thema ASP Gesagte (Schulung der Mitarbeiter, Definition eines Projektleiters usw.).

Beim Lizenzerwerb wird von Goodex die gesamte erforderliche Software auf den IT-Systemen des Kunden installiert, so dass dieser in der Lage ist, das System jederzeit nach seinen Vorstellungen zu bearbeiten und zu erweitern. Die Auktionslösung kann dabei z.B. auch in bereits bestehende Kataloglösungen für den Einkauf integriert oder um diese erweitert werden. Die volle Verantwortung für den Betrieb von Soft- und Hardware liegt in der Hand des Kunden; Goodex bietet Schulungsmaßnahmen sowohl für den IT-Betrieb als auch für auktionsspezifische Fragestellungen an, so dass das Unternehmen schnellstmöglich in die Lage versetzt wird, Einkaufsauktionen in Eigenregie durchführen zu können.

Die Bedeutung der „Connectivity"

Zum Schluss sei ein Ausblick in die sich immer schneller nähernde Zukunft knapp umrissen. Auktionen werden sich in der Wirtschaft in folgenden Phasen entwickeln:

(1) In Einführungsprojekten reifen Auktionen zur betrieblichen Best Practice heran.

(2) Reife Märkte erfordern immer reifere Lösungen: Abgestimmte, leicht bedienbare Auktions-Funktionalitäten führen schneller zum Erfolg.

Nun wird die vollständige Integration der Funktionalität in die Unternehmens-IT unabdingbar: Schnittstellen zu ERP, C1-Marktplätzen, Signatur-, Dokumententransfersystemen und den operativen Systemen der technischen Abteilungen. Goodex erarbeitet diese Lösungen mit den relevanten Providern.

9 Oracle –B2B smarter

Mattias Drefs

Seit Ende des letzten Jahrhunderts wird in der Wissenschaft und Industrie der Begriff Business to Business (B2B) untersucht und diskutiert. Für viele Unternehmen schienen mit B2B alle Probleme in den bisherigen Supply Chain Management Projekten gelöst werden zu können. Vielfach wurde unter B2B eine Marktplatzanwendung im Internet verstanden. Über Ausschreibungsfunktionen, Kataloge und einheitliche Datenaustauschformate sollte die Zusammenarbeit zwischen den Unternehmen erleichtert, der Markt transparenter und damit die Wertschöpfung innerhalb der Unternehmen gesteigert werden können. Dass dieses nach heutigem Stand nicht der Fall ist zeigt, dass die Erwartungshaltungen der Anbieter und der Nutzer nicht realistisch zu den Marktanforderungen gestanden haben. Von den über 600 Marktplätzen, die Berlecon Research (2000) für das Jahr 2004 in Deutschland prognostiziert hat, sind nur einige entstanden und von diesen haben bis heute wenige überlebt. Trotzdem sind die Gedanken, die hinter B2B-Anwendungen stehen, heute aktueller den je. Alle Anwendungen finden sich heute unter dem Überbegriff Collaboration wieder. Sie bezeichnet die Zusammenarbeit der Unternehmen innerhalb des gesamten Wertschöpfungsnetzwerks. Anhand von Anwendungen, die Oracle Corporation heute erfolgreich im Einsatz hat, soll dargestellt werden, welche Potenziale mit dem Internet und den vorhandenen Technologien heute für Unternehmen jeder Größe vorhanden sind und wie diese Potenziale mit einfachen Mitteln genutzt werden können.

Die Betrachtung innerhalb der Collaboration betrifft dabei alle Partner. Partner sind in diesem Zusammenhang alle Kontakte, die das Unternehmen hat. Dazu gehören u.a. Lieferanten, Kunden, Interessenten, Werke, Behörden, Verbände, Spediteure und auch Tochter- und Schwesterunternehmen, sowie die eigenen Mitarbeiterinnen und Mitarbeiter. Der Schwerpunkt liegt im Austausch von Informationen und Transaktionen auf elektronischem Wege wie e-mail, Web, WAP, Fax und EDI.

Internet-Beschaffung

Positionierung des Themas

Ende der 90er Jahre wurde erkannt, dass mit Hilfe der neuen Internet-Technologie Konzepte für Dezentralisierung von Tätigkeiten durch so genannte Self-Service-Anwendungen kostengünstig realisiert werden können. Die Mitarbeiterinnen und Mitarbeiter erhalten Endgeräte mit Internet Browsern. Mit ihnen werden Anwendungen aufgerufen, die auf zentralen Rechnersystemen installiert wurden. Zu diesen Anwendungen gehören z.B. Spesenabrechnung, Reisebuchungen und Beschaffungsprozesse durch internet-basierte Beschaffungssysteme. Dabei werden alle nicht wertschöpfenden Tätigkeiten im Beschaffungsprozess eliminiert. Die dadurch frei werdende Zeit kann von den betroffenen Personen für wertschöpfende Tätigkeiten eingesetzt werden. Dazu gehören die verbesserte Kommunikation mit den Lieferanten, intensiveres Sourcing oder Potenzialanalysen[31]. Diese Ziele werden bei den marktführenden Produkten durch drei Komponenten erreicht:

- zentrales Katalogmanagement aller bestellbaren Waren und Dienstleistungen

- ein Workflowsystem, in dem die Prozesse und Genehmigungswege abgebildet werden

- elektronische Integration der vorhandenen Systeme und Anbindung der Lieferanten

Einsparungspotenziale von bis zu 20 % der Beschaffungskosten konnten und können durch diese Anwendungen realisiert werden. Durch die Anbindung an virtuelle Marktplätze kann der Kontakt zwischen Angebot und Nachfrage direkt hergestellt werden.

Lösungsbeispiel

Oracle bietet seit 1997 eine browserbasierte Beschaffungslösung an – mit über 1000 Kunden, davon über 350 in EMEA (Europa, Mittlerer Osten und Afrika).

---

[31] Bogaschewsky, Roland (Hrsg.): Elektronischer Einkauf, Frankfurt 1999, BME Expertenreihe

Das vorhandene Katalogmanagement kann unterschiedliche Suchkonzepte parallel einsetzen. Jederzeit kann im Katalog hierarchisch und durch Freitexteingabe gesucht werden, auch kombiniert. Für den Kataloginhalt können beispielsweise standardisierte Artikel, so genannte Commodities und Lieferantendaten via XML- oder auch Excel-Datei eingelesen werden. Dieses kann u.a. im in Deutschland weit verbreiteten Format BMEcat erfolgen. Dabei handelt es sich um einen frei zugänglichen Katalogstandard vom BME - Bundesverband für Materialwirtschaft, Einkauf und Logistik e.V. (http://www.bmecat.org). Oracle ist seit 1999 Partner bei der Entwicklung des BMEcat.

Bei Lieferanten, die nur wenige Artikel anbieten (z.B. lokaler Cateringdienst), können die Artikel manuell durch den Sachbearbeiter oder den Lieferanten via eigener Internetmaske in das System eingegeben werden. Branchenspezifische Artikel können über bestehende Marktplätze geladen werden. Es ist jederzeit möglich, auf Internetseiten der Lieferanten zuzugreifen.

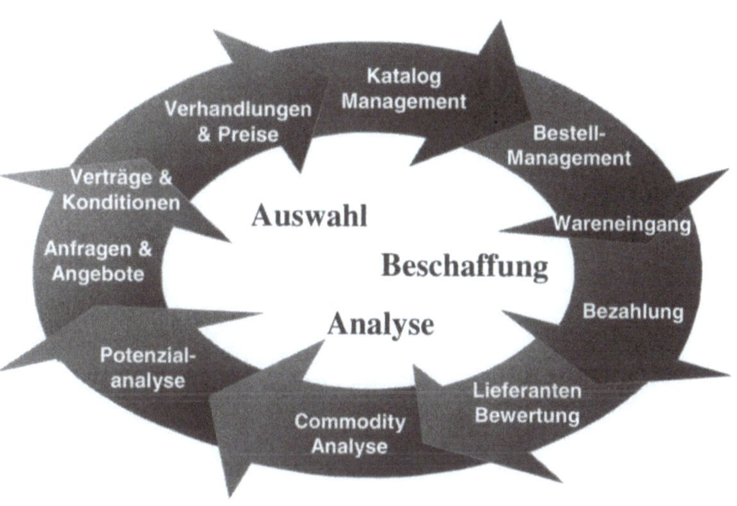

Bild 48   Vollständiger Beschaffungskreislauf

Das graphische Workflowsystem ermöglicht den voll automatisierten Betrieb, bei dem nur zwei Eingriffe durch den Mitarbeiter getätigt werden müssen. Der Bedarf muss angemeldet werden und es muss eine Bestätigung für den Wareneingang bzw. für die Rechnungszahlung erfolgen. Von diesem Grundprinzip ausgehend können alle notwendigen Prozesse über beliebige Hierarchiestufen und definierbare Attribute im System aufgesetzt werden.

Die Lösung kann eigenständig oder zusammen mit vorhandenen ERP-Lösungen eingesetzt werden. Der schnelle und zuverlässige Austausch der Daten und Transaktionen mit vorhandenen Anwendungen erfolgt nach Maßgabe der OAG-Standards (Open Applications Group) für Transaktionsdefinitionen. Sie wird in der Metasprache XML (Extensible Markup Language) dargestellt.

Das Ganze wird durch eine Geschäftsanalyse abgerundet. Purchasing Intelligence, ein Web-basiertes Analysewerkzeug, gewährt den Zugriff auf unternehmensweite Beschaffungsinformationen. Es bietet die Möglichkeit, langfristige Analysen von Entscheidungen zur Lieferantenauswahl, Vertragseinhaltung und Zuliefererleistung durchzuführen.

Aufgrund der flexiblen Systemgestaltung haben Kunden die Möglichkeit, die Lösung umfassend zu installieren, eine Kurzimplementierung mit vordefiniertem Leistungsumfang durchzuführen oder als Mietlösung in einem ASP-Modell den Nutzen für das Unternehmen schnell und erfolgreich bereit zu stellen.

Internet-Marktplatz

Positionierung des Themas

Der Handel auf Internet-Marktplätzen beschränkt sich heute zum Großteil auf Waren, die einfach zu erläutern sind, auf so genannten Commodities. Unterstützt mit der elektronischen Anfrage-, Angebots- (Auktionen) und Auftragsabwicklung können Kosten im Unternehmen reduziert werden.

Vielfach werden auch Mehrwertdienste wie Transport und Finanzierung mit angeboten.

Haben die Unternehmen, die aktiv an Marktplätzen teilnehmen, schon alle Möglichkeiten ausgenutzt, die das Internet ihnen heute bietet? Untersuchungen in Unternehmen der Automobilindustrie haben ergeben, dass diese Formen der B2B-Nutzung sich nur auf ca. 20 % der Artikel beschränken, unabhängig, ob ein Marktplatz oder mehrere genutzt werden.

Um weiter Bereiche des Unternehmens mit einzubeziehen, wurde die gesamte Wertschöpfungskette analysiert und Einsparpotenziale von über 500 EURO pro Fahrzeug ermittelt. Dieses ist nur möglich, indem die gesamte Wertschöpfungskette des Unternehmens mit dem Internet vernetzt wird – es zu einem Internet Supply Chain Management kommt.

Lösungsbeispiele

Es gibt unterschiedliche Möglichkeiten, sich den Internet-Marktplätzen zu nähern – am Beispiel Oracle heißt das:

- Über Portal-Anwendungen, wie Oracle 9iAS Portal, kann jedes Unternehmen sein eigenes Unternehmensportal aufbauen. Das kann sowohl der internen Kommunikation dienen, als auch für die Integration von Kunden und Lieferanten eingesetzt werden. Durch so genannte Portlets können wiederverwendbare Informationskomponenten für ständig angefragte Informationen gebündelt werden. Portlets ordnen das Website-Chaos durch wenige, aber gebündelte und konsistentere Informationszugriffe. Ein solcher Dienst wird z.B. durch den BME (Bundesverband für Materialwirtschaft, Einkauf und Logistik e.V.) in Frankfurt angeboten.

- Das Store-System bietet ein modulares und anpassbares Online-Storefront für den Verkauf von Waren und Dienstleistungen. Das System verfügt über Web-basierte Store-Management-Werkzeuge, unterstützt mehrere Zahlungssysteme und kann mit ERP-Systemen für die Auftrags- und Lagerverwaltung integriert werden.

- Mit einer Marktplatz-Lösung wie Oracle Exchange sind alle notwendigen Funktionalitäten verfügbar, die ein moderner virtueller Marktplatz haben muss (Bild 49). Dazu gehören u.a.:

  - Online-Registrierung

  - Einheitliches Katalogmanagement

  - Offene und geschlossene Bereiche auf dem Marktplatz

  - Auktionen

  - Spot Purchasing

  - Marktplatzanalysen

- Transaktionsmanagement auf dem Marktplatz und zu den Backoffice-Systemen der Teilnehmer

- Kommunikation mit anderen Marktplätzen (E2E)[32]

Bild 49   Vollständiges Marktplatzangebot

Für Unternehmen, die im Bereich B2B aktiv werden möchten, existieren damit unterschiedliche Wege, um erfolgreich zu starten. Alle Anwendungen basieren auf der gleichen technologischen Plattform. So können im Laufe des Betriebes die vorhandenen Möglichkeiten und Entwicklungen komplett ausgeschöpft werden, ohne dass technische Einschränkungen vorhanden sind.

---

[32] Exchange to Exchange

Sourcing

Positionierung des Themas

In vielen Unternehmen und bei vielen Anbietern wird Sourcing als eine Funktionalität des Marktplatzes verstanden. Sourcing geht aber über die Möglichkeiten einer Beschaffungsauktion weit hinaus. Was ist Sourcing überhaupt? Sourcing beschreibt den Prozess von der Lieferantenidentifizierung für Bedarfe bis zur Verhandlung mit den Lieferanten über Preise und Konditionen. AMR definiert Sourcing als: *„Sourcing ist eine funktional übergreifende und unternehmensübergreifende Menge von Prozessen, die es Firmen erlaubt, Kerngebiete der Beschaffungsaufgaben zu identifizieren und Automatisierungen in den Bereichen Identifizierung, Auswahl und Vertragswesen für qualifizierte Lieferanten vorzunehmen."*

Warum ist Sourcing überhaupt ein Thema für die Unternehmen? In Bild 50 ist dargestellt, welche Aufwände in einen Sourcing-Prozess zu investieren sind. Der Gesamtaufwand liegt durchschnittlich bei ca. 4 Monaten.

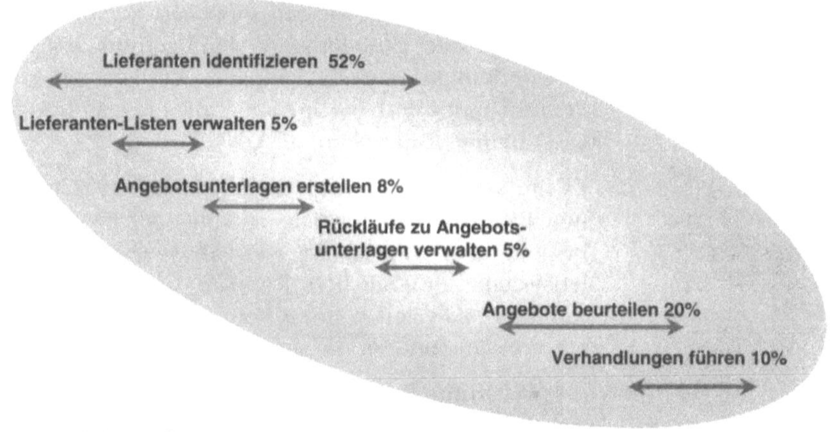

mittlere Sourcing-Zykluszeit 3,3 bis 4,2 Monate
Aberdeen Group

Bild 50   **Sourcingaufwände: Zeitaufwände zur Bestimmung von Lieferantenquellen**

Untersuchungen der Aberdeen Group haben ergeben, dass durch ein Sourcing-Werkzeug erhebliche Potenziale freigelegt werden können.

Dazu gehören u.a.:

- Reduktion des Einheitspreises um 5 bis 20 %

- Verkürzung des Sourcing-Zyklus um bis zu 30%

- Verkürzung der Produkteinführungszeit um ca. 10%

Lösungsbeispiel

Entscheidend ist, dass die eingesetzten Softwarewerkzeuge, wie z.B. Oracle Sourcing (Bild 51) folgenden fünf Anforderungen umfassend genügen:

1. Es muss der gesamte Sourcing-Prozess abgebildet werden (von der Lieferantenidentifizierung bis hin zur Vertragserstellung und Überwachung). Wie in allen Geschäftsprozessen ist es besonders beim Sourcing notwendig, dass der Informations- und Dokumentenfluss zu jedem Zeitpunkt des Prozesses ungebrochen ist und dass von jedem Arbeitsplatz auf die Daten zugegriffen werden kann. Die handelsüblichen Anwendungen optimieren nur Teilprozesse und sind auf Backoffice-Anwendungen angewiesen, in denen die operative Abwicklung der Bestellungen durchgeführt wird. Diese Anwendungen müssen integriert werden, oftmals sind keine Zugriffe auf die im Sourcing Prozess festgelegten Dokumente vorgesehen.

2. Es müssen Analysekomponenten integriert sein. So können Einsparungspotenziale erkannt und die Lieferantenbeziehungen intensiviert werden. Integrierte Kennzahlensysteme ermöglichen es, dass der Prozess als Gesamtheit analysiert werden kann. Dazu gehören drei Arten von Messungen:

   - Kontrolle der zu erreichenden Zielgrößen

   - Kontrolle der auftretenden Ausnahmen

   - Analyse der Fakten, die zu den Zielgrößen und den Ausnahmen geführt haben

   Üblicherweise werden die Kennzahlenbereiche der Zielgrößen individuell definiert. Hier ist für eine erfolgreiche

Anwendung notwendig, dass eine Ampelfunktion integriert ist, die es den Anwendern visuell ermöglicht, schnell Abweichungen im System zu erkennen, um Gegenmaßnahmen ergreifen zu können. Üblicherweise werden über einen Workflow betroffene Mitarbeiter direkt via e-Mail oder Portalanwendungen informiert. Hinter jeder Kennzahl muss die Möglichkeit bestehen, mittels drill-down Funktionen die faktischen Ursachen für die Abweichung zu erkennen. Mit Hilfe der Datenbank Oracle 9*i*, in der die analytischen Möglichkeiten integriert sind, können schnell und sicher Analysen erfolgen.

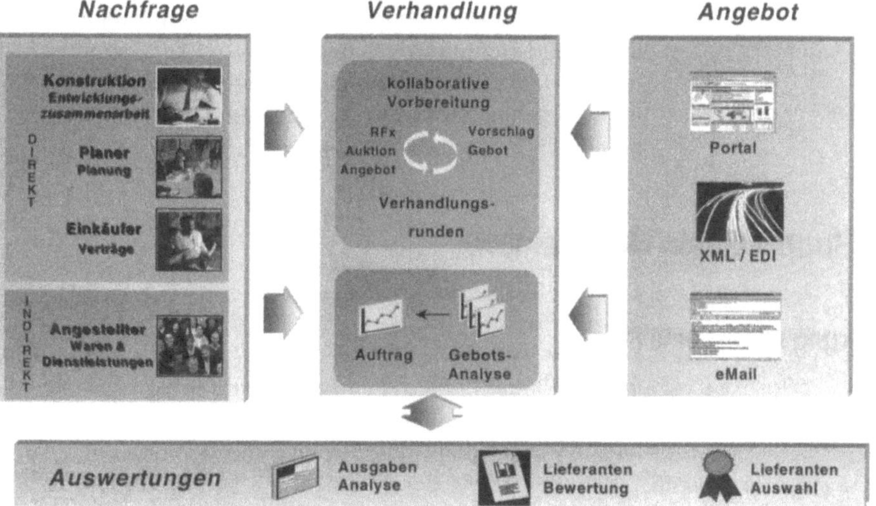

Bild 51   Ganzheitliche Sourcing-Lösung

3. Alle Verhandlungsmethoden müssen unterstützt werden. Dazu gehören neben den Auktionswerkzeugen auf Marktplätzen, wie z.B. Beschaffungsauktionen, auch die gesamte Palette der Anfragen (RFI - Request For Information, RFQ - Request for Quotation, RFP - Request for Proposal) und Gegenanfragen. Die Vorteile liegen in der Standardisierung für das gesamte Unternehmen und in der Automatisierung der Prozesse mittels Workflow. Dieses setzt voraus, dass die Anwendung skalierbar ist und auch globale Anforderungen, wie Mehrwährungsfähigkeit und Mehrsprachigkeit erfüllen muss.

4. Der Auswahlprozess muss durch gewichtete, mehrdimensionale Attribute erfolgen. Dabei ist der Preis nur ein Kriterium für den Entscheidungsprozess. Qualität, Liefer- und Zahlungsbedingungen, Artikeleigenschaften und mögliche Serviceleistungen sind weitere Punkte, die für den Auswahlprozess eines Lieferanten von Bedeutung sind. Mittels Gewichtungsparametern unterstützt das System den Auswahlprozess und sorgt für eine erhöhte Transparenz bei der Entscheidungsfindung und bei der Nutzung des Vertrages. Gerade dies kann die Vergabehistorie durch Wegfall aufwändiger Diskussionen mit den Lieferanten deutlich verkürzen.

5. Dokumentenmanagementsysteme erleichtern die Dokumentation und Kommunikation mit den Lieferanten. Durch die Nutzung des Oracle Internet File System ist es möglich, die Anforderungen an ein modernen Dokumentenmanagement mit den Anforderungen einer ganzheitlichen Sourcing-Lösung zu verbinden.

Internet Supply Chain Management

Positionierung des Themas

Wie o.g. können innerhalb der Supply Chain Kosten reduziert werden. Woher kommen die Einsparungspotenziale? Der Hauptgrund ist die fehlende Transparenz innerhalb des Liefernetzwerkes. Informationen fließen sequenziell[33]. Diese können aber direkten Einfluss auf Unternehmen haben, die nicht im direkten Strang, sondern in einem parallel gelegenen eingebunden sind. Hier kommen weitere, z.T. systembedingte Verzögerungen wie wöchentliche oder tägliche Batch-Prozesse hinzu. Das führt zu unnötig langen Entscheidungszyklen. Das wiederum bedeutet für die Unternehmen: **die Kosten steigen**. Dem gegenüber steht das Netzmodell, bei dem alle Beteiligten bereit sind, Informationen zu teilen. Diese Zusammenarbeit, auch Collaboration genannt, kann in drei Schritten erfolgen:

1. Schritt: Unternehmen tauschen untereinander Informationen bzgl. Kapazitäten, Beständen, Bedarfen und Reihenfolgen aus. Dieses sieht im ersten Ansatz nicht sehr spek-

---

33   Veränderungen und Abweichungen in der vierten Ebene

takulär aus, da es heute in einigen Branchen schon e-
lektronisch erfolgt. Ergänzen wir nun die heutigen Anwendungen mit dem Netzwerkgedanken, sind die neu-
en Potenziale erkennbar. Die Informationen werden
nicht mehr in einer 1:1-Kommunikation zwischen den
Partnern ausgetauscht, der Austausch erfolgt über eine
Internet-Plattform, Supply Chain Exchange. Diese stellt
allen beteiligten Partnern die notwendigen Informationen online zur Verfügung. Wir kommen also zu einem
n:1:m Modell. Die beteiligten Partner sollten sich hierbei bewusst sein, dass der Nutzen innerhalb des Netzwerkes nur möglich ist, wenn größtmögliche Offenheit
und Vertrauen herrschen.

<u>2. Schritt</u>: Im ersten Schritt ging es um den Informationsaus-
tausch, wobei die Internet-Plattform als Datenaus-
tauschpunkt genutzt wird. Im zweiten Schritt wird die
Zusammenarbeit verstärkt, die sich aufgrund der Informationen zwangsläufig ergibt. Exchanges dienen nun
als zentraler Punkt, auf dem alle Partner Informationen
sehen und entsprechende Entscheidungen, z.B. bei
Produktions- und Lieferengpässen, gemeinsam treffen
können. Es wird ein Informationszentrum, auch Hub
genannt, gebildet. Auf dem Hub können Engpassanaly-
sen durchgeführt, Ausnahmemeldungen behandelt und
die Ergebnisse anschließend in die bestehenden Systeme übertragen werden.

<u>3. Schritt</u>: Hier wird nun eine weitere Stufe beschritten. Da alle
relevanten Informationen vorhanden sind, können
auch Anwendungen implementiert werden, die zentral
das Supply Chain Network planen. Das ist heute noch
Zukunftsmusik, doch die Tendenzen sind am Markt
klar erkennbar und der Nutzen ist deutlich: Durch die
übergreifende Planung und Optimierung kann der Materialfluss zwischen den unterschiedlichen Partnern ein-
gestellt werden, Transportkapazitäten besser ausgenutzt und Planabweichungen schneller umgesetzt werden. Die Ressourcen Zeit und Kapital führen zu einer
optimierten Wertschöpfung. (Bild 52)

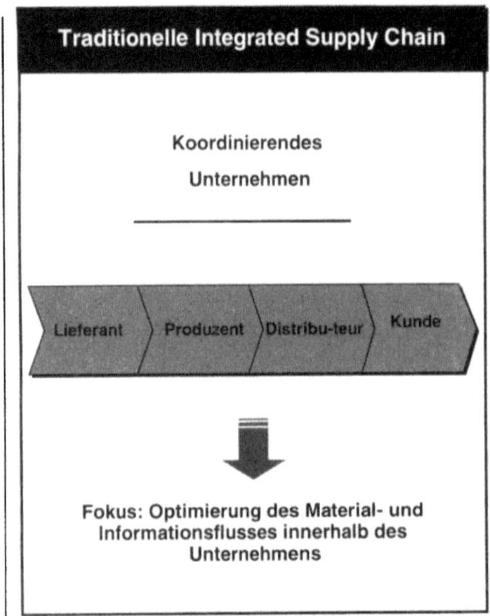

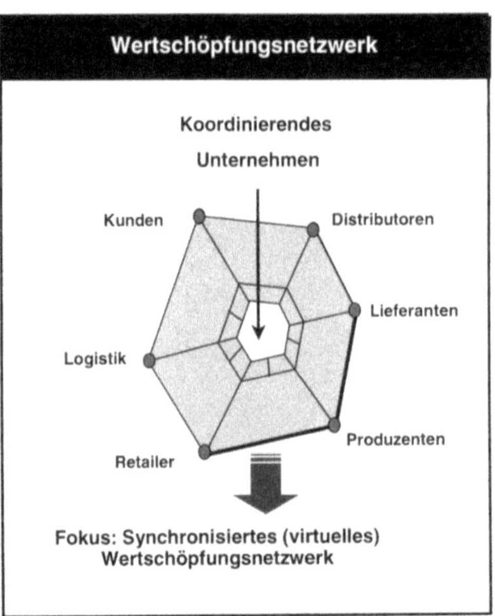

Bild 52   **Traditioneller vs. moderner Ansatz für Supply Chain Management**

Lösungsbeispiel

Oracle Supply Chain Exchange ist eine anpassungsfähige B2B-Lösung. Sie bietet erweiterte Möglichkeiten für die Zusammenarbeit, Planung und Optimierung von Angebot und Nachfrage entlang der gesamten Lieferkette. Die Lösung verbindet Handelspartner mit verschiedenen Softwaresystemen und ermöglicht in Echtzeit unternehmensübergreifend Event Management, Zusammenarbeit, Leistungsmessung und die synchronisierte Planung und Optimierung.

Mit Event Management-Funktionen können Unternehmen weltweit anbieten und nachfragen. Bestellungen mehrerer Unternehmen können nachverfolgt und die Lagerbestände von Handelspartnern sichtbar gemacht werden. Die Lösung bietet innovative Planungs- und Optimierungsfunktionen, mit denen Handelspartner gemeinsam Promotion-Aktionen planen, neue Produkte einführen, gegenseitig die Verfügbarkeit von Produkten prüfen und die Lieferkette aus unterschiedlichen Planungssystemen heraus optimieren und abgleichen können. Der zentrale Supply

Chain Hub informiert die Partner vorausschauend über Ausnahmefälle. Er ermöglicht durch integrierte Kennzahlen kontinuierliche Verbesserungen entlang der gesamten Wertschöpfungskette.

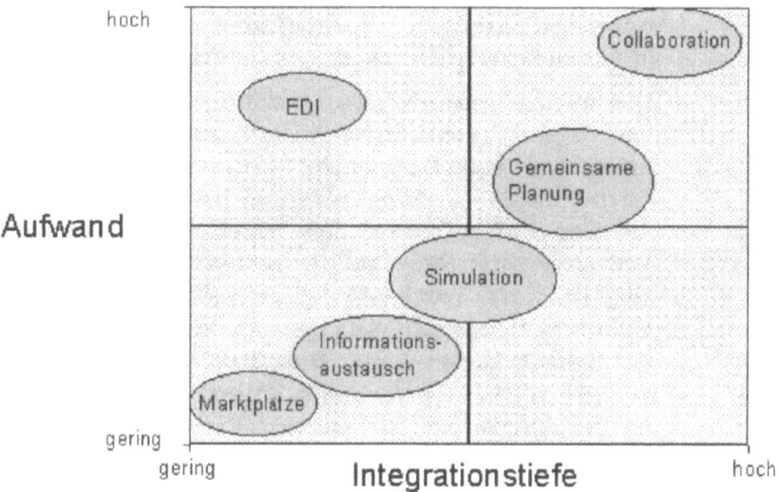

Bild 53   **Internet Supply Chain Management:**
Oracle Supply Chain Exchange

Die Lösung enthält offene APIs[34] für die Integration mit herkömmlichen ERP- und APS-Systemen sowie privaten und offenen Marktplätzen.

Internet-basierte Produktentwicklung

Positionierung des Themas

Ein letztes Szenario stellt die Produktentwicklung dar. Stichworte dazu, die in der Literatur und im Markt zu vernehmen sind: Time-to-Market, 7x24, Collaborative Engineering, Internet Projekt Management etc.

Auch hier wird das Internet als Plattform für den Informationsaustausch in der Entwicklung genutzt. Zeichnungen, Stücklisten, Projektpläne, Ressourcenübersichten usw. sind

---

[34]   Application Program Interface

zentral abgelegt. Prozesse und deren Statusverfolgung finden im Internet statt. Der effektive und effiziente Einsatz der vorhandenen Ressourcen (Mensch, Kapital, Zeit) ist der zentrale Gedanke der Anwendungen. Unternehmen können ihre Produktinnovationszyklen verkürzen, das Projektmanagement verbessern und ihre Produktentwicklungsprozesse optimieren.

Das Internet bietet hier die Plattform, um die Zusammenarbeit von internationalen Entwicklungsteams – inklusive Kunden, Ingenieuren und Lieferanten – zu vereinfachen. So könnte beispielsweise ein Einzelhandelsunternehmen in San Francisco über einen Web-Browser den Vorschlag für eine Grafik ihrer Werbeagentur in New York betrachten, in Echtzeit Änderungen eingeben und damit den Entscheidungsprozess wesentlich verkürzen. Dennoch findet diese Art der Zusammenarbeit über das Internet heute noch selten statt. Eine Untersuchung von Forrester zeigt, dass nur zwölf Prozent aller Unternehmen das Internet aktiv für die Produktentwicklung nutzen.

Lösungsbeispiel

Oracle Product Development Exchange ist eine umfassende Lösung für die gemeinsame Produktentwicklung und das Managen des gesamten Produkt-Lebenszyklus. Mit der Anwendung können Unternehmen aus allen Branchen Teams für gemeinsame Projekte oder Produktentwicklungen zusammen stellen; Produktinformationen, Projektpläne und Leistungsanalysen stehen in einer sicheren Umgebung und in Echtzeit den beteiligten Partnern zur Verfügung. Das Anwendungssystem besteht aus vier Hauptkomponenten:

- **Produktinformations-Management** – Anwendungen, die proaktiv Nachrichten automatisiert erzeugen und weiterleiten. Dadurch werden die durch herkömmliche Kommunikationsmethoden entstehenden Kosten und Zeitverluste reduziert. Ein Projektmanager kann (mehrstufige) Projekte anlegen, unterschiedliche Rollen definieren und diese beteiligten Personen zuweisen. Integrierte Dokumente und CAD Viewer ermöglichen den Zugriff auf beliebige Konstruktionssysteme.

- **Project Collaboration**: Diese Komponente ermöglicht virtuelle Konferenzen, bei denen CAD-Zeichnungen von Teilnehmern an verschiedenen Orten betrachtet und beurteilt werden können. Über Multimedia-Anwendungen können Entwicklungskonferenzen durchgeführt werden. Projektmanagementdaten können aggregiert und disaggregiert werden. Die Projektverfolgung ist durch Projektinformationsmanagement möglich, zentral und für alle berechtigten Anwender online verfügbar.

- **Dokumenten-Management**: Zeichnungen, Grafiken, Webseiten, Textdokumente oder e-Mails werden im Internet File System (iFS), einer Komponente der Oracle Datenbank, zentral katalogisiert und vorgehalten. So kann das wertvolle geistige Kapital eines Unternehmens sicher aufbewahrt werden. Die Informationen gehen auch dann nicht verloren, wenn z.B. eine neue Versionen erstellt wird oder ein wichtiger Mitarbeiter das Projekt oder das Ressort verlässt. Die Datenhaltung erfolgt auf einem Server. Dieses reduziert den Administrationsaufwand und steigert die Suchgeschwindigkeit und damit die Mitarbeiterzufriedenheit.

- **Product Development Intelligence** liefert in Echtzeit alle Informationen über den Projektstatus und ermöglicht so eine beständige Leistungssteigerung und -überprüfung. Durch vordefinierte und leicht konfigurierbare Auswertungen, Workflowsteuerung und Entwicklungsportlets können die Informationen auf jeder beliebigen Webseite integriert dargestellt werden.

Praxisbeispiele

In der Praxis hat sich gezeigt, dass die dargestellten Ansätze und Entwicklungsschritte keine theoretischen Gedankenspiele sind, sondern in konkrete Projekte umgesetzt wurden:

GlobalNetXchange

Im Februar 2000 gaben Sears, Roebuck & Co., Carrefour und Oracle die Gründung eines neuen und innovativen Joint Ventures unter dem Namen GlobalNetXchange bekannt (http://www.globalNetXchange.com) – der weltweit größte Online-Marktplatz für den Einzelhandel. Im Laufe der Zeit sind weitere Handelsunternehmen hinzugekommen, u.a. die Metro AG, J.Sainsbury's, KarstadtQuelle und Kroger.

GlobalnetXchange hat in der ersten Einführungsphase Anwendungen auf der Marktplatzseite eingeführt. Innerhalb von drei Wochen konnten die ersten Auktionen durchgeführt werden. Bis heute wurden Transaktionen von mehr als US$ 600 Millionen durchgeführt. In weiteren Projektphasen sind Komponenten der Produktentwicklung pilotiert worden; der Bereich des Supply Chain Managements ist in der Implementierungsphase.

Die Vorteile für diesen Megahub liegen nicht nur bei den beteiligten Konzernen. Gerade kleinere Unternehmen haben jetzt die Möglichkeit, sich aktiv im B2B einzubringen, ohne in eine kontenintensive EDI-Integration zu investieren. Mit XML steht heute eine kostengünstige Alternative zur Verfügung, die die Anbindung aller Lieferanten deutlich erleichtert. An diesem Beispiel wird auch deutlich, dass der Wettbewerb sich immer mehr auf die Absatzmöglichkeiten der Händler verlagern wird. Lieferanten auf den unteren Supply Chain-Ebenen haben nur diese Absatzkanäle für ihre Produkte. Sie müssen daher bereit sein, sich zu öffnen und Informationen und Transaktionen mit ihren Partnern auszutauschen.

Covisint

Covisint stellt den größten und erfolgreichsten B2B-Marktplatz in der Automobilbranche dar (http://www.covisint.com). Gegründet wurde Covisint durch Daimler Chrysler, Ford, General Motors, Commerce One und Oracle im Februar 2000, namhafte Unternehmen haben sich seitdem beteiligt. Oracle beliefert Covisint mit der Software zur Unterstützung und Verwaltung seiner B2B-Aktivitäten. Ziel ist es, von einer reinen Auktionsplattform zu einem umfassenden System für Zusammenarbeit, Transaktionen, Kommunikation und e-Business Intelligence im Internet zu kommen. Speziell für den Marktplatz stattet Oracle Exchange Marketplace Covisint mit wichtigen Funktionalitäten wie Sicherheit, Möglichkeiten für Single Sign-on, Registrierung und Preisbestimmung aus. Da Covisint ein eigenständiges Unternehmen ist, wird auch hier Unternehmenssoftware eingesetzt. Neben den klassischen Elementen wie Finanzbuchhaltung, Personalwirtschaft, Einkauf und Verkauf rückt der Bereich der Kundenbindung stark in den Vordergrund. Systemtechnisch wird von Anfang an auf integrierte Customer Relationship Management (CRM)-Anwendungen gesetzt – Call Center, Marketing, Sales und Service. Neben den Anwendungen wird Oracle-Technologie in den unternehmenskritischen Bereichen des Marktplatzes wie auch des Unternehmens Covisint eingesetzt. Somit ist eine skalierbare, performante und ausfallsichere Basis für den erfolgreichen Einsatz im Internet gelegt.

TechNip

Mit einem Jahresumsatz von ca. 3 Milliarden EURO und 10.000 Mitarbeitern ist die TECHNIP-Gruppe das führende Maschinenbauunternehmen in Europa und gehört weltweit zu den fünf wichtigsten Unternehmen, die in der Entwicklung und dem Bau von Anlagen für die Mineralölindustrie tätig sind.

TECHNIP befasst sich mit der Entwicklung und dem Bau von Industrie- und Versorgungsanlagen. Ob einzelne Einheit oder voll integrierte Werksanlagen, dank seiner Erfahrung und Flexibilität ist TECHNIP in der Lage, die komplette Projektabwicklung, d. h. von den ersten Entwürfen bis zur schlüsselfertigen Lieferung, durchzuführen. Neben der e-Business Suite setzt TECHNIP Oracle Product Development Exchange ein. Im Bereich der Zusammenarbeit werden Vorteile für drei Beteiligte gesehen:

1. Kunde: Die Produkte können schneller geliefert werden und Dokumente wie Zeichnungen können während des gesamten Prozesses einfach und sicher ausgetauscht werden.

2. Lieferanten: Informationen stehen schneller zur Verfügung, damit können Änderungsanfragen und Änderungen schneller und besser in den Gesamtprozess einfließen.

3. Subunternehmer: Ihnen stehen die gesamten Daten und Dokumente zur Verfügung. Damit können Pläne und Änderungen einfacher und schneller abgestimmt werden.

In der Ausführung wurde gezeigt, dass das Internet die Art des Handels verändert und dass Collaboration eine wichtige Komponente in der Nutzung des Internets durch Unternehmen ist. An welchen Punkten jedes Unternehmen anfängt, hängt von den inneren und äußeren Rahmenbedingungen ab. Es wurde aufgezeigt, wie Veränderungen stattfinden und es wurde verdeutlicht, dass alle Unternehmen in diese Bereiche hineinwachsen werden. Nur integrierte Anwendungen schaffen eine lückenlose Kommunikation innerhalb des Netzwerkes. Medienbrüche müssen hier in den Unternehmen vermieden werden. Sie führen zu Informationsverlust, was gleichbedeutend mit Zeitverlust anzusehen ist. Für einen Erfolg ist es entscheidend, dass die einzelnen Bausteine reibungslos ineinander passen, beginnend mit der technologischen Ebene der Datenbank und des Application Servers, den Analysewerkzeugen und den Workflowsystemen, über das

Dokumentenmanagement und Sicherheitsaspekte bis hin zur Funktionalität und der notwendigen Geschwindigkeit.

Es gibt heute schon Unternehmen, die sich auf den Weg gemacht haben, die Potenziale des B2B für den eigenen Geschäftserfolg umfassend zu nutzen.

Abschließend soll Prof. Hau Lee, Stanford, zitiert werden, der in einfachen Worten die Entwicklung dargestellt hat:

"The battle for market supremacy will not be between enterprises but between supply chains"

Many Markets, One Source –
das Marktplatz- Konzept von Commerce One

Sabine Lisiecki

Für viele Unternehmen ist die elektronische Beschaffung oder der elektronische Verkauf von Waren und Dienstleistungen das derzeit dominierende Thema. Ein Großteil der heute verfügbaren e-Business-Lösungen orientiert sich an der Nutzung des Internets als reine Kommunikationsplattform zur Lösung betriebswirtschaftlicher Probleme. Damit wird jedoch nur ein Teilbereich einer möglichen Gesamtlösung adressiert.

Der Einsatz elektronischer Beschaffungslösungen (e-Procurement) erscheint aus dem Blickwinkel eines einkaufenden Unternehmens im ersten Schritt als optimal: Durch den Einsatz einer web-basierten e-Procurement-Lösung lässt sich eine deutliche Kostenreduktion nachweisen, Einkaufsprozesse werden optimiert, Maverick-Buying wird durch den Einsatz elektronischer Multi-Lieferanten-Kataloge nahezu ausgeschlossen. Vernachlässigt werden damit allerdings die weitreichenden Optimierungsmöglichkeiten, die sich nicht nur durch die Integration ins eigene ERP-System ergeben, sondern auch durch die Berücksichtigung externer Prozesse, also die Abwicklung geschäftlicher Transaktionen mit Handelspartnern wie z.B. Lieferanten. Denn durch den Einsatz einer reinen e-Procurement- Lösung ist noch nicht geklärt, wie ein Lieferant seine Bestellungen im richtigen Format erhält, Rechnungen und Lieferscheine übermittelt werden bzw. wie ein elektronischer Mehrlieferanten-Katalog innerhalb eines Unternehmens gepflegt wird.

Auf der anderen Seite stehen die Lieferanten vor der Situation, entsprechend den Anforderungen ihrer Kunden ihre Produktkataloge in den gewünschten elektronischen Standards zu liefern und den Einsatz verschiedenster ERP-Systeme zu berücksichtigen. Ihre eigenen vertrieblichen Belange hinsichtlich einer Steigerung des „pro-Kunden"-Umsatzes kommen zu kurz, womit auch auf der vertriebsorientierten Seite nur eine sub-optimale Lösung existiert.

Das Marktplatzkonzept von Commerce One: „Many-to-One-to-Many"

Der Weg zu einer integrierten Supply Chain und damit auch die Verknüpfung beschaffungs- („One-to-Many") und vertriebsorientierter („Many-to-One") Ansätze liegt in elektronischen Marktplätzen („Many-to-One-to-Many"): Alle Handelspartner einer Community können über eine zentrale Marktplatzschnittstelle miteinander verbunden werden, wodurch die einstigen Punkt-zu-Punkt Verbindungen herkömmlicher Medien (EDI, Fax,...) sowie die Nachteile proprietärer e-Procurement-/e-Sales-Lösungen überwunden werden.

Commerce One hat bereits bei der Konzeption seiner e-Business-Lösungen das elektronische Marktgeschehen der Zukunft berücksichtigt. Grundlage eines elektronischen Marktplatzes ist eine transaktionsorientierte Plattform, auf der Prozesse in Echtzeit abgewickelt werden und die vielzählige Dienste von gehosteten e-Procurement- und e-Sales-Applikationen bis hin zu Supply Chain Management Lösungen umfaßt. Im Unterschied zu anderen Marktplatzkonzepten war der Ausgangspunkt der Überlegungen zunächst nicht die innerbetriebliche Aufgabenstellung eines Unternehmens, sondern die zentrale Nutzung von Inhalten. Ein gutes Beispiel dafür ist das Katalogmanagement (Content Management). Elektronische Mehrlieferanten-Kataloge zählen zu den wesentlichen Bestandteilen eines elektronischen Marktplatzes. Commerce One (ehem. DistriVision Inc.) beschäftigt sich mit diesem Thema bereits seit 1994 und bietet Marktplatzbetreibern zum Aufbau elektronischer Kataloge entsprechende Lösungen und Methodiken an. Nach einmaliger Katalogerstellung erfolgt die Pflege durch den Lieferanten über einen Marktplatzzugang. (Siehe Beiträge 4 und 5). Vergleichbar mit dem Content-Management verhält es sich auch mit anderen Business Services, die zentral auf dem elektronischen Marktplatz aufgebaut werden und auf die sowohl Einkäufer als auch Lieferanten Zugriff haben.

Keine andere Konzeption oder Technologie bietet auch nur vergleichbare Vorteile für Einkäufer und Verkäufer, die beide auf zentral abgelegte Informationen und Services zugreifen und dabei gleichzeitig die Integration in ihre individuellen ERP-Systeme realisieren können.

Die zentrale Nutzung von Inhalten (Kataloge, Applikationen, Business Services, etc.) erhält eine globale Ausrichtung durch die weltweite Vernetzung der elektronischen Marktplätze (auf Commerce One Technologien basierend) im Rahmen des „Global Trading Webs" (GTW). Das „GTW" ermöglicht allen Teilnehmern, die an einen Marktplatz angeschlossen sind, mit Teilnehmern anderer Marktplätze Handel zu betreiben bzw. deren Business Services zu nutzen. Einmal aufgebaute elektronische Kataloge können weltweit zugänglich gemacht werden, elektronische Ausschreibungen lassen sich weltweit mit integrierten Partnern durchführen, etc. Auch hier zeigt sich, dass sowohl einkaufs- als auch vertriebsorientierte Unternehmen gemeinsam profitieren. Einkaufenden Unternehmen werden globale sourcing Möglichkeiten angeboten, Lieferanten und Anbieter von Business Service Leistungen stoßen auf einen weltweiten Abnehmermarkt. Es entsteht ein globales Handelsnetzwerk, welches nicht nur den verschiedenen Unternehmen zahlreiche Handelsvorteile ermöglicht, sondern auch multinationalen Konzernen, die effektiv ihre dezentrale Organisationsstruktur über das Internet abbilden können (Private Exchange).

Commerce One betreibt einen eigenen elektronischen Marktplatz (www.commerceone.net) und ist damit ein gleichwertiges Mitglied im Global Trading Web. Das GTW Konsortium besteht mittlerweile aus über 36 Marktplatzpartnern, die quartalsmäßig zusammenkommen, um Themen der Interoperabilität voranzutreiben. Zu den Teilnehmern gehören Unternehmen wie z.B. die Deutsche Telekom AG, Swisscom (conextrade), Citibank, Cable & Wireless Optus, General Motors, Sesami (Singapore Telecom), NTT Communications, etc. Wesentlich für das Funktionieren eines derartigen Models ist die Verwendung vergleichbarer XML-Spezifikationen, Katalogstandards und Schnittstellen, mit deren Hilfe die Interoperabilität zwischen den einzelnen Marktplätzen gewährleistet wird.

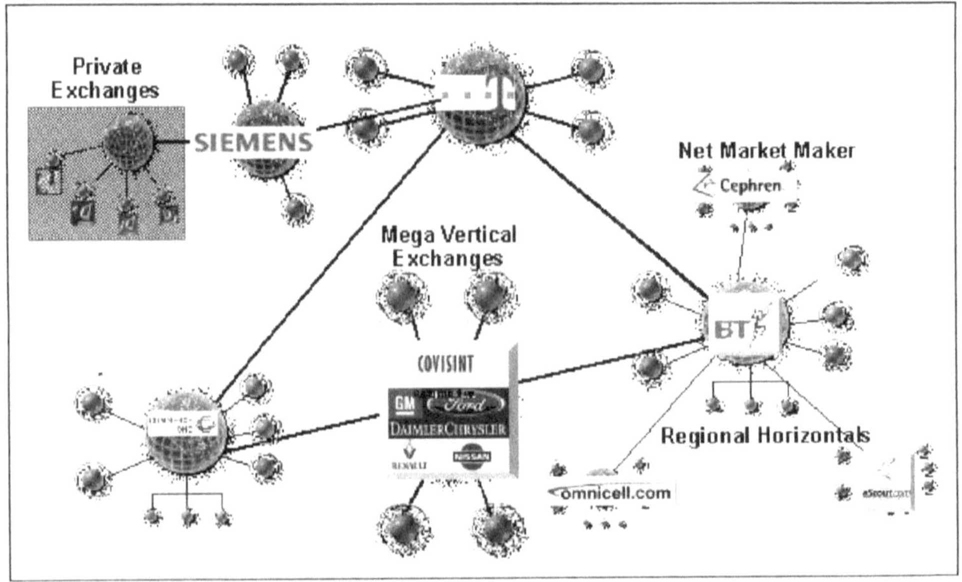

Bild 54   Global Trading Web

Das Geschäftsmodell von Commerce One ist vergleichbar mit einem Franchising- bzw. „Shared-Risk-Modell". Neben dem eigenen betriebenen Marktplatz sucht Commerce One Marktplatzbetreiber, denen die Technologie zur Verfügung gestellt wird und die den Aufbau wie auch den Betrieb übernehmen. Hierdurch wird das Wachstum des GTW's ermöglicht. Im Rahmen dessen lassen sich zunächst zwei Formen von Marktplätzen unterscheiden:

1. Horizontale oder „regionale" Marktplätze konzentrieren sich vor allem auf einen sprachlich und wirtschaftlich homogenen Wirtschaftsraum. Hier werden meist Waren und Dienstleistungen gehandelt, die in (fast) allen Branchen benötigt werden. Zu den Betreibern zählen überwiegend Telekommunikationsunternehmen oder Bankenkonsortien als „Trusted Partner". Als Beispiel zu nennen sind hier etwa der Marktplatz T-Mart der Deutschen Telekom AG, „conextrade", der Marktplatz der Swisscom oder der britische Marktplatz der British Telekom. Banken oder Bankenkonsortien betreiben beispielsweise den französischen, kanadischen und den mexikanisch - südamerikanischen Marktplatz.

2. Vertikale Marktplätze/Mega Exchanges werden meist von Branchenkonsortien ins Leben gerufen, die sich vor allem auf den Handel von spezifischen, möglichst vollständigen Waren- und Dienstleistungsangeboten für eine bestimmte Branche konzentrieren. Zu den bekanntesten vertikalen Marktplätzen zählt "Covisint", der Beschaffungsmarktplatz der Automobilkonzerne DaimlerChrysler, General Motors und Renault/Nissan oder Exostar, der elektronische Marktplatz der Luft- und Raumfahrtindustrie, der von Boeing, Lockheed Martin, BEA Systems und Raytheon gegründet wurde.

Konzepte elektronischer Marktplätze sind nicht nur eine Frage der Marktausrichtung (horizontal oder vertikal), sondern auch eine Frage der Unternehmensgröße bzw. deren Zielrichtung. Somit werden beispielsweise öffentliche Marktplätze (Public Exchange) häufig von Unternehmen/Konsortien gegründet, die den Marktplatzbetrieb als „primary business" ansehen und die Finanzierung über fixe Teilnahmegebühren oder Prozentanteile für Geschäftsabschlüsse erreichen. Bei einem privaten Marktplatz (Private Exchange) sind es demgegenüber eher einzelne Unternehmen, die auf eigene Kosten einen Marktplatz betreiben, um darüber ihre Kontakte zu Lieferanten, Händlern und Logistikpartnern abzuwickeln.

Vergleichbar mit dem Angebot unterschiedlichster Zugangsmöglichkeiten zum Marktplatz (Access Solution) im Einkaufs- bzw. Verkaufsbereich, zählt zu den elektronischen Marktplatzkonzepten von Commerce One auch eine Lösung, die sich vor allem an kleine und mittelständische Unternehmen richtet. Eine NetMarketMaker-Lösung nutzt dabei die existierende IT-Infrastruktur eines horizontalen bzw. vertikalen elektronischen Marktplatzes und ermöglicht gleichzeitig den Aufbau eines eigenen industriespezifischen Portals mit eigenem Community Management, eigenen Kataloginhalten und eigenen Business Service Angeboten. Die Kosten als auch die Implementierungszeiten sind dabei wesentlich geringer als bei dem Gesamtmodell MarketSite.

„Medicforma", der medizintechnische Marktplatz der AKAMED GmbH, einem Konsortium von 31 Kliniken bzw. das „Bauportal" der Bauindustriemarktplatz der BayWa GmbH stellen zwei Beispiele für den deutschsprachigen Raum dar. Durch die Anbindung an die Plattform eines Global Marketplace Partners erhält ein NetMarketMaker Zugang zum weltweiten Handelsnetzwerk Global Trading Web. Auf Basis von Commerce One Technologien wurden bis Ende 2001 weltweit über 170 elektronische Marktplätze realisiert, wobei bereits mehr als 100 Marktplätze den Online-Betrieb aufgenommen haben.

Technologie der Commerce One Lösung

Alle Commerce One Marktplätze basieren auf einer offenen Technologie Plattform, die es ermöglicht, real time Transaktionen abzuwickeln und das global.

Das Lösungsportfolio von Commerce One lässt sich dabei in vier Funktionsbereiche differenzieren, die zum Teil auch unabhängig voneinander eingesetzt werden können:

- Software, die für den Aufbau und Betrieb eines Marktplatzes eingesetzt wird

- Software, die der Beschaffung eines Unternehmens dient

- Software für die Anbindung von Verkäufern an den Marktplatz und

- Software für die Realisierung von „Business Services" auf einem Marktplatz.

Seit Sommer 2000 besteht eine strategische Partnerschaft zwischen Commerce One und der SAP AG bzw. SAP Markets. Für den Aufbau und Betrieb eines Marktplatzes wurde gemeinsam das modulare Lösungsportfolio MarketSet entwickelt. Die Ausprägung bzw. der Einsatz der Komponenten von MarketSet hängt davon ab, ob eher die Beschaffung indirekter Güter (MarketSite) oder die Beschaffung direkter Güter und damit das Supply Chain Management (MarketSet) im Vordergrund steht. Die technologische Basis jedes elektronischen Marktplatzes ist dabei die MarketSite Operational Environment, die gleichzeitig auch die Interoperabilität der einzelnen Marktplätze im Global Trading Web gewährleistet.

Die e-Procurement-Lösung EnterpriseBuyer steht auf der Beschaffungsseite zur Verfügung, wobei sowohl indirekte Materialien als auch direkte Materialien beschafft werden können. Über den EnterpriseBuyer wird der gesamte Beschaffungsworkflow innerhalb eines Unternehmens gesteuert, von der Produktauswahl aus einem elektronischen und unternehmensspezifischen Mehrlieferanten-Katalog, der Reservierung, der Bestellversendung über einen elektronischen Marktplatz bis hin zur Wareneingangsverbuchung und elektronischen Bezahlung. Abhängig von der Größe des Unternehmens ist die Procurement-Lösung sowohl als Enterprise Edition hinter der Firewall eines Unternehmens einsetzbar, als auch als gehosteter Service auf einem Marktplatz, wie z.B. dem der Deutschen Telekom AG oder der Siemens AG.

Auf der Lieferantenseite werden je nach Grad der Anbindung an den Marktplatz automatische bis halbautomatische Routinen aufgesetzt. Wesentlich für Lieferanten ist der elektronische Empfang ihrer Bestellungen, die Abwicklung der darauffolgenden Prozesse der Rechnungsstellung und Bezahlung, bis hin zur einfachen Pflege und Administration ihrer elektronischen Kataloge auf dem Marktplatz. XML Technologien und Konnektoren ermöglichen die Integration in die entsprechenden Warenwirtschaftssysteme. Um auch kleineren Lieferanten diese Möglichkeiten zu bieten, wird ihnen der Zugang und die Pflege ihrer Aufträge über eine browsergestützte Order Management Funktionalität auf dem Marktplatz angeboten.

MarketSite Operational Environment

Wesentliches Architekturgerüst eines elektronischen Marktplatzes ist die MarketSite Operational Environment, die allen Marktplatzkonzepten zugrunde liegt.

Sie besteht hauptsächlich aus den drei Komponenten

- MarketSite Builder,

- Business Service Framework und der

- MarketSite Plattform,

die eine Zusammenführung multipler Handels-Partner sowie Business Service Anbieter ermöglichen.

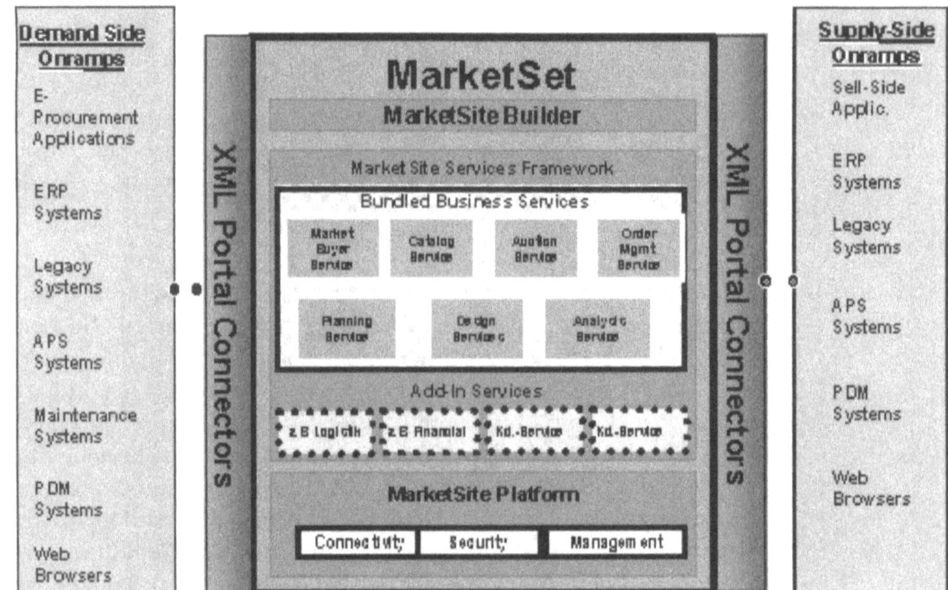

Bild 55   Architektur MarketSet

MarketSite Plattform

Die MarketSite Plattform stellt die XML-basierende Infrastruktur dar, auf der ein elektronischer Marktplatz technologisch aufgesetzt und administriert wird. Der Austausch XML-basierender Geschäftsdokumente zwischen den einzelnen Handelspartnern wird garantiert durch den Einsatz von XML Connectoren, von XML Portal Routern, dem Security Framework, dem Messaging Server Sonic MQ, Multicast Services und entsprechenden Tools, wobei gleichzeitig sichergestellt wird, dass die Business Services (siehe Business Service Framework) mit den entsprechenden Geschäftsdokumenten interagieren können. Damit die Handelspartner ihre Dokumente (im richtigen Format) erhalten können, werden sie über den XML Connector „MarketConnect" angebunden, der sowohl entsprechende Tools für die Entwicklung und Übermittlung von XML Dokumenten bietet, als auch definierte Kommunikationspunkte und eine Administrationskonsole.

Vor dem Hintergrund, dass im e-Business-Bereich weltweit verteilte Unternehmen mit heterogenen IT-Systemen und Plattformen miteinander kommunizieren, wird die Notwendigkeit eines allgemein anerkannten Standards für den Datenaustausch deutlich. Als eines der ersten Unternehmen der e-Business Branche hat Commerce One bereits im Oktober 1998 den Standardisierungsgremien eine eigene XML Definition vorgelegt. Die Common Business Library (xCBL) stellt eine Bibliothek von Komponenten dar, mit deren Hilfe XML Dokumente erzeugt werden können. xCBL definiert und standardisiert die Strukturen von Dokumenten, wodurch digitale Formulare wie Bestellungen, Auftragsbestätigungen oder Rechnungen zwischen Geschäftspartnern mit jeweils unterschiedlicher Infrastruktur ausgetauscht werden können. xCBL ist erweiterbar. Das bedeutet, dass Standarddokumente, wie z.B. ein Bestellformular mit spezifischen Informationen angereichert werden können. Damit wird sichergestellt, dass einerseits Lösungen anderer Anbieter mit einem Commerce One Marktplatz kommunizieren können und zum anderen, dass sich Dokumente spezifischen Inhaltes leichter erstellt lassen. Dokumente mit anderen XML Standards, wie z.B. Biztalk von Microsoft oder ebXML von Oasis lassen sich auf dem Marktplatz verarbeiten. Commerce One begreift damit xCBL keineswegs als „eigenen" oder gar proprietären Standard, denn dieses würde dem Grundgedanken des Global Trading Webs widersprechen, sondern stattdessen wird xCBL zur uneingeschränkten Benutzung und Modifikation frei zur Verfügung gestellt.

Business Service Framework

Die Einbindung zusätzlicher Service Leistungen (Logistik, Finanzdienstleistungen, etc.) stellt für einen Marktplatzbetreiber eine wichtige Möglichkeit dar, sich von anderen Marktplätzen hinsichtlich des Teilnehmernutzens positiv abzuheben. (Vergleiche auch die ersten Kapitel dieses Buches) Gleichzeitig werden für den Marktplatzbetreiber neue Einnahmequellen generiert, die sich durch pauschale Nutzungsgebühren oder eine prozentuale Beteiligung am Gesamtumsatz ergeben. Zusätzliche Serviceangebote stellen einen strategischen Erfolgsfaktor für einen Marktplatz dar, insbesondere, wenn sie individuell auf die Bedürfnisse/Anforderungen einer Branche/Zielgruppe zugeschnitten sind und dabei zusätzlich die Prozesse der gesamten Supply Chain in einzelnen Industriebereichen berücksichtigen.

Die Einbindung derartiger Applikationen liegt in der Verantwortung des Business Service Frameworks, welches die entsprechenden Integrationstools, Schnittstellen und Methodologien zur Verfügung stellt. Die Integrationstiefe eines Business Services kann dabei variieren von der reinen „User Interface based Integration" bis hin zur „Document based Integration", die sich darauf konzentriert, Transaktionen zwischen den einzelnen Marktplatzkomponenten und den Business Services aufzusetzen.

Über das Business Service Framework werden auch die Applikationen von Commerce One und SAP eingebunden. Welcher der Services von der Kundenseite ausgewählt wird, hängt von der Ausrichtung des elektronischen Marktplatzes ab. Somit reichen für einen horizontalen, vor allem auf indirekte Materialien fokussierten Marktplatz im ersten Schritt Procurement, Order Management, Katalog- und Ausschreibungsservices aus, ergänzt um Finanz- und Logistikdienstleistungen. Steht dagegen die Integration der gesamten Supply Chain im Vordergrund, so werden wesentlich komplexere Prozesse adressiert. Im Mittelpunkt stehen hier die Komponenten Design, Planungs- und Analyse Services:

o **E-Procurement Service:**

   Web-basierte Nutzung der Einkaufsapplikation Enterprise-Buyer für direkte und indirekte Materialien.

o **Order Management Service:**

   Der Service „Order Management" richtet sich vor allem an Lieferanten, die z.B. aus Gründen eigener Ressourcen ihre Backend-Systeme nicht vollständig an den Marktplatz anbinden wollen. Browser basierend können Lieferanten ihre Bestellungen elektronisch bearbeiten, Lieferscheine und Rechnungen über den Marktplatz verschicken als auch ihre elektronischen Kataloge bearbeiten.

o **Content Services:**

   Die Bereitstellung von elektronischen Katalogen ist die Basis elektronischer Einkaufsprozesse. Commerce One Content Services bietet Tools für die Normalisierung, Kategorisierung und Aggregierung von Lieferanten-Katalogen. Mit Hilfe dedizierter Content Tools ist es möglich, dass der Marktplatzbetreiber die Erstellung elektronischer Kataloge für den Lieferanten übernimmt; einen Zugang zu den lieferantenspezifischen Online-Katalogen über Roundtrip herstellt (OCI)35; kunden-spezifische Mehrlieferanten-Kataloge aufbaut oder

---

35 OCI = Open Catalog Interface

durch Normalisierung parametrische Suchfunktionalitäten anbietet.

o **Sourcing und Auction Services:**

Sourcing und Online Auktionen gehören zu den wichtigsten Transaktionen auf einem Marktplatz, da sie schnell und leicht aufzusetzen sind und einen kurzfristigen Return-On-Investment durch Kosten- und Zeiteinsparungen erlauben. Der Marktplatzbetreiber kann Online Auktionen/eRFQ in einem gehosteten Modus seinen Kunden (Einkäufern, Lieferanten, NetMarketMakern) anbieten, wobei die verschiedensten Auktionsformate (Forward/Reverse) bzw. Auktionstypen (English, Dutch, Yankee, etc.) die entsprechenden Kundenanforderungen incl. Branding abdecken.

Supply Chain Management

o **Design Services:**

Der Erfolg des Supply Chain Managements hängt bei firmenübergreifenden Geschäftsprozessen von der Bündelung und Zusammenarbeit mit Partnern ab. Durch „Collaborative Engineering Services" auf einem Marktplatz können autorisierte Benutzer verschiedener Organisationen einer Supply Chain gemeinsam an einem Design Prozess arbeiten, indem sie parallel auf Informationen zugreifen. Diese erhöhte Daten- und Informationstransparenz führt signifikant zu Kosteneinsparungen und „Time to Market" Vorteilen.

o **Planning Services:**

Unstrukturierte Prozesse innerhalb derer Planungsdaten vor allem per Telefon, Fax oder Mail ausgetauscht wurden, haben eine sinnvolle, elektronisch unterstützte Zusammenarbeit bislang verhindert. Der Einsatz von „Planning Services" auf einem elektronischen Marktplatz zielt darauf ab, die Planungsaktivitäten entlang der Supply Chain mit den jeweiligen Geschäftspartnern zu unterstützen. Teilnehmer können so gemeinsam auf relevante Planungsdaten zugreifen, sie bearbeiten, um dann im APS System hinter der Firewall optimierte Pläne zu erstellen. Die auf dem Marktplatz zugänglich gemachten Informationen werden in konfigurierbaren Planungsbüchern abgelegt, der „Alert Monitor" informiert dabei über Ausnahmen, basierend auf vordefinierten Regelungen.

o **Analysis Services:**

Auch in einer Marktplatz Umgebung müssen Entscheidungen schnell und auf Basis vertrauenswürdiger Fakten getroffen werden. Die benötigten Informationen befinden sich häufig in den verschiedensten Applikationen, deren Zugang erschwert ist. Informationen aus verschiedenen Quellen des Marktplatzes werden in das Business Information Warehouse geladen, konsolidiert, ausgewertet und den Teilnehmern zur Verfügung gestellt.

o **Add-in Services:**

Das Business Service Framework ist offen für andere „Third Party" Lösungen entweder aus einem industriespezifischen Bereich oder aus einem industrieübergreifenden Bereich, wie z.B. Steuern, Kreditinformationen, etc.

Zugänglich gemacht werden alle Serviceangebote über die „Single-Sign-On" Funktionalität des MarketSite Builders.

MarketSite Builder

Der MarketSite Builder gestaltet das User Frontend eines elektronischen Marktplatzes, übernimmt die Regelung des User-Managements (Registrierungs- und Login Prozesse) und gewährleistet den direkten Zugang zu den entsprechenden Business Services.

Der Prozess zur Gestaltung des User Interfaces entsprechend unternehmensspezifischer Wünsche wird unterstützt durch die Verwendung von Style Sheets, vorkonfigurierten Templates und Design Tools. Die Registrierung neuer Teilnehmer auf dem Marktplatz sowie die Spezifizierung entsprechender Benutzerrollen und deren Administration erfolgt über das Community und User Management. Ebenso wird hierüber der gesamte Log-in Prozess (Lieferant, Einkäufer, Service Partner, Gast) und das Passwort-Management gesteuert. Wichtig für einen Marktplatz ist ein Verzeichnis sämtlicher Teilnehmer. Vergleichbar mit Yellow Pages übernimmt diese Funktion das Trading Partner Directory. In einer SQL Datenbank werden Unternehmensprofile und Kontaktinformationen der einzelnen Marktplatzteilnehmer gespeichert und über eine Suchmaschine zugänglich gemacht. Somit lassen sich weltweit über das Global Trading Web neue Handelspartner suchen und in Einkaufs- bzw. Auktionsprozesse integrieren. Ein wesentlicher Aspekt auch für Lieferanten, deren

Vertriebsgebiet sich auf eine schnelle und einfache Art vergrößert.

Vom „Public Exchange" zum „Private Exchange"

Das einfache Ziel eines Marktplatzes besteht darin, Käufer und Verkäufer miteinander zu verbinden und eine Plattform für den Austausch von Geschäftsdokumenten zu bieten. Was einfach klingt, ist meist hochkomplex, denn Kauf und Verkauf stehen in direkter Verbindung mit Planung, Produktion, Transport, finanziellen Transaktionen und umfassenden Informationen für Käufer und Verkäufer. Das bedeutet, dass sämtliche relevanten Prozesse eines Unternehmens über elektronische Kommunikationswege durchgängig miteinander verknüpft werden und zwar nicht nur die internen Abwicklungs- und Produktionsprozesse, sondern der gesamte web-basierte Datenaustausch zwischen allen mit dem Unternehmen verbundenen Wertschöpfungspartnern, Zulieferern und Kunden.

Es findet ein Paradigmenwechsel im Bereich der elektronischen Marktplätze statt: Die erste Generation des Business-to-Business e-Commerce war vor allem auf die Transaktionsautomatisierung fokussiert. Die steigende Anzahl horizontaler und vertikaler Marktplätze hat zugleich eine zunehmende Diversifizierung der Business Service Angebote hervorgerufen, nicht zuletzt dadurch, dass der Wettbewerb im elektronischen Marktplatzbereich gestiegen ist. Unternehmen in die Lage zu versetzen, elektronische Kaufanforderungen, Preisangaben, Aufträge, Rechnungen und sogar Bezahlungen abzuwickeln, legt den Grundstein für den nächsten Schritt zum Collaborative Commerce und den privaten Marktplätzen (Private Exchanges). Unternehmen haben erkannt, dass der Erfolg der Supply Chain von der Bündelung und der Zusammenarbeit bei firmenübergreifenden Geschäftsprozessen mit Partnern abhängt, was bedeutet, dass die vielfältigen Glieder einer Kette, die einst autonom waren, mehr denn je zusammenarbeiten müssen.

Bei einem Private Exchange wird ein elektronischer Marktplatz speziell für ein Unternehmen und seine Wertschöpfungspartner aufgebaut. Die Commerce One Marktplatztechnologie ermöglicht allen Teilnehmern einer Versorgungskette gemeinsam an der Produktentwicklung, am Sourcing und an Entscheidungen der Bedarfsplanung arbeiten zu können, bei gleichzeitiger Integration in die Backoffice Systeme. Entscheidend dafür ist die Integration der Supply Chain Komponenten Planning, Design und Analysis Services auf der Marktplatzplattform. Durch den realtime Zugriff der einzelnen Wertschöpfungspartner auf Informationen wird eine Parallelisierung der Supply Chain erreicht, die zu einer Reduzierung der Durchlaufzeiten und Lagerbestände führt und letztendlich eine höhere Kundenzufriedenheit bedingt.

Die Zukunft elektronischer Marktplätze sehen Analysten häufig in der Bildung sogenannter „Meta-Markets", als Verbindung vertikaler und horizontaler bzw. öffentlicher und privater Marktplätze zu einem Netzwerk. Commerce One hat dieses bereits aufgebaut: Das Global Trading Web.

click2procure –

die globale Beschaffungsplattform der Siemens AG

Christoph Grass, Sascha Kaulen

Ein zunehmend instabiles ökonomisches Umfeld sowie die wachsende Globalisierung zwingen Unternehmen in allen Zweigen der Wirtschaft zur Kostensenkung, verbesserter Produktivität und vor allem dazu, neue Wege zur Profitabilität zu entwickeln. Ansatzpunkte sind hier vielfach die Beschaffung sowie das Supply-Chain Management. Bei einem jährlichen weltweiten Einkaufsvolumen von ca. 38 Milliarden EURO wird vor diesem Hintergrund deutlich, warum die verstärkte elektronische Abwicklung der Einkaufsprozesse einer der Schwerpunkte der im Oktober 2000 auf den Weg gebrachten e-Business-Offensive der Siemens AG war. Entlang der Begriffe „Transform", „Create" und „Sell" sollten so existierende Geschäftsfelder zu e-Business-Geschäftsfeldern transformiert werden. Zudem sollte neues Geschäft mithilfe der neuen e-Tools kreiert werden, mündend im Abschluss von Verträgen mit externen Kunden, die die Siemensweit erprobten Tools dann nutzen können. Konzernweit etablierte Einkaufsprogramme in Verbindung mit moderner Internet-Technologie bilden die Basis für diese nächste Phase der Einkaufsoptimierung. Erklärtes Ziel bei Siemens war es, innerhalb von 3 Jahren große Teile des weltweiten Einkaufsvolumens elektronisch abzuwickeln und so umfassende Einsparungspotenziale zu realisieren. Am Erreichen dieser anspruchsvollen Ziele soll der Siemens Buy-Side Marktplatz *click2procure* maßgeblichen Anteil haben. Mit Aufbau, Betrieb und Vermarktung des Marktplatzes wurde die Siemens Procurement & Logistics Services (SPLS) beauftragt.

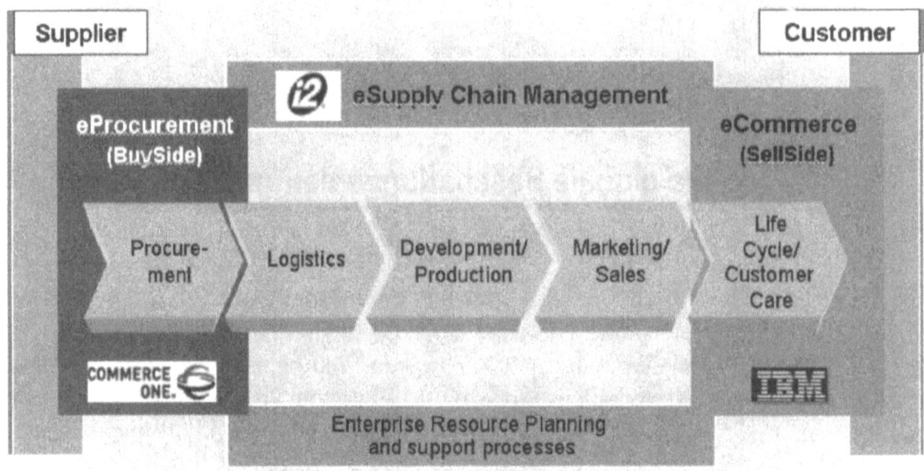

Bild 56   eSiemens Framework

Der Marktplatzbetreiber SPLS

Im Gegensatz zu vielen anderen Marktplätzen, die von Software-
häusern, IT-Dienstleistern oder den EDV-Abeilungen von Konzernen aufgebaut wurden, entschied sich die Siemens AG für
einen anderen Weg. Neben der zweifellos notwendigen IT-
Kompetenz ist für den erfolgreichen Aufbau und Betrieb eines
Marktplatzes vor allem eine umfassende Kenntnis und tiefgehen-
des Verständnis der Einkaufsprozesse notwendig. Nur so können
die Potenziale auch realisiert und die nötige Akzeptanz bei den
Nutzern geschaffen werden. Gemäß den Leitsätzen der e-Busi-
ness-Initiative entschied man sich bei Siemens dafür, den
weltweit agierenden Einkaufs- und Logistikdienstleister SPLS mit
der Realisierung dieses Projektes zu beauftragen und so dessen
traditionelles Geschäftsmodell „Procurement" zu „transformieren".

SPLS bietet und bot seinen - zunehmend externen - Kunden
innovative Lösungen und Dienstleistungen im Rahmen der
Supply Chain. Das Angebot reicht dabei vom Outsourcing von
Einkaufsprozessen über Consulting, vielfältige Logistikdienstleistungen bis hin zum globalen Sourcing. Ein elektronischer Marktplatz stellt eine ideale Ergänzung des Angebotsportfolios dar.

Somit besteht die Möglichkeit aus der strategischen Konzerninitiative mittelfristig ein Profit Center zu machen („Sell").

Das Konzept für den Marktplatz *click2procure* basiert auf der Idee, sämtlichen einkaufenden Stellen im Konzern – ob nun strategischer Einkäufer für Fertigungsmaterial oder Sekretariate für Büromaterial – eine breite Palette von Applikationen über das Internet zur Verfügung zu stellen und somit praktisch einen internet-basierten Arbeitsplatz für den Einkäufer und Bedarfsträger zu schaffen. Trotzdem soll das Angebot auf den Einzelnen zugeschnitten bleiben, um ihn nicht mit unnötig vielen Features zu belasten. So lassen sich die bisherigen Prozesse kostengünstiger und schneller gestalten sowie deutliche Materialkostensenkungen erzielen. Das bereits bestehende Projektteam wurde deshalb schrittweise erweitert und auch zeitweise durch externe Berater verstärkt, um dieses Großprojekt bewältigen zu können. Für die technische Realisierung (Hosting etc.) konnte auf die Erfahrung der Siemens Business Services (SBS) zurückgegriffen werden.

Historie und Organisation

Im Oktober 2000, nach einem umfassenden Evaluierungsprozess, fiel die Entscheidung für eine Grundarchitektur des Buy-Side-Marktplatzes auf Basis der Software des amerikanischen e-Business-Unternehmens Commerce One, einem führenden Anbieter von e-Procurement-Lösungen. Damit ist sichergestellt, dass man die gewünschten Funktionalitäten und Standards anforderungsgerecht und zügig umsetzen kann. Der Buy-Side-Marktplatz steht für die Realisierung der übergreifenden Potenziale, die man bei Siemens beim Thema e-Procurement sieht. Statt bereichsbezogene Einzellösungen aufzubauen, sollen gemeinsam benötigte Funktionalitäten samt Software auf einer Plattform verfügbar sein. Das Projekt wurde fast zeitgleich in den USA und Deutschland gestartet, um schnell die zwei wichtigen Märkte Nordamerika und Europa betreuen zu können. Gleichzeitig konnte so die Nähe zum Auftraggeber, den Stammhäusern der Siemens-Bereiche in Deutschland, und zur Entwicklungszentrale des Softwareanbieters in den USA gewährleistet werden.

Ausschlaggebende Faktoren für die Entscheidung der Siemens AG für Commerce One waren unter anderem folgende Faktoren:

a) Systemarchitektur

Die Commerce One-Architektur unterstützt alle offenen Standards der Datenkommunikation und Datenintegration der Siemens AG (vor allem XML sowie EDI)

b) Businessmodell

Commerce One hat ein skalierbares Businessmodell, welches auf den Wünschen der Kunden aufbaut und diese Bedürfnisse mithilfe eines vollkommen modularen Architekturmodells zur Geltung bringt

c) Partnerschaften

Commerce One hat starke Partnerschaften mit Siemens-Schlüsselvendoren wie z.B. Microsoft™ und SAP™, welche vor allem Bedeutung in Bezug auf die Integration der Backend-Systeme haben

d) Integrationsmöglichkeiten

Die Commerce One Software-Suite bietet die Möglichkeit, externe und interne Legacy- und Drittapplikationen zu integrieren. Im Vordergrund standen hierbei zum einen die Lieferantenmodule der Siemens AG als auch die Integration in SupplyChain-Systeme wie z.B. i2™

e) Roll-out-Unterstützung

Commerce One bietet Software, Consulting, Training sowie Implementierungs-Know-how aus einer Hand auf Basis eines weltweit verbreiteten Modells an

Effizient und schnell wurde der Marktplatz in seinen Grundfunktionalitäten bis zum 1.4.2001, dem offiziellen Go-Live-Termin, fertiggestellt. Darin eingeschlossen war die Anbindung erster Kunden und Lieferanten, teilweise bis hin zur Integration in deren ERP-Systeme (z.B. SAP). In der Folgezeit wurden zügig weitere Kunden und Lieferanten angeschlossen und die Funktionalitäten erweitert. Die operative Umsetzung des Marktplatzes erfolgte im Rahmen von gemeinsamen Implementierungsprojekten zwischen Nutzern (z.B. den Siemens-Bereichen oder externen Einkäufern) und der SPLS. Gleichzeitig wurde der internationale Roll-out zunächst mit der Anbindung von Österreich, Frankreich, England und den USA. vorangetrieben. Dann folgten Spanien und Portugal, doch auch im asiatischen und südamerikanischen Raum befindet sich der Roll-out in der Planungsphase.

Dieses Tempo spiegelt sich auch in den Nutzerzahlen wider. Mit Stand von Mai 2002 greifen ca. 35.000 Nutzer weltweit auf die

Dienste von *click2procure* zu- und lösen im Schnitt eine Transaktion pro Minute aus.

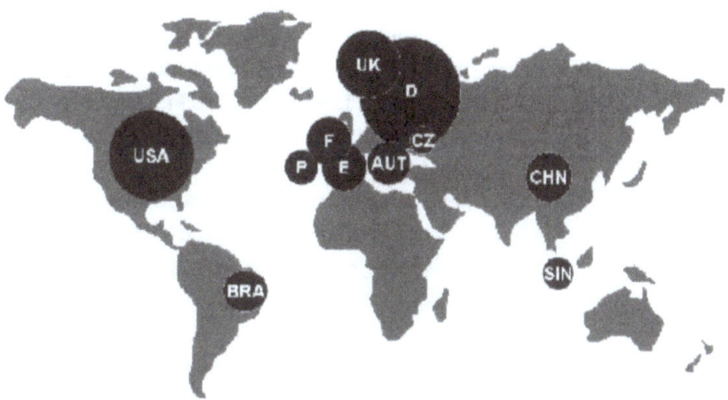

Bild 57   **Regionen des Siemens BuySide Marketplace „*click2procure*" (Stand Mai 2002)**

Der Marktplatz *click2procure*

Der Buy-Side-Marktplatz *click2procure* ist nach dem Prinzip aufgebaut, dass vielen Nutzern die Daten von vielen Lieferanten zur Verfügung stehen (Many to Many-Prinzip).

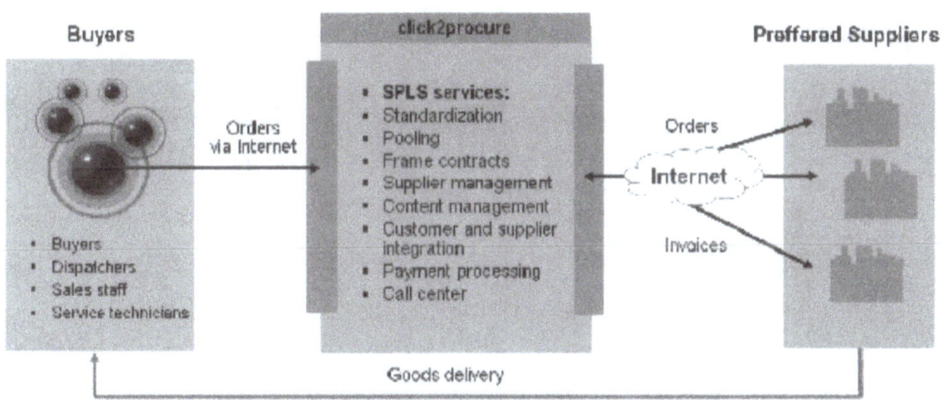

Bild 58   **Prozess der Bestellung nach dem Many to Many-Prinzip**

Die entsprechenden Lieferanten haben prinzipiell ein großes Interesse daran, ihre Produkte über elektronische Kataloge auf dem Marktplatz anzubieten, da sie sich mit ihrem Sortiment nur einmal anbinden lassen müssen und damit viele Kunden (zum Beispiel alle Siemens-Bereiche) auf einmal erreichen. Aufgrund des innovativen Charakters von Online-Marktplätzen und der damit einhergehenden Unsicherheit scheuen jedoch viele Lieferanten die mit einem Marktplatzengagement verbundenen Kosten. Deshalb steht vor einer erfolgreichen Lieferantenanbindung ein oft langwieriger Überzeugungsprozess. In einem ersten Schritt konzentrierte man sich daher bei Siemens auf Lieferanten, die mehrere Stellen im Konzern beliefern. Zu einem späteren Zeitpunkt werden aber auch spezifische Lieferanten, die nur mit wenigen oder im Extremfall sogar nur mit einem Siemens-Bereich Geschäftsbeziehungen haben, zusätzlich an das Katalogsystem des Buy-Side-Marktplatzes angeschlossen. Ähnliches gilt auch für die anderen Marktplatzelemente wie Auktionen, RFQ's etc., die nur einmal implementiert werden und dann allen Kunden zur Verfügung stehen.

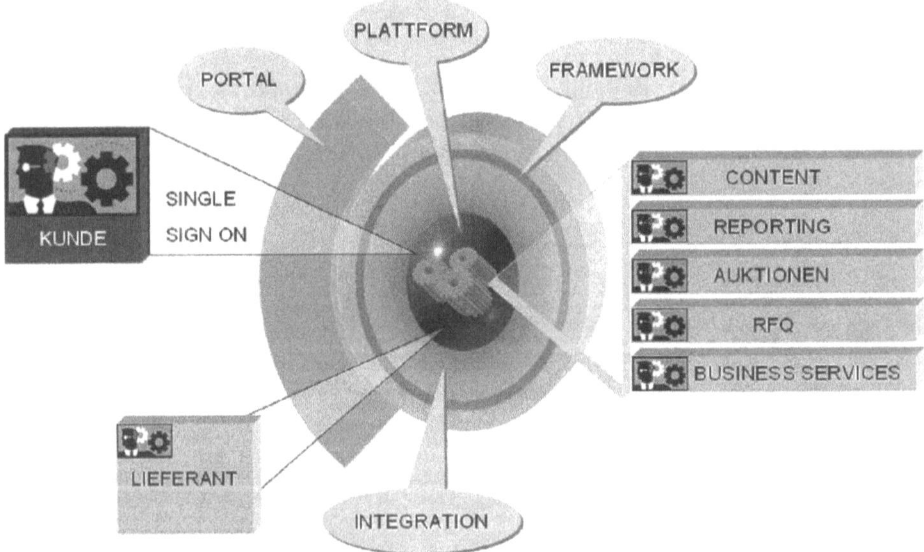

Bild 59   **Der Siemens BuySide Marketplace *click2procure* als Fokus für Applikationen, Einkäufer und Lieferanten**

Die Marktplatzplattform bildet den Rahmen für alle *click2procure*- Applikationen. Sie stellt den einzigen Zugang zum Marktplatz dar und ist für die Nutzerauthentifizierung und -verwaltung zuständig. Sie stellt die Interoperabilität der Marktplatzelemente sicher und sorgt für eine sichere Abwicklung der Transaktionen. Gleichzeitig kann über die Plattform ein Zugang zum weltweiten Netz der Marktplätze die auf Commerce One Technologie basieren (Global Trading Web) hergestellt werden. Dadurch wird ein weltweiter Handel über Marktplatzgrenzen hinweg ermöglicht.

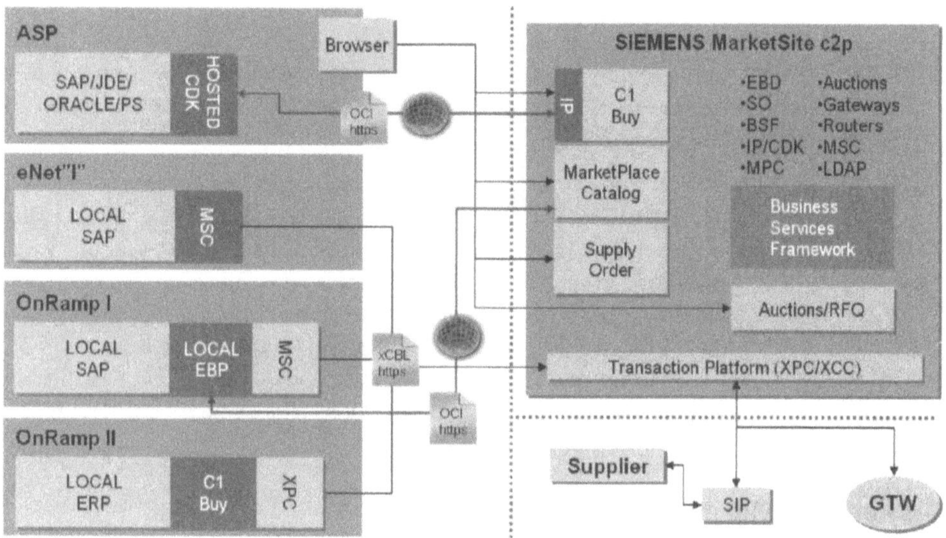

Quelle: Siemens Procurement and Logistics Services (SPLS)

Bild 60   **Architektur des Siemens BuySide Marketplace**
click2procure

Worin besteht der Nutzen des Marktplatzes?

click2procure hilft bei der **Vermeidung von „Maverick Buying"**, dem Einkaufen an der eigentlichen Einkaufsorganisation vorbei. Maverick Buying hat zur Folge, dass in vielen Bereichen bestehende Rahmenverträge mit Vorzugslieferanten aus Unkenntnis umgangen bzw. neu verhandelt werden. Das führt dazu, dass innerhalb einer Firma unterschiedliche Preise für das gleiche Produkt bezahlt werden und Verträge unnötigerweise mehrfach verhandelt werden, was zu Zusatzaufwand führt.

Durch Einsatz des Marktplatzes hat man die volle Kontrolle über den Einkaufsprozess und kann dieses Phänomen so wirksam bekämpfen.

Der hieraus entstehende Nutzen stellt sich vor allem durch die Erzielung von **Materialkostensenkungen** ein. *click2procure* schafft die Transparenz für verstärkte Bedarfsbündelung und schafft so eine bessere Ausgangsbasis für Verhandlungen. Diese können dann mit Hilfe moderner Technologie durch elektronische Ausschreibungen vorbereitet und dann als elektronische Auktionen durchgeführt werden.

Darüber hinaus ermöglicht *click2procure* eine deutliche **Senkung der Prozesskosten** im Einkaufsprozess durch automatische elektronische Prozesse und elektronische Schnittstellen zu Lieferanten. Praxisbeispiele zeigen, dass sich die Prozesskosten auf diese Weise um ca. 50% senken lassen.

Durch die Dokumentation sämtlicher Transaktionen auf dem Marktplatz wird viel genaueres und zeitnahes **Controlling** ermöglicht. Lieferanteninformationen, die bei einem Nutzer anfallen, können jetzt schnell allen Nutzern zugänglich gemacht werden. Der Anschluss an das Global Trading Web ermöglicht den **Zugang zu neuen Lieferanten**. Generell bietet eine zentrale Lösung den Vorteil, dass sich viele Nutzer die anfallenden Investitionskosten teilen und gemeinsam auf ein Team von Spezialisten zugreifen können.

Die Kernelemente des Marktplatzes

Betrachtet man die täglichen Aufgaben eines Einkäufers, so lassen sich einfach 3 immer wiederkehrende Haupttätigkeiten identifizieren:

- Sich **informieren** über Lieferanten, Materialpreise *auswerten*, Bedarfe *planen*, Kosten *controllen* etc.

- Verträge **verhandeln**

- Material **bestellen**

Aus diesem Grund ist auch der Siemens Buy-Side-Marktplatz *click2procure* in diese Tätigkeitsfelder aufgeteilt:

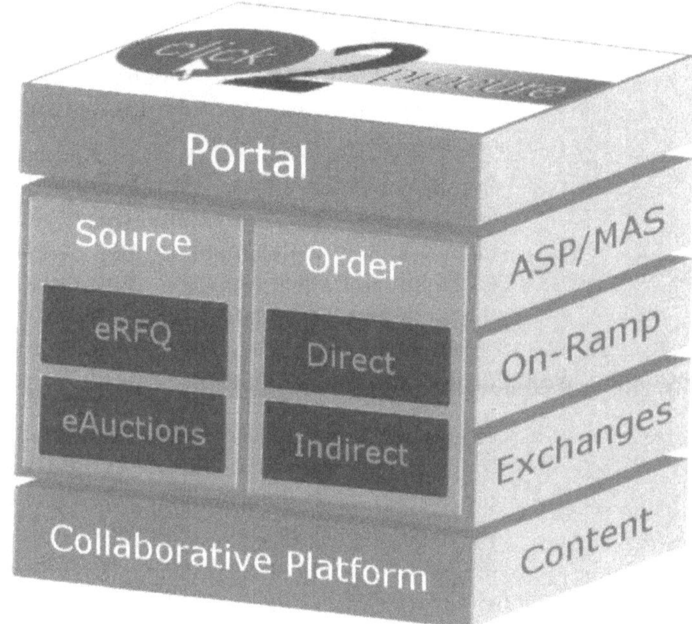

Bild 61   **Schematische Darstellung des Marktplatzes**
click2procure **der Siemens AG**

Informieren: elektronische Informationsquellen. Hier stehen verschiedene übergreifende Informationen zur Unterstützung des strategischen Einkaufs bzw. des Vertriebs in elektronischer Form zur Verfügung. Dieser Bereich umfasst u.a. die elektronische Lieferantendatenbank *click4suppliers*, die neben umfangreichen Informationen zu den Siemens-Lieferanten auch geschütze Kommunikationsbereiche für Collaborative Procurement-Projekte bietet.

Verhandeln: elektronische Anfrage- und Ausschreibungstools. Hier können Anfragen bei Lieferanten elektronisch platziert sowie Ausschreibungen für bestimmte Einkaufsbedarfe über das Internet abgewickelt werden (e-Request for Quotation und e-Auctions).

Bestellen: elektronische Bestellsysteme. Dieser Bereich lässt sich in zwei Themengebiete gliedern:

a) katalogbasierte Systeme (e-Catalogs) zur Bestellung von standardisierten Gemeinkosten- und Fertigungsmaterialien über elektronisch auf dem Marktplatz hinterlegte Lieferantenkataloge

b) eine Lösung zur Bestellung von zeichnungsgebundenen Teilen- von der Anforderung bis zur Bezahlung (siehe Beitrag 18).

Ergänzt werden diese Kernfunktionalitäten durch Business Services wie eine Vermarktungsplattform für Überbestände an elektronischen Bauelementen oder Content Services (Erstellung & Pflege von elektronischen Katalogen). Dieser Bereich wird derzeit kontinuierlich ausgebaut.

Informieren - Web-basierte Informationsquellen

Grundlage jeder erfolgreichen Verhandlung und somit Vorbereitung für elektronischen Anfrage- und Ausschreibungsprozesse ist die web-basierte Bereitstellung von diversen Informationen rund um das Thema Einkauf. „e-Information" ist ein Schwerpunkt des Siemens Buy-Side-Marktplatzes. Wesentlicher Bestandteil hierbei ist ein interaktives Lieferantenmodul namens *click4suppliers.*

Unter dem Oberbegriff e-Information finden sich vielfältige Datenquellen und Infoservices zum Thema Einkauf. Schon vor Jahren wurde bei Siemens das weltweite Einkaufs-Informationssystem (EIS) eingeführt, das ständig weiterentwickelt wurde und aus dem Alltagsgeschäft des Einkäufers heute nicht mehr wegzudenken ist. Mit dem Lieferantenportal *click4suppliers* wurde nun ein zusätzliches e-Procurement-Instrument geschaffen, das die existierende Datenbasis über Lieferanten deutlich erweitert.

Beispiel: *click4suppliers*

Die Grundidee von *click4suppliers* ist, zusätzliche Informationen wie zum Beispiel zukunftsbezogene Daten über Lieferanten zielgerichtet für den Einkaufsprozess zur Verfügung zu stellen. Dadurch soll nicht nur die Transparenz des Beschaffungsmarktes erhöht, sondern auch das Auffinden von Informationen zu Lieferanten vereinfacht werden. Um dies zu erreichen, wurde eine Datenbank konzipiert, in der alle Informationen zu schon existierenden oder potenziellen Siemens-Lieferanten strukturiert, transparent und aktuell hinterlegt werden können. Die Dateneingabe erfolgt in Form einer Selbstauskunft durch den Lieferanten, wobei der Siemens-Einkäufer zusätzliche Daten hinzufügen kann.

Die beiden Dreh- und Angelpunkte von *click4suppliers* sind das Data Universal Numbering System (D-U-N-S Nummer) und die Einkaufsschlüssel-Nummer (ESN). Die D-U-N-S-Nummer identifiziert einen Lieferanten weltweit, während die ESN der bei Siemens verwendete Code zur Beschreibung von Produkten und Leistungen ist. Bei der Suche nach einem bestimmten Lieferanten ist eine Kombination verschiedener Suchkriterien nach Land, Vorzugslieferanten der eigenen Organisationseinheit etc. möglich. Bereits heute sind alle Lieferanten, die Umsatz mit Siemens machen, mit ihren wesentlichen Grunddaten in *click4suppliers* vorhanden, was nun durch zusätzliche Daten deutlich erweitert werden kann. Lieferanten können wiederum anhand der ESN gezielt nach potenziellen Käufern Ihrer Produkte und Lösungen suchen.

Lieferanten haben die Wahl zwischen zwei Formen der Mitgliedschaft, dem Basis- und dem Komplettpaket.

Das Basispaket ist Voraussetzung, überhaupt Geschäfte mit der Siemens AG zu tätigen:

- Bestätigung des Lieferanten, den Sustainability-Kriterien zu genügen (Umweltschutzkriterien, Ausschluss von Kinderarbeit etc.)

- Möglichkeit, ein Lieferantenprofil an alle Einkaufsorganisationen in der Siemens AG zu publizieren

- Möglichkeit, vertriebsrelevante Daten über die Siemens AG abzufragen (Ansprechpartner, Einkaufsorganisationen etc.)

- Möglichkeit an Siemens AG-Ausschreibungen und RFQs teilzunehmen

- Möglichkeit auf Einladung an Siemens AG-Einkäuferforen teilzunehmen

- Möglichkeit die eigene Lieferantenbewertung einzusehen

- Zugang zum Siemens Marktplatz *click2procure*

Das Komplettpaket hingegen bietet zusätzlich:

- Möglichkeiten, Unternehmensneuigkeiten und Informationen an alle Siemens AG-Einkäufer zu publizieren

- Benachrichtigung über geplante Auktionen und Ausschreibungen

- Möglichkeit, einen oder mehrere elektronische Kataloge bereitzustellen

- Möglichkeit, Siemens AG-Umsatzzahlen mit der eigenen Unternehmung abzufragen

- Einsicht in ein anonymes Ranking der Lieferanten einer Materialgruppe

Den Lieferanten, die ihre relevanten Daten im Internet zur Verfügung stellen, wird somit weltweit der Zugang zu den Siemens-Einkaufsabteilungen ermöglicht. Je nach gewähltem Modell können Lieferanten beispielsweise nur ihr Liefer- und Leistungsspektrum im Rahmen der Lieferanten-Selbstauskunft präsentieren, oder aber sie erhalten die Möglichkeit zu elektronischen Ausschreibungen und Auktionen eingeladen zu werden. Um den vielfältigen Anforderungen der Siemens-Bereiche und –Regionen, aber auch dem Konzerngedanken gerecht werden zu können, ermöglicht das zugrundeliegende Datenmodell auch die Eingabe von konzernweit einheitlichen Informationen, zum Beispiel die einmalige Eingabe der Firmenadresse. Ebenso ist die Ablage spezifischer Daten auf Ebene der jeweiligen Organisationseinheit, zum Beispiel die Ergebnisse der Lieferantenbewertung, möglich.

Somit ist *click4suppliers* ein wesentliches Element des zukünftigen virtuellen Arbeitsplatzes für den Einkauf. Dieses Tool wird konsequent weiterentwickelt, um die steigenden Anforderungen in Richtung eines „collaborative Procurement" zu erfüllen. Aber nicht nur Einkäufer nutzen die Möglichkeiten von *click4suppliers*. Mit Hilfe dieses e-Information-Bausteins wird im Grunde allen Mitarbeitern, die im Beschaffungsprozess involviert sind, der vereinfachte Zugriff auf Informationen zu Lieferanten ermöglicht. In einer breit angelegten Marketing Kampagne wurden Lieferanten aller Bereiche und großer Regionen über dieses Lieferantenportal informiert und aufgefordert, sich anzumelden.

Verhandeln – elektronische Ausschreibungen und Auktionen

Der zweite zentrale Schwerpunkt von *click2procure* ist der Verhandlungsbaustein. e-Sourcing Tools wie e-Auctions und e-RFQ (Request for Quotation) unterstützen den Einkäufer bei der Verhandlungsführung. Während e-Catalogs der Abwicklung des eigentlichen Bestellprozesses bei Standardprodukten dienen, werden e-RFQ (elektronische Anfrage) und e-Auctions bereits im Vorfeld eingesetzt, z.B. zur Verhandlung von Rahmenverträgen. Ein weiteres Einsatzfeld ist die Ausschreibung und Verauktionierung von Bedarfen an Investitionsgütern.

Gute Erfolge mit Materialkostensenkungen zum Teil bis 38 % (im Durchschnitt 20 %) wurden dabei bereits in zahlreichen Materialfeldern erzielt. Hier einige Beispiele aus der Praxis:

- **Commodities**: z.B. Druckguss- / Kunststoffteile; Sicam HV-Module; Accessoires; Büromöbel; Absolutwertgeber; Installationsmaterial

- **Services:** z.B. Bewachung, Gebäudereinigung

- **Projektbedarfe:** z.B. Lokkessel, Baustrom, Anlagenbeschilderung

Um gute Erfolge mit e-Biddings bzw. e-Auctions zu erzielen, sollte man jedoch einige wichtige Erfolgskriterien beachten. Prinzipiell eignen sich nur weitestgehend spezifizierbare Teile für Auktionen. Die Volumina, die verauktioniert werden, müssen für die beteiligten Lieferanten interessant sein, sonst besteht für diese kein Anreiz, sich an der Auktion zu beteiligen. In dem betroffenen Materialfeld muss ein gewisser Wettbewerb zwischen den Lieferanten herrschen, andernfalls lassen sich keine interessanten Einsparungen erzielen. Im Vorfeld ist bereits zu klären, wie hoch die Wechselkosten bei einem eventuellen Lieferantenwechsel sind. Sind diese zu hoch, werden die erzielten Preisvorteile schnell wieder aufgezehrt. Entscheidend für den Erfolg eines Biddings ist dementsprechend weniger die eingesetzte Software als eine gute Vorbereitung und intelligente Strategie für den Biddingevent.

Zielsetzung

Erfolge durch ihre Anwendung lassen sich zum einen erzielen durch die Senkung der Materialkosten in Folge einer höheren Transparenz und Intensität des Wettbewerbs im Verlauf einer Auktion, zum anderen durch die Senkung der Prozesskosten in Folge einer schnelleren und standardisierten Abwicklung von Auktionen bzw. Ausschreibungen. Die hohe Intensität des Wettbewerbs wird durch die kurze, oftmals nur auf wenige Stunden festgelegte Dauer der Auktion erzeugt. Hier müssen die teilnehmenden Lieferanten direkt auf die Gebote ihrer Mitbewerber eingehen. Sie sehen in der Regel direkt, wo sie sich im Vergleich zu ihren Mitbewerbern befinden. Konnten sie bisher den Angaben des Einkäufers auf die Frage, wie viel sie noch zu teuer sind, um den Auftrag zu erhalten, glauben oder nicht, so können sie es nun selbst erkennen: entweder als Preisunterschied zu den anderen oder zumindest, je nach Einstellung der Auktion, als Rangfolge.

Erfahrungen

Im ersten Jahr sind über *click2procure* bereits über 150 elektronische Auktionen erfolgreich durchgeführt worden. Von einfachen Bauteilen bis zu komplexen Zeichnungsteilen wurden bisher mehr als 1 Milliarde EURO Einkaufsvolumen so „verauktioniert". Dabei hat sich herausgestellt, dass für den Erfolg die eingesetzte Software selbst nur einen geringen Anteil hat. Weitaus wichtiger ist die sorgfältige Vorbereitung der Auktion, für die im Einzelfall bis zu mehrere Wochen angesetzt werden müssen.

Um ein für beide Seiten zielführendes Ergebnis zu erreichen, ist eine absolute Vergleichbarkeit nach Spezifikation der betreffenden Produkte oder Dienstleistungen unerlässlich. Daneben müssen die teilnehmenden Lieferanten intensiv betreut werden. Hierzu gehören nicht nur Schulungen zur eingesetzten Software, sondern insbesondere die Kommunikation der Regeln der Auktion (zum Beispiel Zeitdauer und Art der Auktion). Nur so kann die nötige Akzeptanz beim Lieferanten herbeigeführt werden.

Auch hier zeigt sich: Auktionen ersetzten den Einkäufer beileibe nicht, sie sind vielmehr ein unterstützendes Werkzeug bei seiner Arbeit. Gerade in der Vor- und Nachbereitung steckt viel Knowhow, Geschick und Finesse. Nur durch eine fachkundige Begleitung kann mit e-Auctions ein besseres Ergebnis erzielt werden als bei konventionellen Verhandlungen.

Bestellen - prozessoptimierte elektronische Bestellungen

Das dritte Hauptelement des Siemens Buy-Side-Marktplatzes ist der Bestellbaustein. Er läßt sich in zwei Sektionen einteilen, die elektronischen Lieferantenkataloge (e-Catalogs) und eine Lösung zur Bestellung von zeichnungsgebundenen Teilen.

(Nähere Informationen zur letzteren Lösung finden Sie im Beitrag 18.)

Das Angebot wird noch komplettiert durch so genannte Freiformbestellungen, um nicht–katalogisierbare Materialien und Dienstleistungen rationell über den Marktplatz abwickeln zu können. Erfahrungsgemäß ist das der weit größere Anteil bei Sach- und Dienstleistungen. Durch das Routen der Bestellinformationen von nicht-katalogisierbarem Material über *click2procure* entsteht eine ganz erhebliche, zusätzliche Transparenz im Einkauf.

Elektronische Kataloge

Die darin enthaltenen Produkte können online von den Bedarfsträgern bestellt werden. Damit ist die Zeit des mühseligen Blätterns in Bestelllisten oder des Ausfüllens von komplizierten Bestellformularen und –masken für viele Produkte endgültig vorbei.

Ein großer Teil der Produkte, die Siemens heute einkauft, sind standardisierbare Güter, das heißt, es gibt eine eindeutige, marktübliche und einheitliche Beschreibung ihrer Merkmale sowie eine große Anzahl von Herstellern, die diese Produkte anbieten. Im Gegensatz zu spezifischen und komplexeren Produkten sind diese Materialien meist normierte oder gängige Standardprodukte, die dementsprechend austauschbar sind und im Regelfall nicht direkt in das Endprodukt einfließen, sondern vielmehr für den eigentlichen Herstellungsprozess, als Projektbeistellungen, den Vertrieb oder die Verwaltung benötigt werden.

Zudem haben diese standardisierbaren Produkte oftmals zwar einen geringen Einzelwert, werden aber in großer Stückzahl von vielen potenziellen Nachfragern benötigt. Beispiele hierfür sind diverse Gemeinkostenmaterialien (wie etwa Büromaterial, Möbel, Werkzeuge) oder auch Materialien wie Schmierstoffe, Verbindungselemente und verschiedene IT-Produkte. Bei den Fertigungsmaterialien wurden ebenfalls Produkte identifiziert, die standardisierbar sind. Beispiele hierfür sind Standard-Elektronikteile oder Ersatzteile.

Der Einkauf von derartigen Materialien konnte durch den Einsatz der Internet-Technologie in zweierlei Hinsicht optimiert werden: Zum einen konnten die Prozesskosten für die einzelnen Bestellvorgänge deutlich reduziert, zum anderen kann der Bündelungsgrad erhöht werden. Da der Einsatz der erwähnten Produkte relativ geschäftsunabhängig ist, das heißt sie ähnliche Eigenschaften besitzen, egal ob sie im Anlagen- oder im Konsumgütergeschäft eingesetzt werden, wird hier eine übergreifende, teils sogar überregionale Bündelung der Einkaufsaktivitäten angestrebt.

Bild 62 Materialfelder für elektronische Kataloge

Über elektronische Lieferantenkataloge können Bestellungen direkt ausgelöst und beim Lieferanten platziert werden. Der Zugang erfolgt über das Internet, wo sich der Nutzer auf dem Marktplatz anmeldet und seine gewünschte Bestellung nutzerfreundlich und schnell ausführt. Durch eine prozessoptimierte Abwicklung wird der Nutzungsgrad der mit den ausgewählten Lieferanten geschlossenen Rahmenverträge erhöht, womit die Materialkosten gesenkt werden können.

Verbindung zu konventionellen Verfahren und Technologien

Um möglichst effiziente Prozesse zu erreichen, müssen Medienbrüche im Prozessablauf vermieden werden. Im Optimalfall läuft der Prozess vollelektronisch vom ERP (Enterprise Ressource Planning)-System des Einkäufers über den Marktplatz bis ins Warenwirtschaftssystem des Lieferanten. Ob die Investition in eine Komplettintegration wirtschaftlich sinnvoll ist, hängt sowohl von den Materialien als auch der Häufigkeit der Bestellungen ab. Deshalb wurden bei *click2procure* sowohl auf Kunden- als auch Lieferantenseite verschieden tiefe Möglichkeiten zur Integration der ERP-Systeme in den Marktplatz vorgesehen.

So ist die Bestellung von Gemeinkostenmaterial in der Regel vom SAP-Bestellprozess leicht abkoppelbar, da hier keine Einzelaktivierung oder Terminvorgaben zu berücksichtigen sind. Je tiefer die Produkte jedoch mit dem Produktionsprozess verknüpft sind, desto enger muss auch die Kopplung ans SAP-System erfolgen. Hier sind dann die Disposition (Terminierung) sowie die Verbuchung des Wareneingangs wichtige Punkte bei der Definition der Anforderungen an ein katalogbasiertes Bestellsystem.

Das internet-basierte Katalogsystems von *click2procure* ist auch deutlich nutzerfreundlicher gegenüber etwa einer Bestellung in herkömmlichen Warenwirtschaftssystemen. Ein gutes Beispiel ist das Projektgeschäft: Hier ist es oftmals schwierig, ad hoc-Bedarfe bei den jeweils gültigen Vorzugslieferanten des Einkaufs zu beziehen oder gar die Bestellungen über EDI abzuwickeln. Die Bestellung über elektronische Kataloge, die über jeden beliebigen Internetzugang erreichbar sind, bietet hier einen sinnvollen Lösungsansatz.

Die Realisierung der elektronischen Kataloge

Die Realisierung der e-Catalogs auf dem Buy-Side-Marktplatz erfolgt in mehreren Stufen. Bei indirektem Material (zum Beispiel Büromaterial) handelt es sich meist um lokale Lieferanten, die eine bestimmte Region beliefern können und wo eine Implementierung der elektronischen Kataloge auch länderspezifisch erfolgen muss. So wurden beispielsweise in Deutschland, Österreich und den USA bereits insgesamt über 170 Lieferanten angeschlossen, bei denen ca. 2,5 Millionen Artikel über elektronische Kataloge auf dem Marktplatz bestellt werden können. Bei anderen Materialien, zum Beispiel IT-Komponenten oder Standardelektronik, macht eventuell eine länderübergreifende Belieferung Sinn, d.h. die entsprechenden Lieferantenkataloge müssen über die Landesgrenzen hinweg verfügbar sein. Ziel ist es aus Sicht des Marktplatzbetreibers, alle Materialfelder in allen Ländern anbieten zu können. Deshalb ist es teilweise notwendig, mehrere Lieferanten pro Materialfeld anzubinden. Aus Sicht des Kunden, der jeweiligen Einkaufsorganisation, ist es jedoch wichtig, dass den Bestellern nur ein Lieferant pro Materialfeld zur Verfügung steht. Nur so ist es möglich, die Nutzung bestehender Rahmenverträge zu verbessern und durch Reduzierung auf einen Lieferanten pro Materialfeld (Single Sourcing) die Verhandlungsposition zu stärken. Diese scheinbar widersprüchlichen Ziele können einfach durch die eingesetzte Software gelöst werden. Diese ermöglicht – sofern gewünscht - die Zuordnung bestimmter Lieferanten auf bestimmte Kunden.

Die Auswahl der Kataloglieferanten erfolgt entweder durch externe Kunden oder aber durch die SPLS-Contracting Offices. Diese regionalen und überregionalen Kompetenzzentren führen regelmäßige Marktstudien durch, verhandeln Rahmenverträge und führen regelmäßige Lieferantenbewertungen durch. So ist eine gleichbleibend hohe Qualität der Marktplatzlieferanten weltweit gesichert.

Die beteiligten Lieferanten liefern ihre Service- oder Produktdaten elektronisch aufbereitet in einem Standard-Datenformat, welches SPLS als Marktplatzbetreiber verwendet oder aber sie beauftragen SPLS mit der Aufbereitung der Katalogdaten. Der Markplatzbetreiber sorgt als Dienstleister auch dafür, dass die Katalogdaten laufend aktuell gehalten werden (Content Management).

Marktplatzfunktionen

Die Nutzung der elektronischen Kataloge auf dem Marktplatz wird durch diverse Funktionen unterstützt: Diese betreffen im Wesentlichen die Suchfunktion, den Genehmigungsprozess, den eigentlichen Bestell- und Zahlungsvorgang sowie die schon angesprochene Anbindung an die ERP-Systeme. Generell wird der Grundsatz verfolgt, die Online-Bestellung vollkommen anforderungsgerecht und zugleich mit so wenigen Einkaufsspezifika wie möglich zu versehen. Der Grund hierfür liegt darin, dass der Einkauf der erwähnten Materialien nicht ausschließlich vom professionellen Einkäufer, sondern oftmals auch von anderen Mitarbeitern, zum Beispiel Sekretariaten oder Vertriebs- und Projektmitarbeitern erfolgt.

Suchfunktionalität

Beispielsweise unterstützt eine Suchfunktionalität den Nutzer beim schnellen Auffinden der gewünschten Produkte: So kann man über die Eingabe von Begriffen, Synonymen oder taxonomischen Größen (z.B. ESN = Einkaufsschlüsselnummer) gezielt nach Artikeln suchen und erhält das Suchergebnis aufgesplittet nach möglichen Lieferanten. Die gewünschten Produkte können dann über eine Warenkorbfunktion per Mausklick einfach in den „elektronischen Einkaufswagen" platziert werden. Oftmals wiederkehrende Bedarfe (etwa Verbrauchsmaterialien) können mit Hilfe einer Bestellvorlage für zukünftige Bestellungen vorgemerkt werden.

Individuelles Nutzerprofil

Für jeden Nutzer wird vor Freischaltung auf die Kataloge ein individuelles Nutzerprofil angelegt. Hier können ihm wichtige Eigenschaften wie zum Beispiel die entsprechende Abteilungszuordnung, Kostenstelle oder auch ein maximales Bestell-Limit zugeordnet werden. Ein hinterlegter automatischer Genehmigungsprozess sorgt bei Bestellungen über dem Limit dafür, dass der angegebene Vorgesetzte eine elektronische Kopie der gewünschten Bestellung per e-Mail erhält und diese erst nach seiner Freigabe vom System weiterverarbeitet wird. Der Bestellvorgang selbst erfolgt ebenfalls vollelektronisch: Das Katalogsystem splittet die Bestellung nach den einzelnen Positionen auf und die entsprechenden Lieferanten bekommen die Bestellung vom Marktplatz elektronisch übermittelt. Ebenso kann die Zahlungsabwicklung erfolgen, das heißt, der Nutzer erhält eine elektronische Rechnung.

Durch diese Funktionen wird der Bestellvorgang sowohl deutlich erleichtert als auch beschleunigt, was wiederum die Prozesskosten reduziert. Zudem werden durch die einfachere Anwendung und die vollständige Transparenz über Beschaffungsquellen mehr Bestellungen als heute auf die ausgewählten Vorzugslieferanten konzentriert, was wiederum signifikante Materialkosteneinsparungen bedeutet.

Verschiedene Modelle der Teilnahme am Siemens BuySide Marketplace *click2procure*

Die Siemens AG befand sich seit Beginn der Implementierung von *click2procure* im Spannungsfeld zwischen eigenen Geschäftsbereichen, eigenen Regionalgesellschaften und dem externen Markt. Dabei ergaben sich unterschiedlichste Anforderungsprofile an den zu implementierenden Einkaufsmarktplatz: War in einigen Business Units wichtig, das System möglichst nahe an ein einziges oder mehrere R/3-Backends anzubinden, so besaßen die Regionen zum Teil Warenwirtschaftssysteme anderer Hersteller und wollten die Applikationen von *click2procure* nur leicht in diese integrieren. Zum anderen sollte den Regionen *click2procure* derart dargestellt werden, dass diese keines der Tools selbst betreiben müssen. Ganz im Gegensatz dazu war eine sehr nahe Integration in R/3 bei einem Geschäftsbereich in

Deutschland nur mithilfe einer bei der jeweiligen Unit betriebenen Applikation möglich.

Sehr schnell hat SPLS aus dieser Implementierungssituation heraus drei klare Modelle entwickelt, die jedem der gerade beschriebenen Szenarien und den Anforderungen externer Kunden gerecht werden:

Das Application Service Providing-Modell

Das Application Service Providing-Modell (ASP-Modell) kommt vor allem für mittelständische Unternehmen und solche Geschäftsgebiete zum Einsatz, die weder Infrastruktur betreiben, noch eine sehr starke Integration in SAP R/3-Backends benötigen. Die SPLS betreibt die notwendige Hardware- und Software-Infrastruktur in ihren Rechenzentren (München und Santa Clara, CA, USA), besorgt den First-, Second- und Third-Level-Support, leistet Trainings und stellt schließlich die Bereitstellung der Software für Ordering und/oder Sourcing sicher. Im Bereich Ordering steht das Tool „Commerce One Buy" (früher: „BuySite" oder auch „Enterprise Buyer Desktop") zur Verfügung. Vorteile dieser Applikation sind im ASP:

- Dezentrale Administrierbarkeit; der Systemadministrator kann an Einkaufsorganisationen gekoppelte Unteradministratoren bestimmen, die ihrerseits wiederum delegieren können

- Mehrsprachigkeit (bei SPLS im Einsatz: Deutsch, Englisch, Französisch, Spanisch, Portugiesisch; sehr viele andere möglich)

- Definierte, zeitnah und sicher zu implementierende Schnittstellen zu diversen Backendsystemen (SAP, JDE, Oracle, Peoplesoft; bei SPLS im Einsatz: SAP R/3 und JDE)

- Einfache Bedienung (auch durch Bedarfsträger am Arbeitsplatz)

- Sehr einfache Gestaltung auch komplexer Workflows

- Single Sign On über den Marktplatz *click2procure*

Technologisch wird das Tool „Commerce One Buy" über den XML Portal Connector (XPC) an die Transaktionsplattform („Collaborative Platform") des Marktplatzes *click2procure* angebunden. Transaktionen werden somit in der Marktplatzsprache xCBL

(„Extended Common Business Library") nach Absenden des Warenkorbes an den Marktplatz weitergegeben, der dann die Verteilung der Bestellungen an die Lieferanten übernimmt.

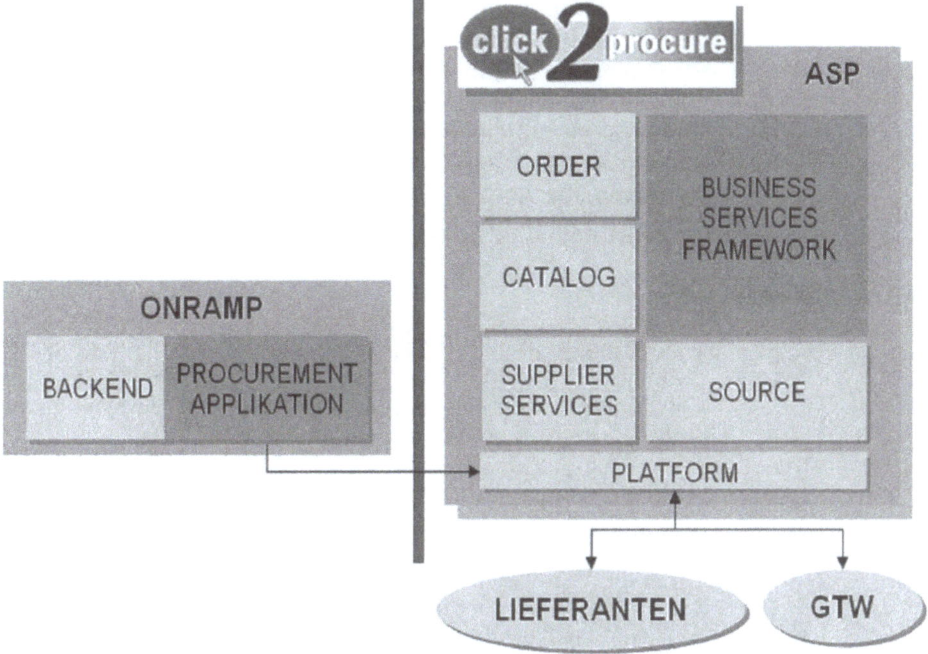

Bild 63   **Technische Anbindung von ASP und Onramp an den Marktplatz *click2procure* der Siemens AG**

Hierbei ist *click2procure* der Focus aller Lieferantenanbindungen: Nahezu alle Siemens Geschäftsgebiete sind angeschlossen, es gibt über 1.200 registrierte Lieferanten und über 130 Kataloglieferanten (Stand Juli 2002). Ebenfalls im ASP-Modus darstellbar ist das marktplatzeigene Lieferantenmodul „Supplier Service". Der Lieferant hat hier mehrere Möglichkeiten der Integration:

- Web-EDI: Der Lieferant kann mithilfe seines Browsers die ihm übermittelten Bestellungen entgegennehmen

- Message-based: Der Lieferant bekommt die Bestellungen im XML- oder Textformat zugesandt

- Full: Der Lieferant (und seine Backends) ist über einen Integrationsserver mit dem Marktplatz *click2procure* verbunden und wickelt die Bestellungen vollautomatisch ab. Hierbei werden auch Bestellbestätigungen,

-änderungen, -absagen sowie Advanced Shipping Notices und andere Dokumente unterstützt

Die eigentliche Procurement-Applikation steht im ASP-Modell in einer standardisierten Variante zur Verfügung. Zwar sind Anpassungen nicht von vornherein ausgeschlossen (wie beispielsweise ein Firmenbranding), sollten sich jedoch in einem marktplatzkompatiblen Rahmen halten. Ein Vorteil dieser Disziplin ist eindeutig das Profitieren von einer Lösung, die von mehreren Kunden getragen wird, und deren Weiterentwicklungen zeitnah zur Verfügung gestellt werden können. Ferner sind im ASP die kürzesten Roll-out-Zeiten zu realisieren.

Das On-Ramp-Modell

Das On-Ramp-Modell richtete sich anfangs vor allem an Siemens Geschäftsbereiche, die entweder bereits zu *click2procure* kompatible Systeme ihr Eigen nannten oder eine so starke Integration in ihr Backend benötigten, dass eine eigene Installation notwendig erschien. Vor allem wird das Modell jedoch vom externen Markt nachgefragt. Viele Kunden die bereits ein e-Procurement-System im Einsatz haben, wollen nun unter Wahrung der Investitionen die Vorteile eines Marktplatzes nutzen.

Kompatibel im vorgenannten Sinne sind hauptsächlich die Ordering-Systeme „Commerce One Buy" von Commerce One und „Enterprise Buyer Professional" (früher: „Business to Business Procurement") der SAP AG. Beide Systeme harmonieren mit der kollaborativen Plattform von *click2procure*.

Hierbei ergeben sich folgende Konstellationen:

- Commerce One Buy ist über XPC an den Marktplatz *click2procure* angebunden; Kataloge können sowohl lokal betrieben werden als auch vom gemeinsamen Marktplatzkatalog bezogen werden,

- Enterprise Buyer Professional ist über den „MarketSet Connector" (früher: „SAP Business Connector") an *click2procure* angebunden; Kataloge können sowohl lokal betrieben als auch vom gemeinsamen Marrktplatzkatalog über OCI bezogen werden,

- Eine dritte Applikation ist über einen Konnektor an den Marktplatz *click2procure* angebunden und hält ihre Kataloge lokal oder bezieht sie über OCI vom gemeinsamen Marktplatzkatalog auf *click2procure*.

Vorteile einer solchen Konstellation sind:

- Die Lieferantenanbindung ist auf dem Marktplatz gebündelt

- Es kann eine gemeinsame Plattform für Transaktionen genutzt werden, die dann auf das jeweilige Einkaufsverhalten untersucht werden kann

- Das Katalogmanagement kann an SPLS ausgelagert werden

- Es besteht die Möglichkeit, die Procurement Applikation in größerem Ausmaß zu customisieren

- Es besteht im Falle des „Enterprise Buyer Professional" eine sehr enge Verbindung zu SAP-Backends

Mithin einsteht ein Gleichgewicht von Gestaltungsfreiheit des Kunden und Standardisierung bezüglich der Kommunikation zum Marktplatz hin.

SPLS unterstützt den Kunden sowohl auf der Marktplatzseite bei den Thematiken des Anschlusses, als auch auf der Seite der Implementierung, die vielfach hinter den Firewalls des Kunden stattfindet. Hierbei wird vor allem auf die Kommunikation mit dem Marktplatz geachtet. Zudem werden zusammen mit dem Kunden Modelle der Zusammenarbeit entwickelt, die diesem ein profitables Betreiben seines On-Ramp-Systems erlauben.

Ist ein On-Ramp-System implementiert, so kann das Zusammenwirken mit *click2procure* verschiedene Ausprägungen haben:

- SPLS stellt Kataloginhalte zur Verfügung, welche vom Kunden verhandelt worden sind

- SPLS stellt (existierende) Kataloginhalte zur Verfügung, welche von SPLS verhandelt worden sind

- SPLS stellt die kollaborative Plattform zum Anschluss von Lieferanten, Bedarfsträgern und/oder dritten Marktplätzen zur Verfügung

- SPLS stellt im bisherigen On-Ramp-System fehlende Funktionalitäten zur Verfügung; dies kann zum Beispiel das e-Sourcing-Modul von *click2procure* sein

Der Betrieb des Procurement-Systems obliegt in allen Fallgestaltungen dem Kunden. Bleiben die Schnittstellen zum Marktplatz konstant und kompatibel, so kann der Kunde das Procurement-system ganz nach seinen Wünschen anpassen.

Das Hosted Marketplace-Modell

Das Hosted Marketplace-Modell fokussiert ausschließlich auf den Siemens-externen Markt und resultiert auf den umfassenden B2B-Erfahrungen der SPLS innerhalb von Siemens:

- Der Einkauf ist regional oder sogar weltweit verteilt

- Es herrscht ein Wirrwarr an Sprachen, das bis heute die Einführung von einheitlichen Tools verhindert hat

- Die ERP- und Backend-Landschaft ist derart diversifiziert, dass eine einheitliche Anbindung an Einkaufstools bisher gescheitert ist

- Es gibt keine Transparenz über die Beschaffung

- Es herrscht Skepsis über die mögliche Implementierung, das Hosting oder gar den Roll-out einer vielfach kosten-intensiven e-Procurement-Lösung

Aus einigen oder auch all diesen Gründen lag es für die Siemens AG nahe, die Commerce One Architektur ebenfalls für die Realisierung ganzer Marktplätze bei externen Kunden zu nutzen: Alle Module auf dem Marktplatz *click2procure* sind über den Browser erreichbar, und ebenfalls sind sie getrennt voneinander oder auch zusammen darstellbar. Mithilfe der „Dachapplikation" MarketSiteBuilder („Community Manager") kann also dem potenziellen Kunden ein virtueller eigener Marktplatz dargestellt werden, ohne dass dieser eine eigene Infrastruktur betreiben müsste.

In Verbindung mit dem Anschluss von anderen Marktplätzen kann dann dem Kunden auch der Weg zu sehr entfernten Lieferanten und Bedarfsträgern eröffnet werden.

Abgesehen von der Eröffnung neuer Kunden- und Lieferantenpotenziale wird durch den Zusammenschluss von Regionen zudem die Transparenz im Einkauf deutlich erhöht.

Kennzeichnendes Element eines solcherart „virtuellen" Marktplatzes sind zumeist Applikationen wie Ordering aus Katalogen oder auch die Nutzung von elektronischen Auktionen oder Ausschreibungen. *click2procure* stellt diese Lösungen seinen Kunden schlüsselfertig zur Verfügung. Anders als im Rahmen des ASP-Modells besteht bei dem Erstellen einer eigenen Exchange auch die Möglichkeit für den Kunden, die jeweils genutzten Applikationen nach seinen Wünschen anzupassen oder gar eigene Instanzen der jeweiligen Software bei *click2procure* hosten zu lassen.

Reicht dem Kunden dies nicht aus oder hat er bereits Elemente wie Ordering oder Auktionen im Hause bzw. im Einsatz, so erstellt die Siemens AG zusammen mit ihm ein Konzept zur Nutzung von Modulen von *click2procure*. Im Rahmen eines Business Development für den neuen Marktplatz wird dann bestimmt, wie ein gemeinsames Businessmodell unter Beachtung der gegebenen Umstände aussehen kann.

Zu den bekannten Elementen von *click2procure* können sich im Zuge dessen auch Teile des traditionellen Portfolios der SPLS mischen. Dies ist in vielen Fällen Unterstützung durch die SPLS Supply Chain Consulting (Assessments, Implementierung, Training), kann aber auch zum kompletten Outsourcing des Einkaufs an SPLS reichen. Hierfür steht dann eine 500-Mitarbeiter starke internationale Unit Procurement zur Verfügung. Ebenso leistungsfähig ist schließlich auch die SPLS Logistik, die sich in den Kundenmarktplatz mit e-Logistics-Konzepten einbinden lässt.

Vorteile dieser Konstellation sind:

- Ein schneller Start in die Welt des vernetzten e-Procurement

- Darstellung eines eigenen Marktplatzes mit allen gewünschten Features

- Volle Ausnutzung des SPLS-Leistungsportfolios

- Keine Notwendigkeit, eine eigene umfassende und teure Infrastruktur zu betreiben

- Volle Transparenz über die Beschaffung dank eigener Plattform

- Bei Bedarf volle Gestaltungsmöglichkeit

- Zusammenfassende Komponenten wie Portal und Single Sign On aller Applikationen

Zusätzliche Business Services nutzen die Plattform des Marktplatzes für den Austausch von Dokumenten. Dokumentenaustausch heißt auch die Mitbenutzung von Geschäftsdokumenten, die zum Beispiel im Rahmen des Ordering erstellt wurden. So wie Ordering und Sourcing können daher nach und nach Applikationen des Kunden eingebunden werden, sodass am Ende ein vollständiger Bezugspunkt für den Einkauf entsteht. Im Rahmen des marktplatzweiten Austausches besteht auch die Möglichkeit, auf die auf der Plattform vorhandenen Lieferantendaten zuzugreifen. So gelingt zum Beispiel die Anbindung einer Lieferantenbewertung an das Ordering. Für Business Services besteht ferner die Möglichkeit, mithilfe von „Roundtrip" eine Anbindung an externe Shopsysteme zu realisieren.

SPLS stellt für die Rechnungsverarbeitung auf einem gehoststeten Marktplatz das Modul „Clarus Settlement" zur Verfügung, welches sich aufgrund einer Schnittstelle zum marktplatzüblichen xCBL nahtlos in den Dokumentenfluss integriert. In den USA ist zudem bereits seit zwei Jahren die elektronische Rechnungsabwicklung mithilfe von Purchasingcards in *click2procure* integriert. In Zusammenarbeit mit US Bank werden hier im Ordering Sammelrechnungen für den Marktplatzkunden generiert.

Zusammenfassendes Dach und zudem Beweggrund für die Erstellung eines gehosteten Marktplatzes ist die Portalkomponente. SPLS setzt in diesem Zusammenhang auf die enge Verzahnung von Textbasiertem Content, an den Kunden anpassbarem Branding und Single Sign On (nur ein Passwort für alle Marktplatzapplikationen). Auf der Homepage des neuen Marktplatzes finden sich eine Datenbank aller angeschlossenen Handelspartner sowie verschiedene Community Services. Von hier aus können Rechte, Rollen und Sichtbarkeit für alle Marktplatzapplikationen gesteuert werden. Diese Verwaltungsfunktionen sind delegierbar; dies war insbesondere für den SPLS-internen Rollout von größter Wichtigkeit, da man die Administration von *click2procure* den eigenständigen SPLS-Regionen überlassen wollte.

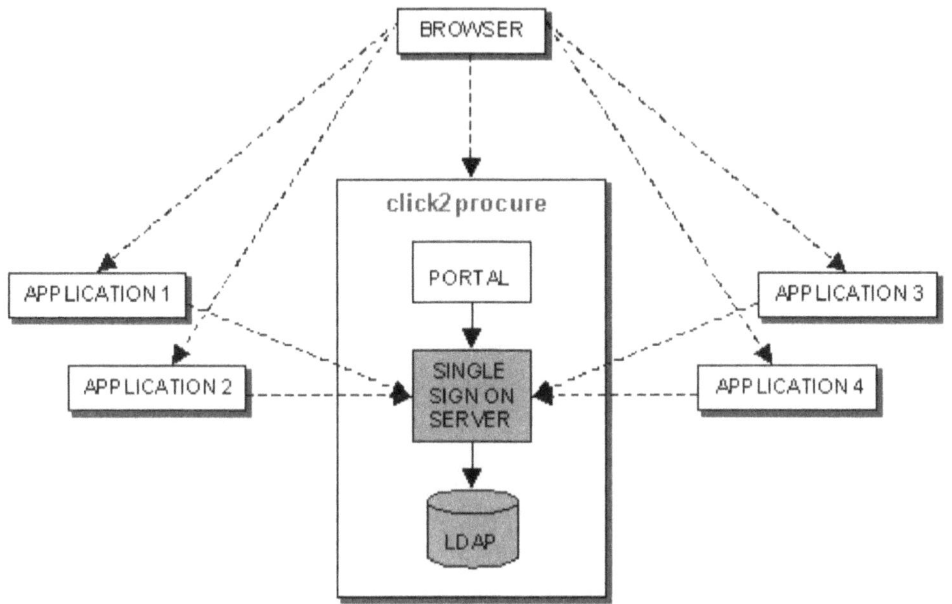

Bild 64   **Single Sign On Konzept des Marktplatzes
click2procure der Siemens AG**

Im Bereich Single Sign-on setzt SPLS auf die Integration in vorhandene Verzeichnissysteme. *click2procure* unterstützt Standards wie LDAP („Lightweight Directory Access Protocol"). Anstatt also Verzeichnisse zu duplizie ren und unter Umständen eine „Insel Marktplatz" zu schaffen, behalten alle zukünftigen User des neuen Marktplatzes ihre gewohnten Userkennungen und Passwörter, welche im Unternehmensweiten Directory hinterlegt sind. Existiert eine solche unternehmensweite Verzeichnis-Lösung nicht, so kann aber auch *click2procure* mithilfe seines eigenen LDAP-Servers die Berechtigungen für den Kunden tragen.

Der Aufbau eines Private Exchanges hat sich als strategisches aber auch komplexes Konzept erwiesen. Vielfach geht es der Unternehmung des Kunden um die Integration der bestehenden Einkaufs(-tool)-Landschaft, derart, dass auf der neuen Plattform nicht allein der Einkauf stattfinden soll. Vielmehr kann ein gehosteter Marktplatz die Kommunikation zu Handelspartnern gänzlich bündeln. Nicht zuletzt sind auf der Basis von click2procure auch EDI-Transaktionen abbildbar. Langfristig sollte es nur einen Fokuspunkt für alle Datenströme des Kunden geben, von dem aus dann seine Handelspartner angesprochen werden. Anstatt also mehrfach Punkt-zu-Punkt zu integrieren reicht eine einzige Integration in *click2procure* aus. Von diesem „Many-to-Many"-Prinzip ist die Siemens AG überzeugt.

Aus dem Siemens-Buy-Side-Marktplatz wird eine globale, umfassende Beschaffungsplattform

Nachdem SPLS in den vergangenen Monaten mit Hochdruck erfolgreich Siemens-interne Bedarfsträger und Einkäufer an den eigenen Buy-Side-Marktplatz angeschlossen hat, bietet SPLS zunehmend externen Kunden die Nutzung des Marktplatzes an.

Die internationale Ausrichtung des Marktplatzes mit Teams von Einkaufsspezialisten vor Ort stellt dabei eindeutig ein Alleinstellungsmerkmal gegenüber Wettbewerbern dar und macht *click2procure* in immer stärkeren Umfang für multinationale Unternehmen interessant. Deshalb wird auch in Zukunft weiter an der Internationaliserung von *click2procure* gearbeitet. SPLS ist seit Jahren auf allen wichtigen Beschaffungsmärkten weltweit präsent und bringt diese Erfahrung in die Weiterentwicklung des Marktplatzes ein.

Click2procure orientiert sich streng an den Bedürfnissen und Anforderungen der Einkäufer, denn er wird von Einkäufern konzipiert. Diese bringen Ihre jahrelange Erfahrung in den Marktplatz ein, und dadurch ist eine hohe Akzeptanz bei den Nutzern sichergestellt. Über den Marktplatz können Unternehmen am Einkaufs-Know-how von SPLS und der Siemens AG partizipieren.

Aus dem ursprünglichen Projektteam ist inzwischen ein eigenes Geschäftsfeld der SPLS entstanden. Aufgabe dieses Geschäftsfeldes ist es, die internationale Präsenz in Zukunft weiter auszubauen und das Angebot durch Einbindung weiterer Lieferanten und Business Services noch attraktiver zu gestalten. Aus der Kombination mit der vorhandenen Einkaufs- und Logistikkompetenz wird derzeit die nächste Generation von Business Services umgesetzt. Eine konkrete Entwicklung aus diesem Bereich ist der Aufbau eines so genannten Procurement Service Centers, das für Kunden das komplette Beschaffungsmanagement für indirektes Material übernimmt. Dieses Angebot für das Outsourcing des Einkaufs von nicht-strategischem Material basiert auf verschiedenen Lösungen des Marktplatzes *click2procure* in Verbindung mit anderen SPLS Dienstleistungen. Damit reagiert SPLS auf die steigende Nachfrage nach Outsourcing-Möglichkeiten auch im Unternehmenseinkauf. Im Vordergrund steht dabei in der Regel der Einkauf von indirektem Material, da dieser Bereich normalerweise nicht zur Kernkompetenz der Unternehmen gehört. SPLS ist weltweit in der Lage, den gesamten Source-to-Pay-Prozess abzubilden und den Kunden dabei mit innovativen Lösungen voll zu unterstützen.

12

Der mit dem Gorilla tanzt -

Bayer - engagiert in Gründung und Aufbau von ELEMICA

Henning Schwinum

Im Sommer des Jahres 2000 taten sich 22 der international größten Chemieunternehmen zusammen und gründeten gemeinsam einen elektronischen Marktplatz oder besser, ein globales, offenes Netzwerk. Schon vor der Gründung sorgte dieses Projekt einer freien, d.h. unabhängig von einem einzelnen Anbieter agierenden Chemieplattform für Aufsehen. Robert Koort und Michael Harris von der Deutschen Bank ersetzen rasch den Arbeitstitel dieses Projektes „NewCo" durch einen aussagekräftigeren Namen:„Gorilla".

Aus NewCo ist inzwischen ELEMICA (www.elemica.com) geworden, der Chemie-Gorilla als Analogie hat sich aber bis heute gehalten. Ist die Analogie korrekt, die diese beiden Analysten im Juni 2000 entwickelten? Ist sie berechtigt? Der Gorilla ist ein mächtiges Tier, welches seinen Teil des Dschungels beherrscht. Aufgrund seiner Größe und Kraft hat er in seinem Lebensraum eine Sonderstellung inne, er unterliegt aber ebenso wie alle anderen Lebewesen den Gesetzen seiner Umwelt.

Am Beispiel und aus der Sicht von Bayer (www.bayer.com) beschreibt dieser Beitrag, was die Intention der Gründungsmitglieder war, wie nahe man diesen Zielen im Laufe der ersten neun Monate gekommen ist und wie ELEMICA in die e-Business-Strategie des Gründerunternehmens passt.

Neben Bayer halten auch die Firmen Air Products and Chemicals, Atofina, BASF, BP, Stinnes-Brenntag, Celanese, ChemCentral, Ciba Specialty Chemicals, Degussa, Dow Chemical, DSM, DuPont, Millenium Chemicals, Mitsubishi Chemicals, Mitsui Chemicals, Rhodia, Rohm and Haas, Shell, Solvay, Sumitomo Chemical und Van Waters and Rogers Anteile an ELEMICA.

ELEMICA im Bayer e-Business-Konzept

Als im Frühjahr 2000 die Idee eines eigenen, gemeinsamen elektronischen Netzwerkes zum ersten Mal von Vertretern der chemischen Großindustrie diskutiert wurde, geschah dies vor dem Hintergrund einer Herausforderung: Es gab zu dieser Zeit bereits verschiedene Marktplatzinitiativen, darunter auch solche mit Beteiligung der produzierenden Industrie. Vielfach zitiert wurde beispielsweise die Bayer-Beteiligung an ChemConnect (www.chemconnect.com). Auf dieser Plattform werden Angebot und Nachfrage an chemischen Produkten zusammengeführt („Match-Making"). Zentrales Ziel dieses Marktplatzes ist es, mit Hilfe verschiedener Werkzeuge in kürzester Zeit und bei minimalem Kostenaufwand Preise und Konditionen für chemische Rohstoffe auszuhandeln, in der Regel auf einer Spot-Basis.

Andere Gründungen unter Beteiligung der Industrie, darunter auch von Bayer, etwa Omnexus (www.omnexus.com) sind auf ausgesuchte vertikale Segmente ausgerichtet, also beispielsweise auf thermoplastische Kunststoffe. Solche Initiativen haben das Ziel, die gesamten Bedürfnisse dieses Segmentes aus einer Hand zu befriedigen. Der „one-stop-shopping"-Gedanke bildet die Basis all dieser Konzepte. Zum Angebot gehören Transaktionsfunktionalitäten wie Order Entry, Order Tracking und Account Services ebenso wie technische Produktinformationen und segmentspezifische Neuigkeiten.

Weitere Neugründungen unter Bayer-Beteiligung zielen auf eine Optimierung der Beschaffungskanäle. So erschließt zum Beispiel cc-chemplorer (www.cc-chemplorer.com) als Marktplatz der chemischen Industrie für technische Produkte und Packmittel neue Potenziale im Einkaufssektor. Dies geschieht auf der Basis eines ERP-integrierten (Enterprise Resource Planning) „Electronic Catalog", der ursprünglich von Bayer selbst aufgebaut und bereits seit 1998 eingesetzt wurde. Er wird nun von Chemplorer genutzt und erweitert. Dieser elektronische Katalog erlaubt es, die Vielfalt und Komplexität der Beschaffung von MRO-Gütern (Maintenance, Repair, Operation) effizient zu organisieren und über eine Transaktionsplattform mit den Lieferanten zu verknüpfen.

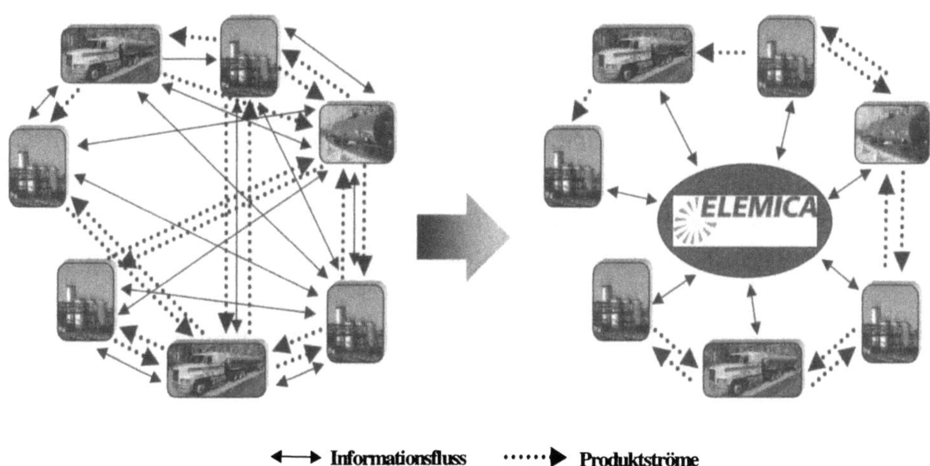

Bild 65   **Zentraler Vermittler**

Ergänzt werden solche vorwiegend auf Transaktionen ausgerichtete Marktplatzinitiativen durch Aktivitäten, deren spezifisches Ziel eine Stärkung der Partnerschaft mit dem Kunden ist. Solche unternehmenseigenen „Solution Portals" besitzen ihre besondere Berechtigung in „non commodity"-Segmenten, etwa bei technischen Thermoplasten oder Lackrohstoffen, bei Papier- oder Lederchemikalien. Die genannten Initiativen decken zusammen bereits wesentliche Prozesse ab, die in der chemischen Industrie für das Kaufen und Verkaufen eingesetzt werden. Was jedoch bis dahin fehlte, war ein Netzwerk, das spezifisch die in den Rohstofftransaktionen zwischen den Marktteilnehmern herrschenden Supply Chain-Unzulänglichkeiten adressiert, und das eine Vision realisiert, die gleichermaßen auf Standardisierung und Automatisierung beruht (Bild 65).

Damit verbunden ist die Idee eines elektronischen Verbindungsplatzes („hub"), der als Drehscheibe des Netzwerkes fungiert, ohne selbst als Anbieter oder Kunde aufzutreten. Eine solche Vision konnte nur aus der Industrie selbst heraus entwickelt und realisiert werden, die über entsprechendes Prozess-Know-how verfügt. Ihre Realisierung ist die Aufgabe der führenden Unternehmen, die ihre Führungsrolle begreifen, sie annehmen und mit einer Vision besetzen wollen.

Aus diesem Verständnis der Führungsrolle innerhalb der Industrie ergeben sich die wesentlichen Ziele, die für Bayer – ebenso wie eine Reihe anderer Gründungsinvestoren von ELEMICA – im Vordergrund standen:

- Als führende Unternehmen der chemischen Industrie die Transformation der eigenen Branche maßgeblich vorantreiben

- Die zur Effizienzsteigerung notwendige Standardisierung mitgestalten

- Durch die Beteiligung der weltgrößten Chemieunternehmen die notwendige kritische Masse und Liquidität erreichen

- e-Business-Lösungen mitgestalten, die sich an den Bedürfnissen von Käufern und Verkäufern in der chemischen Industrie orientieren

- Die Kosteneinsparungen der geschaffenen e-Business-Lösungen zum Vorteil der eigenen Industrie realisieren

- Bei der Realisierung der angestrebten Supply Chain-Optimierung zu den Vorreitern gehören

- Die zukünftige Entwicklung der Initiativen wie auch der gesamten Industrie in die eigene Hand nehmen

Gorilla.com – ein überzeugendes Geschäftsmodell

Das überzeugendste Argument für ELEMICA ist vermutlich die Einfachheit des zu Grunde liegenden Geschäftsmodells: ELEMICA dient als elektronischer „Hub", als singulärer Kontaktpunkt zur Informationsübertragung zwischen Käufer und Verkäufer bei Kontraktgeschäften.

Es ist auf den ersten Blick erstaunlich, dass eben diese Herausforderung nicht schon früher angegangen wurde, eine derartige Idee nicht bereits früher entwickelt und umgesetzt worden ist. Auf die Frage „Warum nicht?" gibt es sicherlich mehrere Antworten: Zunächst haben erst globale, immer komplexer vernetzte Geschäftsbeziehungen einen Bedarf für derartige, nachhaltige

Optimierung und Effizienzsteigerung geschaffen. Erst aus der Komplexität erwachsen umgekehrt die nicht unerheblichen Potenziale solcher Modelle. Eine mehr technische Antwort hat daneben ebenfalls ihre Berechtigung: Erst die Entwicklung des Internets in den letzten zehn Jahren – verbunden auch mit der Entwicklung und Verbreitung immer neuer und immer leistungs-fähigerer Kommunikationstechnologien – ermöglicht heute Dinge, die noch vor wenigen Jahren so nicht zu realisieren gewesen wären. Dazu gehören die Echtzeit-Übertragung großer Datenmengen, die Vernetzung von Rechnersystemen über weite Strecken hinweg und vieles mehr.

Schließlich sind entsprechende „hub"-Ideen in der jüngsten Vergangenheit durchaus auch in anderen Branchen angegangen und umgesetzt worden, so etwa in der Automobilindustrie mit ihrem Einkaufsmarktplatz Covisint (www.covisint.com).

Supply Chain Einsparungspotenzial der Industrie

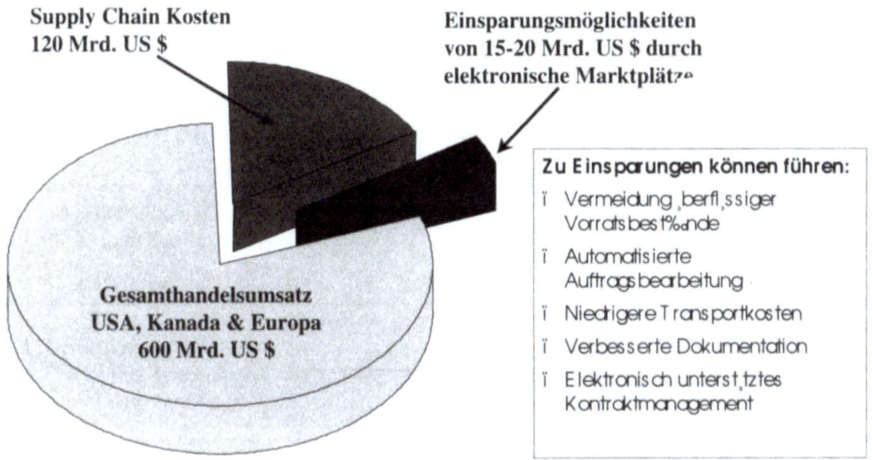

Bild 66   **Supply Chain Einsparungspotenzial der Industrie**

Die Einsparpotenziale, die durch ELEMICA erschließbar werden, sind von einer beeindruckenden Größenordnung. Allein im Bereich der Supply Chain lassen sich in den USA, Kanada und in Europa nach aktuellen Schätzungen bis zu 20 Mrd. US-Dollar an Kosten einsparen, wenn die Prozesse durch den Einsatz von e-Business optimiert werden (Bild 66). Ausschlaggebend für diese Potenziale sind vor allem die Aspekte Automatisierung und Standardisierung von Abläufen (Bild 67):

- Im Bereich des **Auftragsmanagements** werden durch Automatisierung zum Beispiel der Auftragseingabe oder allgemein des Informationsaustausches zwischen Käufer und Verkäufer die Kosten je Auftrag um bis zu 60 % reduziert.

- Integration und Konsolidierung des **Transport- und Logistik**bedarfs über viele Transaktionen einer Industrie hinweg ermöglicht Zeit- und Kostenersparnisse.

- Eine **Supply Chain-Planung** über die Unternehmensgrenze hinweg mit Lieferanten und Kunden optimiert das Umlaufvermögen: Die Umschlagshäufigkeit steigt um bis zu 20 %, die disponiblen Bestände reduzieren sich um bis zu 10 %.

- Die **Rückwärtsintegration in die ERP-Systeme** der angeschlossenen Unternehmen – ein zentrales Charakteristikum von ELEMICA – erschließt Bayer und den anderen Nutzern eine Vielzahl von Geschäftspartnern, ohne dass zunächst der kostenintensive Aufbau einer jeweils einzelnen ERP-Anbindung betrieben werden müsste.

Elemica: Zu erwartende Einsparungen aus Automatisierung und Standardisierung

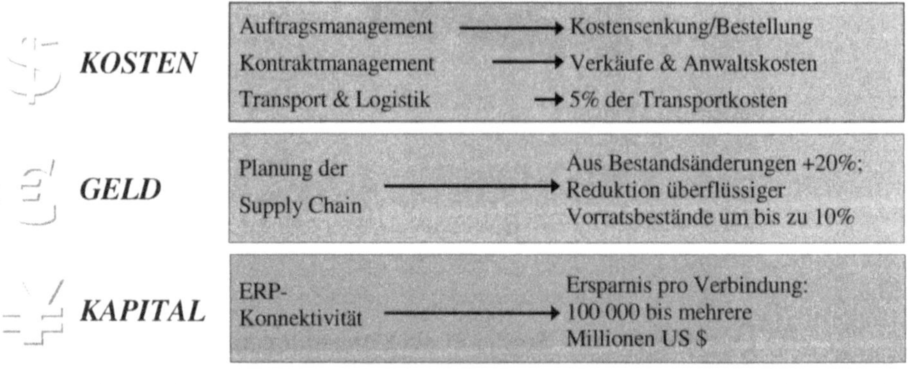

Bild 67 Zu erwartende Einsparungen aus Automatisierung und Standardisierung

Das gesamte Einsparpotenzial zu realisieren, erfordert zum einen die konsequente Nutzung des Funktionalitätsangebots von ELEMICA, zum anderen auch eine Reihe notwendiger Prozessanpassungen innerhalb des jeweiligen Unternehmens.

Es wäre falsch, in diesem Zusammenhang zu glauben, dass diese Einsparungen uneingeschränkt und langfristig als zusätzlicher Gewinn im Unternehmen verbleiben. Einsparung ist also nicht gleichbedeutend mit Gewinn.

Vielmehr gilt es, solche Einsparungen frühzeitig zu erzielen, um Teile davon zu gegebener Zeit auf der Verkaufsseite beim zweifellos entstehenden bzw. anwachsenden Preisdruck als Puffer nutzen zu können. Nur Unternehmen, die das Angebot von ELEMICA frühzeitig und umfangreich einsetzen, werden zusätzlich die Chance bekommen, ihre Profitabilität durch das Erschließen von zusätzlichem Geschäft zu verbessern.

Außerdem tritt Bayer – wie die meisten anderen Investoren dieses Projekts – gleichermaßen als Verkäufer und als Käufer bei ELEMICA auf und hat so die Möglichkeit, auf beiden Seiten gleichermaßen zu partizipieren. Dies verhindert zugleich eine zu starke Ausrichtung auf die Käufer- oder die Verkäufer-„Seite" von ELEMICA.

Ein Lösungsangebot entlang der gesamten Supply Chain

In noch einer weiteren Beziehung profitiert ELEMICA von dem Rückhalt, den das Unternehmen aus der chemischen Großindustrie erhält: ELEMICAs Leistungsangebot erstreckt sich entlang der gesamten Supply Chain. Den Kern bildet dabei die Auftragsabwicklung auf Basis von ausgehandelten Kontrakten. Dabei bezieht sich der Begriff Kontrakt auf jedes Geschäft, für das zwischen Käufer und Verkäufer mit Bezug auf einen Zeitraum feste Preise und Konditionen ausgehandelt worden sind. Nach allgemeiner Überzeugung gehören mindestens 90 % des gesamten Chemiegeschäftes zur Klasse des Kontraktgeschäfts, im Gegensatz zu nur weniger als 10 %, die als Spotgeschäfte abgewickelt werden.

Aufträge oder Abrufe gegen solche Kontrakte können – getreu dem Modell eines Informationsknotenpunktes – von Anfang bis Ende über ELEMICA abgewickelt werden: von der Auftragsplatzierung und -bestätigung über das Transportarrangement inklusive aller notwendigen Papiere, einschließlich Rechnungszustellung und Bezahlung, sowie einer begleitenden Auftragsverfolgung über die gesamte Zeitschiene hinweg.

Elemica bietet eine breite Funktionalität

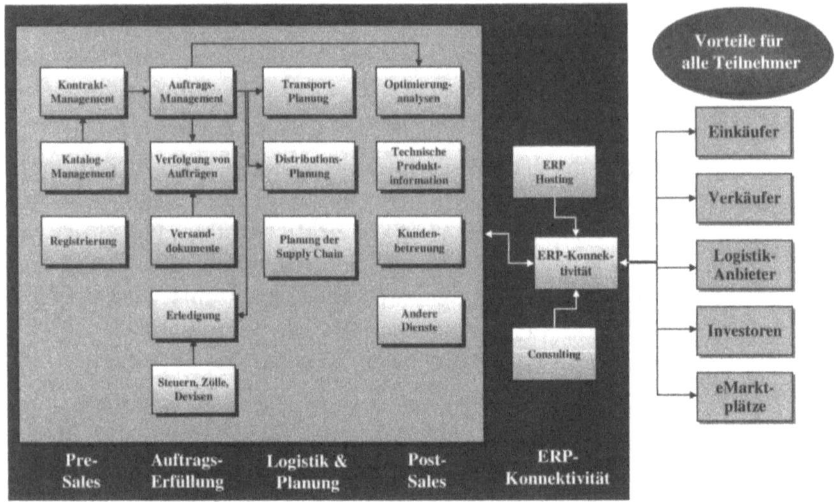

Bild 68   Funktionalität ELEMICA

Ergänzt wird diese Auftragsabwicklungs-Funktionalität durch die vor- und nachgeschaltete, zum Teil von Kunde und Lieferant gemeinsam vorgenommene Planung von Bedarf, Transport und Distribution. Weitere vor- und nachgelagerte Funktionen, etwa die Nutzerregistrierung und -zertifizierung im Vorfeld, sowie Kundenbetreuung und Optimierungsanalysen, runden dieses Angebot ab (Bild 68). Die nachfolgend in geschäftschronologischer Reihenfolge genannten Funktionen bzw. Funktionspakete werden bei ELEMICA realisiert:

- Kontrakt-Management: Hinterlegung der für die Abwicklung relevanten Vertragsdaten der Handelspartner

- Auftrags-Management: Transaktion von der Bestellung bis zur Zahlung

- Transport-Arrangement

- Auftragsverfolgung

- Dokumentation: Nationale und internationale Versanddokumente

- Zahlung: Abwicklung der Faktura

- Steuern, Zölle, Währungsumrechnung

- Transportplanung: Optimierung des Netzwerkes

- Distributionsplanung: Optimierung des Netzwerkes

- Supply Chain-Planung: Integrierte Planung mit Möglichkeit des VMI (Vendor Managed Inventory), CMI (Customer Managed Inventory)

Für Bayer wie für alle anderen Nutzer von ELEMICA gilt es, gemeinsam mit den jeweiligen Geschäftspartnern aus dem umfangreichen Angebot an Funktionalitäten für jedes Geschäft das optimale Paket zu schnüren.

Insbesondere kleinen und mittelständischen Kunden wird ELE-MICA zu diesem Zweck Standard-Abwicklungspakete anbieten, die einen reibungslosen Geschäftsablauf auch zwischen Partnern ermöglichen, deren Geschäftssysteme kaum oder gar nicht aufeinander abgestimmt sind. Diese Dienstleistungen – verbunden mit entsprechenden Serviceangeboten bis hin zum ERP-Hosting für kleinere Unternehmen – werden sich in der Zukunft zu einer Kernkompetenz von ELEMICA entwickeln.

Ein Marktplatz mit integrierter Logistiklösung

Viele der bislang aufgebauten Marktplätze sind im Bereich der Logistik unzureichend entwickelt. Es reicht langfristig nicht, lediglich Links zu unterschiedlichen Logistikdienstleistern anzubieten. ELEMICA tritt hier mit einer Lösung an, die eine Transaktion auf dem Marktplatz um das logistische Fulfillment verlängert bzw. beide Funktionspakete miteinander verknüpft und integriert (Bild 69).

Elemica: Die standardisierte Industrie-Lösung

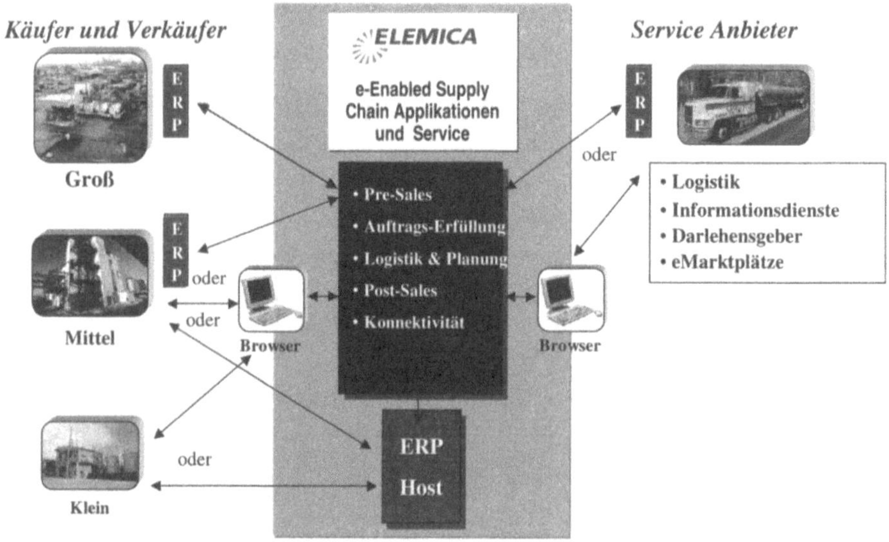

Bild 69   ELEMICA: Die standardisierte Industrie-Lösung

Ebenfalls integriert werden hierbei die Partner auf der anderen Seite der Schnittstelle, die Logistikdienstleister für die chemische Industrie. Damit schließt sich eine derzeit noch bestehende Lücke, und ELEMICA wird endgültig zum umfassenden elektronischen Kontaktpunkt für die Informationsvermittlung zwischen Käufer, Verkäufer und Dienstleister. Das Unternehmen übernimmt damit eine zentrale Aufgabe, die heute in der Regel noch lokal innerhalb der einzelnen Unternehmen wahrgenommen und optimiert wird.

Der Wert dieser industrieübergreifenden Logistiklösung von ELEMICA liegt besonders in folgenden Bereichen:

- Sich ergänzende Fahrtrouten bzw. Lieferregionen sorgen für eine bessere Auslastung der Transportkapazitäten und somit für niedrigere Kosten.

- Ebenfalls kostensenkend wirkt sich die Möglichkeit aus, den Logistikpartnern über ELEMICA eine zentrale und standardisierte Anbindung an viele Unternehmen der chemischen Industrie anbieten zu können.

- Bestehende Logistikströme und Distributionsstrukturen können übergreifend analysiert und optimiert werden.

- Ein umfassendes Chemie-orientiertes Logistikangebot birgt für die beteiligten Unternehmen zusätzliche Möglichkeiten zum Outsourcing einzelner, derzeit noch interner Funktionen auf Basis der dann bereits vorhandenen ERP-Anbindung.

- Audits von Dienstleistern im Logistikbereich werden standardisiert und können von ELEMICA für alle Mitgliedsunternehmen durchgeführt werden.

Nicht nur die Anbieter und die Käufer der Produkte, sondern auch die beteiligten Dienstleister werden also in das „Win-Win"-Paket von ELEMICA eingeschlossen. So sollen denn auch Transportkosten nicht dadurch reduziert werden, dass die Bündelung von Nachfragemacht lediglich auf die Transportpreise drückt. Das Kostensenkungspotenzial ergibt sich vielmehr aus einer besseren Nutzung der vorhandenen Ressourcen und aus der gesteigerten Effizienz der Prozesse.

Die ERP-Anbindung als Herzstück der Problemlösung

ELEMICA stellt sich in der technischen Anbindung auf Unternehmen der unterschiedlichsten Größen und technischen Ausstattungen ein. Für Bayer als Großunternehmen war hierbei insbesondere die von Anfang an vorgesehene ERP-Anbindung an den Marktplatz von Interesse.

Viele der bislang aktiven Marktplätze bieten lediglich die Anbindung über eine Browser-Oberfläche. Das bedeutet jedoch, dass alle Daten über eine manuelle Schnittstelle – sprich: von Hand – eingegeben werden müssen: mit entsprechender Fehleranfälligkeit, mit hohem Arbeits- und Zeitaufwand. Häufig stellt diese Art der Transaktionsabwicklung zudem eine Aufgabenverlagerung vom Lieferanten an den Kunden dar. Wesentliche Einsparpotenziale liegen in der Automatisierung dieser manuellen Vorgänge, verbunden mit einer Reduzierung der Fehlerrate und einer Steigerung der Kundenzufriedenheit.

Um derartige ERP-Anbindungen zu realisieren, ist auf Seiten jedes Nutzers zweifellos erheblicher Aufwand zu leisten. So wird der Aufbau der dafür notwendigen e-Business-Architektur erforderlich. Den Kern einer solchen Architektur bildet ein Enterprise Application Integrator (EAI), welcher die Verbindung zwischen den ERP-Systemen und dem Gateway ins Internet bildet. Dieses EAI-Tool ist – geeignet aufgesetzt – universell nutzbar, so zum Beispiel auch für die Anbindung anderer Internet-basierter Anwendungen, etwa unternehmenseigener Portale. Auch dies setzt natürlich eine hinreichende Standardisierung von Architektur und Funktionalität voraus.

Derartige Standards, etwa die Chem eStandards™ des Chemical Industry Data Exchange (www.cidx.org) zu nutzen kann sogar dann sinnvoll sein, wenn im Einzelfall Daten zweimal konvertiert werden müssten, einmal auf Anbieter- und einmal auf Kundenseite. Denn bei der Vielfalt unterschiedlicher System-Implementationen, die heute schon innerhalb eines einzelnen Unternehmens zu finden sind, ist es nicht sicher, dass sich „gleiche" Systeme auch wirklich verstehen. Auch hier wird ELEMICA ein Toolkit von Komponenten anbieten, um die Entwicklung weiterer derartiger Anbindungen zu vereinfachen.

Seit der Gründung: Projektablauf und Erfolgsfaktoren

Im Verlaufe des Projektes ELEMICA galt es, zwei offensichtlich widersprüchliche Prinzipien auf einer Zeitachse zu vereinen. Neben den Punkten Liquidität und Datensicherheit liegt in der Neutralität der Schlüssel zum Erfolg. Daher wurde bereits in den Gründungsverträgen festgelegt, dass kein einzelnes Gründungsunternehmen mehr als 7,5 % am Eigenkapital von ELEMICA hält. Ebenso ist vorgesehen, dass der Anteil der Investoren an der Gesamtzahl der Vorstandspositionen in Zukunft auf unter 50 % sinkt.

ELEMICA ist ein Netzwerk „von der Industrie für die Industrie". Um das hierzu notwendige Know-how zu aggregieren, wurden von allen 22 Investoren so genannte Secondees benannt, die – vorübergehend für einige Monate an das junge Unternehmen ausgeliehen – zu Beginn der Aktivitäten die überwiegende Zahl der ELEMICA-Mitarbeiter ausmachten. Vor dem Hintergrund ihrer jeweiligen Erfahrung wurden sie in eine Teamstruktur integriert und wirkten am Aufbau der entsprechenden Funktionalitäten mit. Mit Augenmerk auf die Neutralität des Netzwerkes wurden diese Secondees bis zum Beginn der eigentlichen Transaktionsaktivität durch feste ELEMICA-Mitarbeiter ersetzt.

Standardisierung ist bereits verschiedentlich in diesem Beitrag als besonders bedeutsam erwähnt worden. Sie ist eine Säule des Wertschöpfungsmodells von ELEMICA. An der Entwicklung und Etablierung derartiger Standards arbeiten nicht nur viele der Investoren von ELEMICA aktiv mit, auch ELEMICA als eigenständiges Unternehmen hat sich bereits sehr früh im Chemical Industry Data Exchange bei der Entwicklung der Chem eStandards™ engagiert. Damit ist es nicht verwunderlich, dass dieser offene Standard nun die primäre Basis für die ERP-Anbindung zwischen ELEMICA und seinen Nutzern darstellt.

Auch wenn schon Anfang Januar 2001, etwa ein halbes Jahr nach der Gründung, die ersten – damals noch browserbasierten – Transaktionen abgewickelt wurden, bleibt auch jetzt noch viel zu tun. Die verschiedenen Funktionalitäten aus dem Bereich Marktplatz und e-4PL™ wurden von ELEMICA im Laufe des Jahres 2001 realisiert. Dabei orientierte sich die Schrittfolge der Implementierung sowohl an der Komplexität der angestrebten Lösung als auch an den durch Investoren und weitere, zukünftige ELEMICA-Kunden vorgegebenen Prioritäten.

Entscheidend für den langfristigen Erfolg von ELEMICA ist nicht nur die technisch einwandfreie Umsetzung aller geplanten Funktionalitäten. Insbesondere aufgrund des auf Integration setzenden Geschäftsmodells ist eine enge An- und Einbindung in die Prozesse und Systeme von möglichst vielen Unternehmen notwendig, um auf lange Sicht attraktive und damit erfolgreiche Lösungen anbieten zu können.

Aus Sicht von Bayer lässt sich dies noch etwas konkreter formulieren: In einem ersten Transaktions-Piloten mit einem Partner aus dem Kreise der Investoren hat Bayer zunächst alle Prozesse und Systeme im Zusammenhang mit diesen neuen Marktplatzaktivitäten einem Praxistest unterzogen. Das schloss sowohl Prozessschritte bei ELEMICA als auch solche bei Bayer und seinem Geschäftspartner ein. Danach konnte und kann diese bestehende Integration bzw. Anbindung von ELEMICA in die Bayer-eigenen ERP-Systeme auch für jeden weiteren Geschäftspartner genutzt werden, der ebenfalls das ELEMICA-Netzwerk nutzt. Solche Geschäftspartner stammten zunächst aus dem Kreise der 22 Investoren.

Es liegt jedoch im Interesse sowohl von Bayer als auch von ELEMICA, dass sich dieser Kreis zügig um andere Kunden und Lieferanten erweitert. So ist die Anzahl der an ELEMICA angeschlossenen Unternehmen im Verlaufe des 2. Quartals 2002 auf über 40 angewachsen, mit weiter steigender Tendenz. Der Grund dafür ist einfach: Genau wie für ELEMICA gilt auch für Bayer, dass ein bestimmtes Transaktionsvolumen erforderlich ist, damit durch den Einsatz des neuen Transaktionsweges deutliche Einsparpotenziale realisiert werden können.

ELEMICA – ein Baustein in Bayers e-Business-Strategie

ELEMICA ist ein wichtiger Baustein in der e-Business-Strategie von Bayer. Diese Strategie stützt sich auf die Nutzung aller attraktiven e-Business-Lösungen, die der Markt bietet, auf maßgeschneidert entwickelte eigene Transaktions- und Informationsportale, aber eben auch auf die unternehmensübergreifende Zusammenarbeit mit Geschäftspartnern auf neutralen Marktplätzen.

Bayers e-Business-Vision besteht darin, mit Hilfe des Internets, durch Integration mit Geschäftspartnern sowie den Aufbau und die Nutzung von Netzwerken seine Kundenorientierung weiter zu steigern. Dabei gilt es, neue Fähigkeiten zu entwickeln, neue Vertriebs- und Informationskanäle zu nutzen, um so auf der vorhandenen „brick and mortar"-Basis den Unternehmenswert zu steigern. Hier wird es in Zukunft verstärkt darauf ankommen, gemeinsam mit dem jeweiligen Geschäftspartner den hier optimalen Transaktionskanal auszuwählen. Je nach Anforderungen können dies zum Beispiel unternehmenseigene Portale, unabhängige Marktplätze oder traditionelle Kanäle sein, aber eben auch ELEMICA als elektronischer Hub. Aus der Sicht von Bayer ist dann die richtige Auswahl ebenso wichtig wie die Integration aller Kanäle in ein Customer Relationship Management (CRM)-System.

Im Konzert der neuen Möglichkeiten spielen Industrie-Konsortien wie ELEMICA als (rückwärts-)integrierte Netzwerke somit eine wichtige Rolle. Dazu kommt noch ein weiterer Aspekt: Nicht in jedem e-Business-Projekt arbeitet Bayer mit 21 Partnern zusammen, um ein gemeinsames Ziel zu erreichen. Um so spannender haben sich daher die vergangenen Monate gestaltet – der Tanz mit dem Gorilla. Und der Tanz ist noch lange nicht zu Ende.

13

WestLB-Marketplace
– Eine Rundum-Lösung für den Einkaufsprozess

Patrick Stöhr, Holger Fiederling

Die WestEK Westdeutsche Einkaufskoordination GmbH beschloss Ende 2000, die eigene Rolle als Einkaufsdienstleister stärker zu forcieren. Um der Rolle des Zentraleinkaufs für den Konzern der Westdeutschen Landesbank Girozentrale (WestLB), aber auch dem Engagement auf dem Drittkundenmarkt gerecht zu werden, ging das Unternehmen den konsequenten Schritt und implementierte eine umfassende e-Procurement-Lösung. Im Zusammenspiel der e-Procurement-Lösung mit weiteren Applikationen realisierte die WestEK den eigenen Anspruch, den Prozess eines ganzheitlichen Beschaffungsmanagements elektronisch abzubilden. Bindeglied sämtlicher Lösungen ist der elektronische Marktplatz: WestLB-Marketplace.

Die eingesetzten und auf dem Marktplatz integrierten Lösungen unterstützen sowohl den Sourcing- als auch den Buying-Zyklus. Dies umfasst elektronische Lösungen zum Content-Management-Prozess und zur Bereitstellung der Kataloge ebenso wie ein Tool für Ausschreibungen und Auktionen. Insbesondere die Ausschreibungslösung berücksichtigt sämtliche Anforderungen und kann sowohl für industrielle als auch für öffentliche Ausschreibungen eingesetzt werden.

Anhand verschiedener Modelle offeriert die WestEK den Geschäftspartnern ein breites Spektrum. Die Modelle reichen von einem Händlermodell, indem die WestEK die Rolle des Einkaufsdienstleisters übernimmt, bis zum Betreibermodell, indem die WestEK die technische Plattform als ASP-Lösung zur Verfügung stellt. Die höchste Prozesseffizienz bietet sich allerdings bei einer Mischung der beiden Modelle. Innerhalb der Modelle bietet die WestEK skalierbare und flexible Integrationsgrade zum Kunden und Lieferanten an. Diese ermöglichen schnelle Anbindungen und können sukzessive erweitert werden.

Durch die Umsetzung dieser Lösung gelang es der WestEK, die Marktstellung als professioneller Einkaufsdienstleister weiter zu stärken. Zusätzlich zum Unternehmen mit Einkaufs-Know-how positioniert sich die WestEK nun auch als kompetenter Anbieter moderner elektronischer Beschaffungslösungen.

In der Rolle des Zentraleinkaufs für den WestLB-Konzern konnte die WestEK die geplanten 18% Einsparungen erzielen.

Die Ergebnisse des Projektes kreierten und berechtigten die WestEK zum neuen Motto: „Die Rundum-Lösung für den Beschaffungsprozess – WestLB-Marketplace"

Historie – Von der Einkaufsabteilung zum e-Procurement-orientierten Einkaufsdienstleister

Bereits Anfang der 90er Jahre erkennt die Westdeutsche Landesbank Girozentrale (WestLB) die Notwendigkeit zur Veränderung der Beschaffungs-Prozesse. Dezentrale Beschaffung steht im Widerspruch zu einer durch Bündelung erreichbaren Kostensenkung. Innerhalb eines Jahres werden daraufhin sämtliche Beschaffungsaktivitäten zentralisiert. Im Jahre 1995 geht die WestLB einen nächsten Schritt, den Einkaufsprozess weiter zu verschlanken. In einem Outsourcingprojekt wird der zentralisierte Einkauf in ein selbstständiges Tochter-unternehmen ausgegliedert. Kernaufgabe stellt der Zentraleinkauf mit konzern-weitem Beschaffungsmandat dar. Unter dem Namen WestEK Westdeutsche Einkaufskoordination GmbH firmiert dieses Unternehmen. Als selbstständiges Unternehmen geht die WestEK den konsequenten Schritt und weitet den Tätigkeitsradius aktiv auf den Drittmarkt aus, indem Einkaufsdienstleistungen für dritte Unternehmen angeboten werden. Im November 2000 startet das Projekt eWest. Zielsetzung ist die konsequente Optimierung durch die elektronische Abbildung des Beschaffungsprozesses.

Fokus – e-Procurement als integraler Bestandteil eines modernen Beschaffungsmanagements

Nach Auffassung der WestEK erfordert erfolgreiches Beschaffen einen ganzheitlichen Ansatz. Aus diesem Grund ist das Thema e-Procurement nur ein, wenn auch relevanter, Bestandteil für ein erfolgreiches Beschaffungsmanagement. Die WestEK verbindet im Projekt eWest sämtliche Anforderungen an eine moderne und zukunftsorientierte Beschaffung. Zur elektronischen Abbildung des Beschaffungsprozesses gehören neben dem reinen workflow-gestützten Bedarfsmeldevorgang ebenso Themen wie Lieferantenintegration, Content-Management, Ausschreibungen oder die Bereitstellung strukturierter elektronischer Kataloge. Bei der Realisierung der e-Procurement-Lösung ist daher die Integration mit sämtlichen Lösungen für ein umfassendes Beschaffungsmanagement das entscheidende Kriterium. Das Bindeglied hierfür stellt ein internetbasierter Marktplatz, der *WestLB-Marketplace*, dar. Der Marktplatz ist die zentrale Drehscheibe und verbindet die einzelnen Applikationen für die ganzheitliche Beschaffung. Mittels des Marktplatzes offeriert die WestEK zwei grundsätzliche Modelle. Während die WestEK im Händler- oder Dienstleistungs-modell das eigene Know-how als e-fähiger Einkaufsdienstleister sowohl an den eigenen Konzern als auch an Drittkunden offeriert, stellt sie im Betreibermodell die technische Lösung für Drittkunden nebst Consulting Services zur Verfügung. Durch die Nutzung eines Händlermodells entsteht auch für Kunden mit kleineren Einkaufsvolumina die Möglichkeit bessere Konditionen zu erlangen.

Ferner ist die Abbildung flexibler Anbindungsmodelle in beiden offerierten Modellen bei der Durchführung des Projektes von besonderer Bedeutung. Dies gilt sowohl für die Lieferanten- als auch für die Kundenseite. Auf der Kundenseite besteht die Wahl zwischen einem integrierten, selbst betriebenen Procurementsystem, basierend auf der SAP Enterprise Buyer Professional--Lösung, und einer durch die WestEK gehosteten Lösung, die auf der CommerceOne BuySite basiert. Auch lieferantenseitig stehen verschiedene Integrationsmodelle zur Auswahl, die beim Download einer Supply Order beginnen und bei einer vollständigen API-Integration enden.

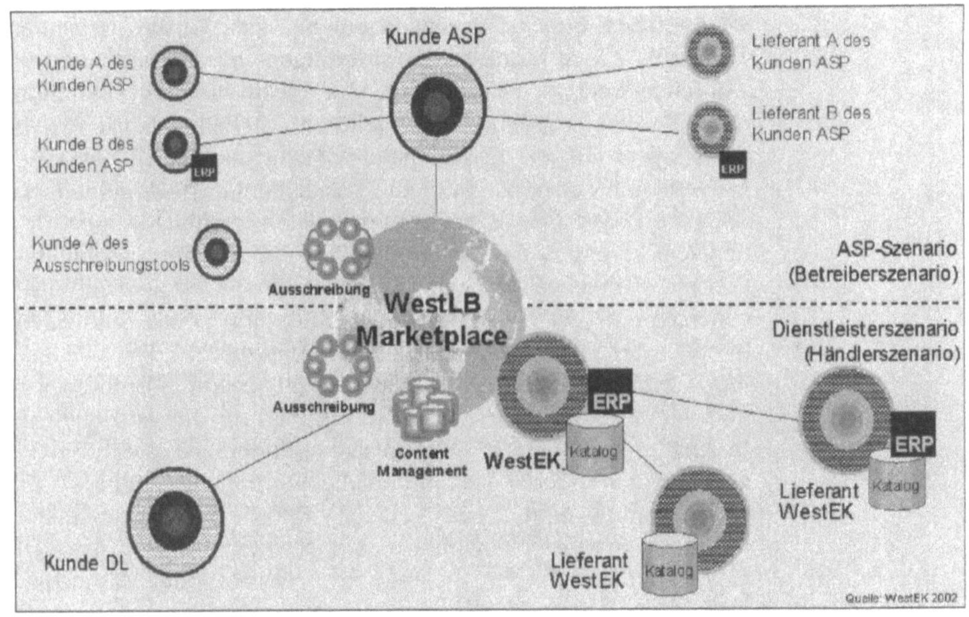

Bild 70   WestLB-Marketplace im Händler- und Betreibermodell

Weitere Flexibilität hinsichtlich eines ganzheitlichen Beschaffungsmanagements bilden die Module für Ausschreibungen sowie für das Content Management. Durch die Abbildung sehr flexibler Module in individuell gestaltbaren Modellen gelingt es der WestEK, den sehr innovativen Ansatz eines durchgängigen, elektronisch abgebildeten Beschaffungsmanagements zu realisieren.

Umsetzung - Ein prozessseitiger Ansatz

Im Einklang mit der e-Business-Strategie des WestLB-Konzerns erarbeitete die WestEK ein Konzept zur Errichtung eines elektronischen, internetbasierten Handelsportals und die Einführung der dazugehörigen e-Procurement-Lösung (elektronische Bestellabwicklung) zur Erreichung folgender Ziele:

(a) Ausbau der WestEK-Position als zentraler Einkaufsstelle innerhalb des WestLB-Konzerns und der Sparkassenorganisation, inklusive Prozesskosten-Sicht

(b) Gewinnung zusätzlicher Kunden im Drittmarkt außerhalb der Sparkassenorganisation, insbesondere im industriellen und kommunalen Umfeld

(c) Optimierung der Beschaffungs- und Zahlungsvorgänge durch Senkung der Prozesskosten und -zeiten

Im wesentlichen unterscheidet die WestEK beim ganzheitlichen Beschaffungsansatz zwischen zwei Zyklen, dem Sourcing und dem Buying. Dieser grundlegende Ansatz wurde während des gesamten Projektes berücksichtigt und findet sich auch in den umgesetzten Lösungen wieder.

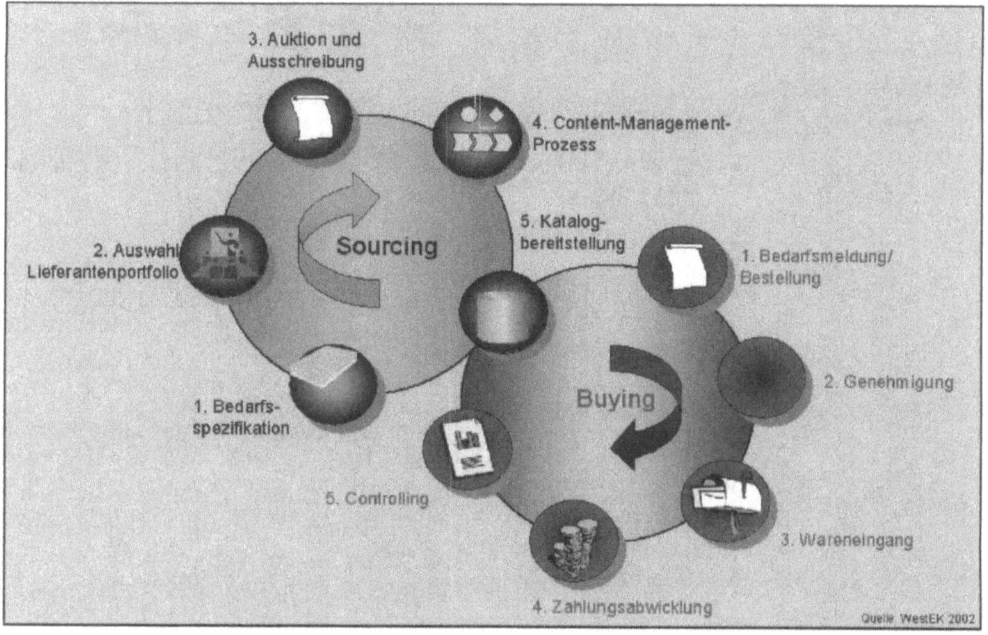

Bild 71   **Zusammenspiel zwischen dem Sourcing- und dem Buyingprozess**

Sourcing

Die Sourcing-Dienstleistung der WestEK umfasst gegenüber dem allgemeinen Usus sämtliche Schritte von der Bedarfsspezifikation bis hin zur Bereitstellung der elektronischen Kataloge. Die fertigen Kataloge beinhalten ein abgestimmtes und definiertes Portfolio mit zugeordneten Lieferanten und verhandelten Rahmenkonditionen.

Bedarfsspezifikation

Vor Implementierung der e-Procurement-Lösung und Bereitstellung der elektronischen Kataloge existierten innerhalb der WestEK keine einheitlichen Systeme und Kataloge. Die auf Lotus Notes basierenden Kataloge im Intranet bestanden aus manuell eingepflegten Katalogdaten ohne Online-Bestell- oder Update-Funktion. Idealtypischerweise wurde das gewünschte Produkt auf Basis einer Papierbedarfsmeldung bei einem definierten Kostenstellenverantwortlichen (= Genehmiger) bestellt. Aufgrund der mangelnden Transparenz und Automatisierung der Prozesse gab es neben der beschriebenen Möglichkeit de facto jedoch noch andere Wege zum Lieferanten: per Fax, Telefon oder e-Mail.

Diese Ausgangssituation impliziert zahlreiche Mängel:

- zeitaufwendiges und arbeitsintensives Update der existierenden Kataloge

- redundante Datenpflege

- keine elektronische Integration der Kataloge (weder bei der WestEK noch bei Lieferanten), dadurch keine elektronische Bestellung bzw. Integration der Lieferanten

- stark papierlastiger und zeitintensiver Prozess

Die geplante Implementierung sollte einerseits die aufgezeigten Mängel beheben sowie andererseits die Prozesse so weit wie möglich automatisieren, straffen, optimieren und für mögliche Drittkundenanbindungen vorbereiten. Vor allem die hohen Anforderungen seitens der Drittkunden bedingen neben der Automatisierung auch die Berücksichtigung von Sicherheitsaspekten sowie die Sicherstellung einer gleichbleibend hohen Performance des Systems.

Eine entsprechende Analyse der bestehenden Kataloge ergab, dass nur ca. 25% der Produktpalette auch tatsächlich bestellt wurde. Dies erforderte eine Reduktion der Produktvielfalt und damit eine Optimierung des Lieferanten- und Produktportfolios. Im Ergebnis wurde das existierende Produktportfolio um ca. drei viertel des ursprünglichen Sortiments bereinigt.

Auswahl Lieferantenportfolio

Wie eingangs beschrieben, existierte aufgrund der Vielzahl an Bestell-möglichkeiten außerhalb des definierten Bestellprozesses

(Maverick-Buying) eine unübersichtliche Zahl an Lieferanten. Der Bestellprozess sowie die Rechnungs-abwicklung war intransparent und inhomogen.

Zur Optimierung der Produktpalette und Bündelung der Bedarfe war zunächst die Notwendigkeit zur Konsolidierung der Lieferantenzahl gegeben. Nur mit einer übersichtlichen Zahl an Lieferanten ist es möglich, optimale Konditionen auszuhandeln.

Zunächst mussten geeignete Lieferanten identifiziert werden und ein Abgleich mit WestEK-seitigen Anforderungen bzgl. des Produktportfolios (s.o. „Bedarfsspezifikation") vorgenommen werden.

Die Rekrutierung von Lieferanten erfolgte nicht nur hinsichtlich interner Kriterien (für die WestEK/WestLB wichtige Kunden), sondern auch vor dem Hintergrund der Bereitstellung der e-Procurement-Lösung für Drittkunden. „Attraktivität" und „mögliche Relevanz" für (Neu-)Kunden waren hier die Kriterien. Des weiteren wurde die e-Fähigkeit bzw. e-Bereitschaft der Lieferanten überprüft, um eine Anbindung an den Marktplatz sicher zu stellen.

Die Lieferantenbeurteilung erfolgte anhand eines schematisierten Ablaufverfahrens, das speziell auf die Anforderungen der WestEK sowie Drittkunden abgestimmt wurde. Im Einzelnen wurden folgende Punkte schrittweise abgearbeitet:

(a) Warengruppen-/Aufgabenanalyse

(b) Priorisierung

(c) Anbindung/Integration (vgl. Content-Management-Prozess)

Durch ein frühes Einbeziehen der Lieferanten in die Planungsprozesse konnte eine schnelle Umsetzung der Anbindungs- und Integrationsprozesse möglich gemacht werden.

Im Ergebnis ist eine Bereitstellung folgender technischer Anbindungsmöglichkeiten von Lieferanten an den Marktplatz durch die WestEK möglich:

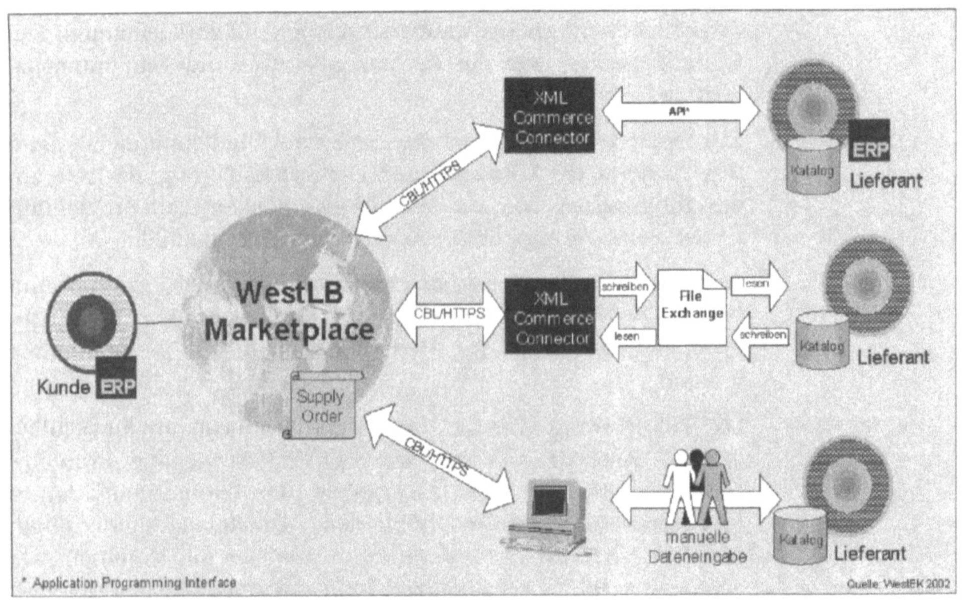

Bild 72   **Varianten der lieferantenseitigen Anbindung**

Auktion und Ausschreibung

Die Möglichkeiten zur Durchführung von Ausschreibungen und Auktionen seitens der WestEK waren vor Implementierung der Lösung zwar bereits vorhanden, allerdings ohne die Möglichkeit zur Bereitstellung der Applikation für Drittkunden.

Die vorhandenen Ausschreibungen basierten auf zeitintensiven papierbasierten Prozessen, die nicht automatisiert waren. Um die Prozesse zu verkürzen und die Userfreundlichkeit zu erhöhen, war die Notwendigkeit zur Automatisierung der Ausschreibungen und Optimierung der Prozesse gegeben.

Ziel der Aktivitäten war die Implementierung einer Lösung, die sowohl auf die Bedarfe der WestLB als auch auf die Bedarfe von Drittkunden (Händler- und Bertreibermodell) abzielte.

Weiterhin wurde nach einer Lösung gesucht, mit der vergaberechtskonforme Ausschreibungen durchgeführt werden können. Dadurch bestand die Möglichkeit zu einer echten Abgrenzung zu anderen Marktteilnehmern, die diese Option bis dato größtenteils nicht anbieten können. In diesem Zusammenhang bietet die WestEK zwei Modelle. Zum einen können die Kunden beim gesamten Ausschreibungs-Prozess auf die WestEK als Dienstleister zurückgreifen und zum anderen durch Nutzung der webbasierten Ausschreibungsplattform eigenständig elektronisch ausschreiben und an Auktionen teilnehmen (ASP/Betreibermodell).

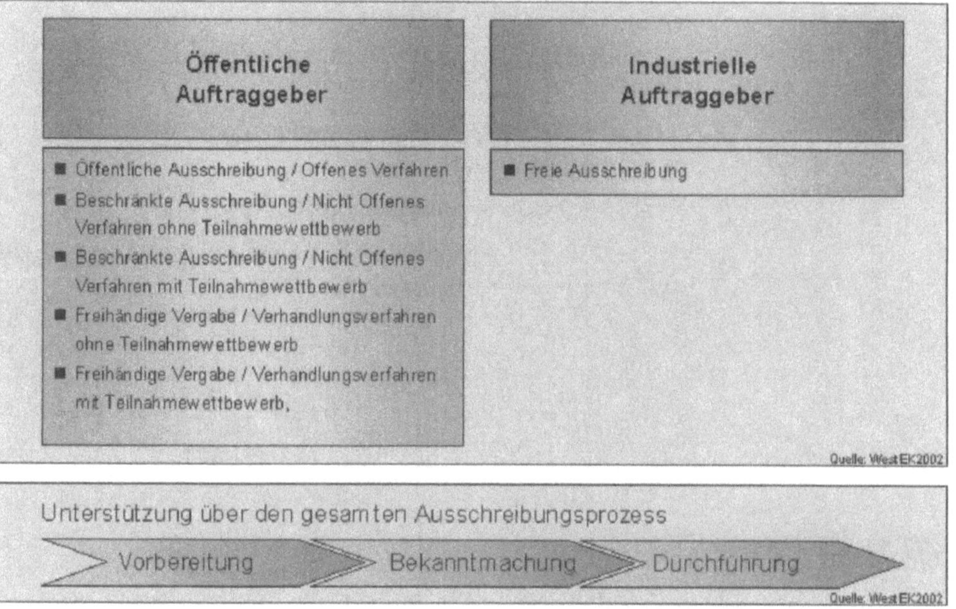

Bild 73   Varianten unterstützter Ausschreibungen

Im Ergebnis eines umfangreichen Ausschreibungsverfahrens stellte sich die Softwarelösung der Healy Hudson AG als überzeugendste Variante für die Belange des Marktplatzes heraus. Die Software unterstützt die relevanten Vergabevarianten für die industriellen und gleichwohl die öffentlichen Auftraggeber. Ebenso ermöglicht die gewählte Lösung den Betrieb über die WestEK als Dienstleister sowie den Self-Service im ASP-Modell.

Die Bedienung erfolgt internetbasiert über Browser, die Anforderungen an die Systeme der Kunden sind gering, dadurch ergibt sich eine hohe Anwenderfreundlichkeit.

Durch die Applikation wurde eine Standardisierung der Prozesse herbeigeführt, und folgende Vorteile wurden realisiert:

- Kostenreduktion durch bessere Konditionen

- Schnelligkeit durch fest definierten Zeitraum der Ausschreibung/Auktion
- Höhere Transparenz des Beschaffungsprozesses
- Erschließung neuer Beschaffungsquellen
- Standardisierung der Prozesse
- Wiederverwertbarkeit durch Archivfunktion für einzelne Bausteine einer Ausschreibung
- Versachlichung der Einkaufsentscheidung (Fairness/Neutralität)
- Fehlervermeidung durch Automation

Der erste Anwendungsfall der Ausschreibungslösung war eine WestEK-interne Pilotausschreibung für Kopierpapier im ersten Quartal 2002, an der sieben ausgewählte Lieferanten teilgenommen haben. Gegenläufig zu weltmarktbedingten Preisschwankungen in diesem Bereich und entgegen der Erwartungen konnte ein niedrigerer Preis erzielt werden. Drei Ausschreibungszyklen wurden hierbei durchlaufen. Im Ergebnis konnte der Preis bei verlängertem Zahlungsziel um 14 % gesenkt werden.

Content-Management-Prozess

Eine Bestandsanalyse vor Implementierung der Marktplatzlösung ergab, dass es seitens der WestEK keinen einheitlichen Prozess zur Pflege der Daten in den unterschiedlichen Katalogen gab. Durch mangelnde Automation (z.B. Fehlen einer Auto-Update-Funktion) mussten Daten manuell gepflegt werden, so dass eine aufwendige Stammdatenpflege nötig war, wenn die Inhalte aktuell gehalten werden sollten.

Das vorhandene Katalog-System war unstrukturiert, neben einer Vielzahl an „Papierkatalogen" existierten Lotus-Notes-basierte Kataloge im Intranet. Redundanzen in der Datenpflege waren die Folge.

Die Ziele der Aktivitäten lassen sich wie folgt formulieren:

- Standardisierung der Systeme (Kataloge in einheitlichem Format hinterlegt in einheitlichen Systemen)
- Standardisierung und Definition von Prozessen (z.B. zur Stammdatenpflege)

- Automatisierung der Prozesse

- Elektronische Bereitstellung von qualitativ hochwertigen Katalogdaten im Rahmen des Bestellsystems

  → durch automatische Verarbeitung der Lieferantendaten

  → durch Abbildung der Katalogdaten/Kataloge in EBP/EBD

  → durch Möglichkeit der Replizierung bestandsgeführter Daten in SAP MM-Backend

  → durch Klassifizierung (UN/SPSC)

Durch die notwendige Teilung in die Front-End-Module EBP (WestEK/WestLB) und EBD (Drittkunden) gestaltete sich der Auswahlprozess für die geeignete Katalog- und Content-Software schwierig. Gesucht wurde eine Lösung, mit der ein Zugriff aller Marktplatzteilnehmer auf Kataloge in einem gemeinsamen Tool möglich ist. Die meisten in Erwägung gezogenen Anbieter erfüllten die Kriterien der WestEK nicht. Die SAP-Standardsoftware konnte lediglich für das interne EBP-System nutzbar gemacht werden, die über EBD angebundenen Kunden mussten auf einen separaten, in EBD integrierten Katalog zurückgreifen. Diese Lösung wurde mangels echter Alternativen interimsmäßig genutzt, obwohl dadurch die von den Lieferanten übermittelten Daten doppelt eingespielt werden mussten. Die alternative Lösung der WestEK-seitigen Implementierung des weniger aufwendigen EBD kam insofern nicht in Betracht, als bestandsgeführte Daten aus EBD nicht in das SAP-Backend repliziert werden konnten.

Nach einem gründlichen Auswahlprozess wird derzeit die Lösung eines führenden Anbieters einer Katalogsoftware sowie eines Content Management-Tools implementiert, die den gemeinsamen Zugriff auf eine Katalogumgebung ermöglicht.

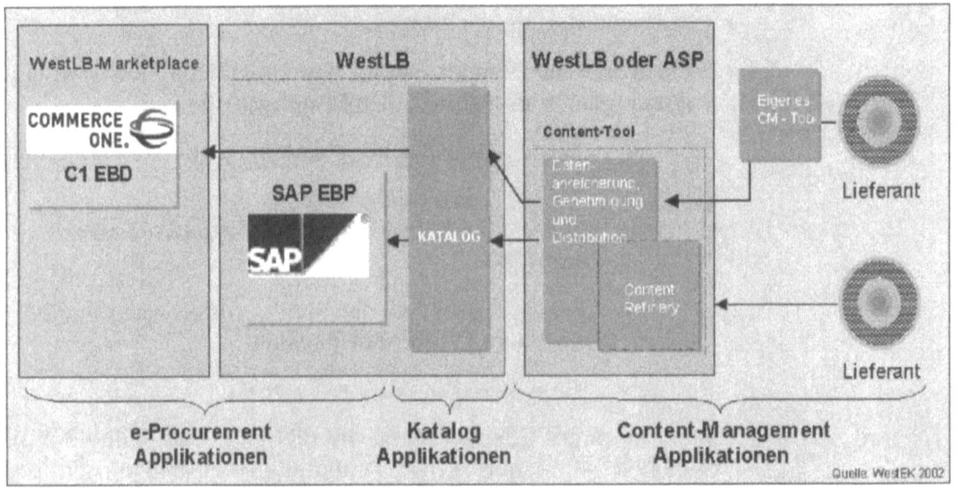

Bild 74　　　　**Darstellung des Content-Management-Prozesses**

Diese Lösung verringert die oben aufgeführten Probleme. Die Vorteile der neuen Katalogsoftware lassen sich wie folgt charakterisieren:

- Zugriff auf einen gemeinsamen Katalog

- Vereinheitlichung der Systemlandschaften

- keine redundante Datenhaltung

- Kompatibel zu vielen Dateiformaten, Bündelung, Aufbereitung und Bereitstellung der Daten für den Katalog

Katalogbereitstellung

Die Bereitstellung der elektronischen Kataloge hat zum Ziel, die anfangs dargestellten ursprünglichen Bedarfsspezifikationen der WestEK zu decken sowie Drittkundenbedarfe zu befriedigen.

Die Bereitstellung erfolgt integriert in eine übersichtliche und userfreundliche Benutzerumgebung (EBP/EBD). Die Abgrenzung der Kataloge erfolgt gemäß sinnvoller, auf die Bedarfe der User gerichteter Kriterien. Ausführliche Produktbeschreibungen und – spezifikationen dienen der besseren Identifizierung der Produkte.

Buying

Der zweite Zyklus im Beschaffungsansatz der WestEK ist der des Buyings. Hier wird der Prozess von der Bedarfsmeldung über die Genehmigung, die Buchung des Wareneingangs, die Zahlungsabwicklung bis hin zum Controlling subsumiert. Unterschieden werden muss im Buying-Zyklus zwischen dem Händlermodell, indem sich die WestEK als Einkaufsdienstleister positioniert, und dem Betreibermodell, in dem sie die technische Plattform zur Verfügung stellt. Aus Sicht der WestEK bietet sich für den Geschäftspartner der WestEK allerdings die größte Prozesseffizienz-Steigerung, wenn beide Modelle parallel betrieben werden.

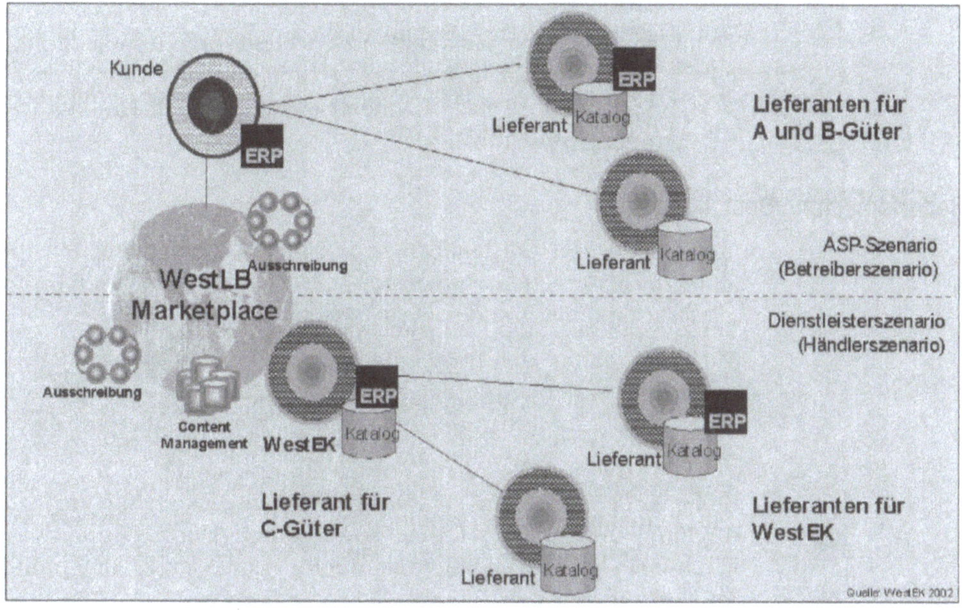

Bild 75   Kunde im Händler- und Betreibermodell

Händlermodell

Im Händlermodell wird die Nachfrage gebündelt. Die WestEK fungiert als zentraler Ansprechpartner bzgl. der einzelnen Lieferanten. Als ganzheitlicher Anbieter stellt die WestEK ihren Kunden Dienstleistungspakete zur Optimierung und Vereinfachung ihrer Beschaffungsprozesse zur Verfügung. Für angebundene Kunden ergibt sich somit die Möglichkeit, von ausgehandelten Konditionen zu profitieren, ohne eigenes Lieferanten-/Katalogmanagement betreiben zu müssen. Die Geschäftspartner der WestEK haben so die Möglichkeit, die neuste Technologie zu nutzen, ohne umfangreiche Investitionen tätigen zu müssen.

Die Bestellungen angebundener Kunden im Händlermodell erfolgen über das EBD-Front-. Die Lieferung erfolgt direkt an den Kunden, die Rechnungsabwicklung erfolgt über den Marktplatz.

Maklermodell

Das Maklermodell stellt einen Spezialfall zum Händlermodell dar. Die WestEK fungiert als Makler für die WestLB. Die zugrunde liegende Systemumgebung sowie die Applikationen unterscheiden sich jedoch nicht vom Händlermodell.

Nachfolgend werden – exemplarisch am Beispiel des Maklermodells – die Funktionalitäten des Händlermodells beschrieben. WestLB-spezifische Details können bei Bedarf auch Drittkunden zur Verfügung gestellt werden.

Bedarfsmeldung/Bestellung

Ausgehend von umständlichen, manuellen, uneinheitlichen und papierbasierten Bestellprozessen bestand akuter Handlungsbedarf zur Optimierung des Bestellsystems.

Ziel war daher die Implementierung einer elektronischen Lösung, die es dem Anforderer ermöglicht, bei verkürzter Prozesszeit seine Arbeitsabläufe zu vereinfachen. Zu diesem Zweck wurde die SAP-Standard-Beschaffungslösung EBP 2.0c implementiert und um zahlreiche Eigenentwicklungen ergänzt. Mit Einrichtung einer Hotline sowie durch Durchführung von Schulungen (CBT-Trainings) wird eine umfassende Betreuung der User sichergestellt.

Im Ergebnis können Bestellungen vollautomatisch verarbeitet werden. Bestellungen unterhalb eines Betrages von 400 (Ausnahme: Warengruppen Handys und OI-Produkte) werden direkt in das SAP-Backend übertragen, Bestellungen über 400 müssen durch einen jeweils der Kostenstelle zugewiesenen Default-Genehmiger freigegeben werden. Durch diese Genehmigungsfreigrenze konnte eine merkliche Verschlankung des Bestellprozesses erzielt werden. Durch die Möglichkeit des Controllings der Bestellungen (vgl. Abschnitt 0 Controlling) kann durch die Auswertung der Kostenstellenreports Revisionssicherheit gewährleistet werden.

Durch die Möglichkeit zur Freitextbestellung sind sowohl Bestellungen über angebundene als auch über nicht angebundene Lieferanten möglich. Die dadurch generierte Flexibilität kann z.B. bei Sonderangeboten nicht angebundener Lieferanten genutzt werden.

Die Implementierung des EBP-Bestellsystems eliminiert nachweislich die Zahl der über Maverick-Buying (Produkte, die nicht richtlinienkonform bestellt werden) bezogenen Produkte

Eine weitere Optimierung des Systems wurde durch folgende Eigenentwicklungen vorgenommen:

- Voreinstellungsmaske:

  Die Voreinstellungsmaske ist eine vor den Einkaufsprozess geschaltete Eingabemaske, die dem User zu Beginn des Einkaufsvorganges die Möglichkeit bietet, Voreinstellungen bzgl. der Lieferadresse, Kostenstelle, des Genehmigers u.a. Daten vorzunehmen und diese abzuspeichern. Dadurch entfällt die Eingabe dieser Daten für den einzelnen Bestellvorgang.

- Identifikator

  Die Identifikator-Funktion ordnet jeder Bestellung auf Artikelebene eindeutig einen Besteller zu. Die EBP-Standardversion unterstützt lediglich die Zuordnung von Einkaufskörben (mit optional mehr als einem Artikel) zu Bestellern. Durch diese Funktion wird dem Umstand Genüge getan, dass ein gleichzeitig bestelltes Bündel von Artikeln zu unterschiedlichen Zeitpunkten geliefert wird. Eine Anforderung kann während des gesamten Prozesses über alle Systeme eindeutig zugeordnet werden.

- Vertreterregelung

  Für den Anforderer wurde die Möglichkeit geschaffen, Vertreter einzurichten, d.h. Personen zu definieren, die von ihm angelegte Einkaufskörbe einsehen und ändern sowie für ihn Wareneingänge bestätigen können. Zur Unterstützung im Fehlerfall ist es außerdem dem Systemadministrator möglich, die Einkaufskörbe aller Mitarbeiter einzusehen.

  Im Bereich „Meine Einstellungen" wurde ein zusätzlicher Reiter für die Vertreterregelung angelegt. Hier kann jeder Anforderer eine beliebige Anzahl von Vertretern dauerhaft bestimmen. Voraussetzung für die Durchführung der Vertretung ist, dass der Vertreter einen EBP-Zugriff sowie dieselben Rechte (Katalogsichten) wie der Vertretene besitzt.

Eine zeitliche Einschränkung dieser Funktion ist nicht vorgesehen. Um eine Vertretung aufzuheben, wird die betreffende Person vom Vertretenen aus der Vertreterliste gelöscht. Sollte ein Vertretungsberechtigter selbst Vertreter für sich eingesetzt haben, so haben diese keine Einsicht und keine Änderungsrechte für Warenkörbe des erst zu vertretenden Mitarbeiters (keine „Drittvertretung").

Genehmigung

Der ursprüngliche Genehmigungsprozess war umständlich, vielfach wurde die Genehmigung durch nicht richtlinienkonforme Bestellungen umgangen. Einigen Bestellungen konnten aufgrund mangelhafter Prozesse keine eindeutigen Genehmiger zugeordnet werden.

Folgende Ziele wurden mit dem elektronischen Genehmigungsprozess im Rahmen der EBP-Gesamtimplementierung verfolgt:

- eindeutige Zuordnung von Genehmigern zu Kostenstellen

- Erhöhung der Genehmigungsfreigrenze auf den Betrag von 400 EURO

- Gewährleistung von Revisionssicherheit

Das Ergebnis ist ein klar definierter Genehmigungsprozess mit exakter Zuordnungsmöglichkeit von Genehmigern zu Kostenstellen. Für den Anforderer existiert die Möglichkeit, einen abweichenden Genehmiger einzugeben (z.B. bei Urlaub des Default-Genehmigers). Durch die Integration eines WestEK-internen Access-basierten Systems ist die notwendige technische Prüfung für OI-Produkte automatisiert in den Prozess eingebunden. Dies ermöglicht einen vollelektronischen Genehmigungsworkflow, der mit Bestellung der entsprechenden Produkte startet und mit der Abgabe der Daten an den Business-Connector des Marktplatzes endet.

Grundsätzlich sind mit Ausnahme der Warengruppen „Handys" und „OI-Produkte" alle Bestellungen unter 400 genehmigungsfrei. Für alle anderen Bestellungen existiert ein klar definierter Genehmigungsworkflow mit den Modellen:

- Genehmigung des kompletten Einkaufskorbes

    → Genehmigte Einkaufspositionen werden direkt weiterverarbeitet

- Ablehnung des kompletten Einkaufskorbes

    → Erfasser akzeptiert Ablehnung: Beendigung des Beschaffungsprozesses

    → Erfasser überarbeitet Einkaufskorb: Neustart des Genehmigungsworkflows

- Teilgenehmigung des Einkaufskorbes

    → Erfasser akzeptiert Ablehnung: Genehmigte Positionen werden bestellt

    → Erfasser überarbeitet Einkaufskorb: Neustart des Genehmigungsworkflows

Der Genehmigungsprozess der nachfolgenden kaufmännischen Prüfung erfolgt analog zu oben dargestellten Modellen.

Wareneingang/Zahlungsabwicklung

Die Ausgangssituation der Zahlungsabwicklung und Wareneingangsverbuchung der WestEK war durch folgende Mängel gekennzeichnet:

- Teilweise keine eindeutige Zuordnung von Rechnungen zu Lieferscheinen möglich

- Teilweise keine Lieferscheine vorhanden

- Durch zentrale Wareneingangsverbuchung teilweise hoher Zeitverlust bis zur Rechnungsbegleichung (Skontoverlust)

- Keine Automatisierung

Die Notwendigkeit, die bestehenden Zahlungsabwicklungsprozesse zu standardisieren und zu vereinfachen, war gegeben. Es wurde eine Konzeption zur Realisierung der Rechnungsabwicklung über den Marktplatz erstellt. Als Lösung zur Ausnutzung von Skonti und anderen an die zeitnahe Rechnungsbegleichung gebundenen Sonderkonditionen wurde die Wareneingangsverbuchung über EBP dezentralisiert.

Der implementierte Prozess zur Standardisierung der Rechnungs-abwicklung sieht die automatische Rechnungserfassung, -prüfung und –verbuchung vor. Die derzeitig vollintegrierte Rechnungs-abwicklung mit einem Pilotlieferanten beinhaltet die API-Anbindung sowie den Transfer der Bestelldaten direkt in das Lieferanten-Backend. Die Rechnungserzeugung seitens des Lieferanten erfolgt komplett automatisiert mit digital signierten Dokumenten, die über den Marktplatz geroutet werden. Im Vergleich zu dem vorherigen papierbasierten Prozess ergibt sich eine Zeitersparnis von rund 80%. Ein weiterer Vorteil dieses Prozesses ist die Konformität zu steuergesetzlichen Regelungen. Die WestEK gehört zu den ersten fünf Unternehmen, die beim Düsseldorfer Finanzamt die Genehmigung eines derartigen Prozesses beantragt haben.

Controlling

Ausgehend von manuell gesteuerten Controlling-Prozessen, die teilweise fehlerhafte und intransparente Ergebnisse lieferten, lag der Fokus hinsichtlich der neuen Genehmigungsfreigrenze auf der Entwicklung eines automatisierten Prozesses zur Kontrolle der Bestellungen einerseits und der Erhöhung der Transparenz des Bestellprozesses andererseits.

Die Funktion des Kostenstellenreports im EBP ist eine Eigenent-wicklung der WestEK. Kostenstellenverantwortlichen soll damit die Möglichkeit gegeben werden, auszuwerten, was per EBP auf welche ihrer Kostenstellen beschafft und von wem die entspre-chenden Einkaufskörbe erfasst und freigegeben wurden.

Die Informationen des Kostenstellenreports dienen auch dazu, eventuelle Missbräuche bzw. Fehlkontierungen bei der Beschaf-fung aufzudecken und damit einzuschränken. Die Daten werden auch aktualisiert, wenn die Bestellung im Backend angepasst wird (z.B. bei einer Preisänderung). Die Funktion „Kostenstellen-report" hat einige Zusatzfeatures, wie z.B. der Export nach Microsoft Excel oder eine ABC-Analyse. Der User hat außerdem die Möglichkeit, die Auswertung so zu konfigurieren, dass nur die ihn interessierenden Informationen angezeigt werden. Durch den Kostenstellenreport wird die Revisionssicherheit gewährleis-tet.

Ein weiteres Instrument, insbesondere zum Controlling von Freitextbestellungen, stellt der Portfolio-Review-Board-Prozess dar. In diesem werden die technischen Artikel einer IT-Prüfung unterzogen, um sicherzustellen, dass die Produkte miteinander kompatibel sind. Hier besteht die Möglichkeit zur Standardisierung und Integration häufig bestellter Freitextartikel in das bestehende Sortiment.

Betreibermodell

Anders als im Händlermodell, bei dem die WestEK als Mittler zwischen Angebot und Nachfrage fungiert, erfolgt im Betreibermodell die Nutzung des Marktplatzes als Handelsplattform. Der Kunde im ASP-Modell hat hier die Möglichkeit, seine eigenen Geschäftspartner, sowohl Lieferanten als auch Kunden, an den Marktplatz anzubinden. Auch hier bieten die verschiedenen Integrationspartner leicht skalierbare und flexible Lösungen an. Dies umfasst analog zum Händlermodell sämtliche Software-Lösungen einer ganzheitlichen elektronischen Abbildung des Beschaffungsprozesses.

Ergebnis – Innovation durch ganzheitliches Beschaffungsmanagement

Der interne Erfolgsbemessungsgrad des Projektes bestand aus dem Vergleich der herkömmlichen Prozesse zu den elektronisch Abgebildeten. Die Bemessungen ergaben im Schnitt Zeitreduktionen von 45 %. Bei einzelnen Produktgruppen wurde die Durchlaufzeit um über 50 % reduziert. Der Zeitaufwand einer Büromaterial-Beschaffung konnte beispielsweise von 36 min auf 17 min verkürzt werden. Das entspricht einer Zeitersparnis von 19 min, sprich 53 %. Aufgrund der errechneten Zeitersparnisse gelang es der WestEK, die freigewordenen Personalkapazitäten zu quantifizieren. Allein für die Warengruppe Büroprodukte können so bei der WestLB vier Vollzeitarbeitskräfte eingespart werden. Das entspricht einer Einsparung von 408.000 pro Jahr.

Insgesamt bedeutet die implementierte Beschaffungslösung für die WestLB als dem ersten Kunden ein durch die Reduzierung der Prozesskosten sowie der Einkaufspreise realisierbares Einsparpotenzial in Höhe von nahezu 10 Millionen pro Jahr. Das entspricht einem nachgewiesenen Einsparpotenzial von ca. 18 %.

Des weiteren ermöglichen die realisierten Modelle ein flexibles Angebot, insbesondere auch für das Engagement am Drittmarkt. Mittels des WestLB-Marketplace als Integrationsplattform der einzelnen Beschaffungsaspekte wird die WestEK das Drittmarktgeschäft forcieren und sich weiter als professioneller Einkaufsdienstleister am Markt positionieren. Den Erfolg betätigen zahlreiche Kundenprojekte. Zu nennen sind hier insbesondere die Pilotprojekte im kommunalen Umfeld mit den Städten Köln und Wuppertal.

One-stop-Procurement: Effiziente Beschaffung über trimondo.com

Dieter Gritschke

Die Unternehmenshistorie von trimondo ist vergleichsweise kurz, sie entspricht dem mittlerweile häufiger vorkommenden Modell „Old Economy trifft New Economy". trimondo.com ist das Marktplatz-Produkt der trimondo GmbH, einem Joint venture von Lufthansa AirPlus und Deutsche Post e-Business. Beide Muttergesellschaften sind zu jeweils 50% beteiligt. Gegründet wurde die GmbH zum 01.08.2001.

Vorausgegangen war ein Partnerauswahlprozess der Deutschen Post e-Business. Sie suchte sowohl ein e-Procurement-System zur eigenen Nutzung, als auch einen strategischen Einstieg in den eigenen Betrieb von B2B-Marktplätzen (analog zu evita im B2C-Bereich). Parallel startete ein Suchprozess der Lufthansa AirPlus nach einem Logistikpartner zur Erweiterung des Produktportfolios. Der erste Kontakt fand im März 2000 statt, die Verhandlungen führten zur Unterzeichnung des Joint venture-Vertrags im Mai 2001 und wurden durch die offizielle Aufnahme des Geschäftsbetriebes im August 2001 finalisiert.

Entwicklung und Übersicht des trimondo Marktplatzes

Produktportfolio

Das heutige Angebot von trimondo basiert auf dem Produktportfolio eines komplementären Geschäftsfeldes der Lufthansa AirPlus, das sich seit 1996 mit dem betrieblichen Einkauf beschäftigte. Abgeleitet vom Grundgedanken der Lufthansa AirPlus-Produkte in ihrem Kerngeschäft Business Travel Management – der Reduzierung von Prozesskosten – war die Intention ein System zu schaffen, das es auch dem Einkaufsbereich von Unternehmen ermöglicht, substanziell Prozesskosten zu reduzieren. Anstoß hierzu gab zunächst die Erkenntnis, dass bedingt durch

Kostensenkungsprogramme in den Unternehmen und Druck auf die Lieferanten, die Stückpreise der Artikel bereits so stark gedrückt wurden, dass bei einer reinen Einstandspreis-Betrachtung kaum noch weitere Kostensenkungspotenziale bestehen. Dem gegenüber zeigen Untersuchungen, dass im Bereich der sog. C-Materialien noch hohe Optimierungsmöglichkeiten bei den Beschaffungsprozessen bestehen. Folgende Grafik zeigt das Ungleichgewicht zwischen dem Volumen der sog. C-Materialien und den damit verbundenen Beschaffungsvorgängen, der Lieferantenanzahl und der Artikelanzahl. Demnach machen C-Artikel nur 5% des Gesamtvolumens im betrieblichen Einkauf aus, verursachen jedoch 60% der Beschaffungsvorgänge, binden 75% der Lieferanten und entsprechen 85% der gesamten Artikel.

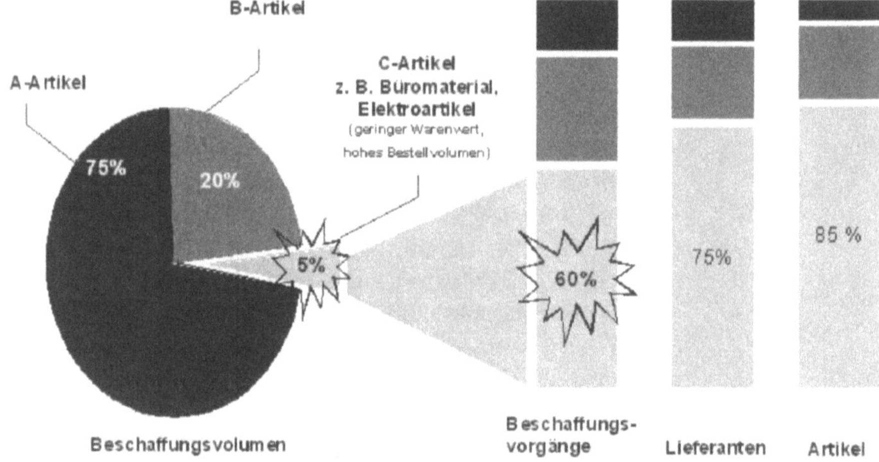

Bild 76   Beschaffungsvolumen vs. Beschaffungsvorgänge

Hier zeigt sich die Hebelwirkung, die eine Reduzierung der Prozesskosten auf die Beschaffungskosten hat. Gelingt es, die Prozesskosten signifikant zu reduzieren, sinken die TCO (Total Cost of Ownership) des Einkaufs erheblich. Vor diesem Hintergrund war es eindeutiges Ziel, sich mit Dienstleistungen zur Prozesskostenoptimierung im Einkauf zu platzieren.

Der erste Schritt war 1997 die Einführung der Lufthansa AirPlus PurchaseCard®, basierend auf Know-how und Infrastruktur aus dem Kerngeschäftsfeld Business Travel Management. Die Karte stellt eine Zahlungsoption auf Basis einer Kreditkarte dar, die jedoch in einem geschlossenen System zwischen einkaufenden Unternehmen und deren Lieferanten eingesetzt wird. Mit dieser Karte autorisieren Unternehmen ausgewählte Mitarbeiter zum Einkauf (z.B. von Büromaterial) bei vorher festgelegten Lieferanten. Wesentlicher Aspekt dabei ist einerseits die Dezentralisierung der Beschaffungsstrukturen bei gleichzeitiger zentraler Kontrolle, da einzelne Bedarfsträger unter Angabe der ihnen zugeordneten Kartennummer direkt beim Lieferanten bestellen können. Andererseits die konsolidierte Sammelrechnung die der Kartenemittent ausstellt und die alle Umsätze bei allen angeschlossenen Lieferanten beinhaltet. Diese vom Finanzamt anerkannte Rechnung mit separatem Ausweis der MwSt. auszustellen ist durch die Übernahme des sog. „echten Factorings" durch den Kartenemittenten möglich. Es bedeutet den Abkauf der Forderungen des Lieferanten gegenüber dem Besteller.

Die Karte wurde umgehend ergänzt durch ProMIS, ein excelbasiertes Tool zur Analyse der abgerechneten Umsätze, welches das Einkaufs-Controlling wesentlich erleichtert. ProMIS wurde anschließend durch die web-basierte Version ProMISonline komplettiert, die mehr für die kurzfristige Analyse durch die Bedarfsträger konzipiert ist.

Kundenfeedback, Marktbeobachtung und Projekte mit Unternehmensberatern führten zum logischen nächsten Schritt, auch den eigentlichen Bestellvorgang durch ein System zu unterstützen. So wurde 1998 ProNet als internet-basierte Beschaffungsplattform realisiert. Hiermit wird ein gehostetes System im ASP-Modus (Application Service Provider) zur Verfügung gestellt, mit dem einkaufende Unternehmen aus einem individuell für sie zusammengestellten Multilieferantenkatalog bestellen können. ProNet stellt dabei als neutrale Plattform die Funktion eines Intermediärs dar und übernimmt selbst keinerlei Handelsfunktionen. Die einkaufenden Unternehmen bestimmen selbst die Auswahl der Lieferanten. Sie können bereits existierende Rahmenvereinbarungen mit ihren bekannten Lieferanten ins System übernehmen oder mit für sie neuen, aber bereits in ProNet integrierten Lieferanten neue Kontrakte schließen. Die Purchase-Card und ProMIS können als optionale Dienstleistungen ergänzt werden. ProNet ist noch heute das Herzstück des trimondo-Marktplatzes. Dieses Marktplatzangebot wird sukzessive mit ergänzenden Software-Lösungen erweitert. Beispielsweise der

Artikel-Manager für die Lieferantenseite, ein Tool mit dem elektronische Kataloge erstellt werden können, eine wesentliche Hilfe für Lieferanten die bis dato noch nicht „e-ready" sind.

Um die Abdeckung der Beschaffungsprozesskette zu komplettieren wurde schließlich eine Logistiklösung gesucht. Durch das Joint Venture mit der Deutschen Post ist es gelungen, ein komplettes Angebot von prozessunterstützenden Modulen für den betrieblichen Einkauf bereitzustellen. Von der Bestellung über die Auslieferung und Bezahlung, bis hin zur Auswertung kann im Sinne eines „One-stop-procurement" mit trimondo als zentralem Dienstleister die komplette Beschaffungsprozesskette abgedeckt werden. Consulting-Dienstleistungen für den Einkauf runden das Bild ab. In seiner heutigen Form beinhaltet der Marktplatz die folgenden Services:

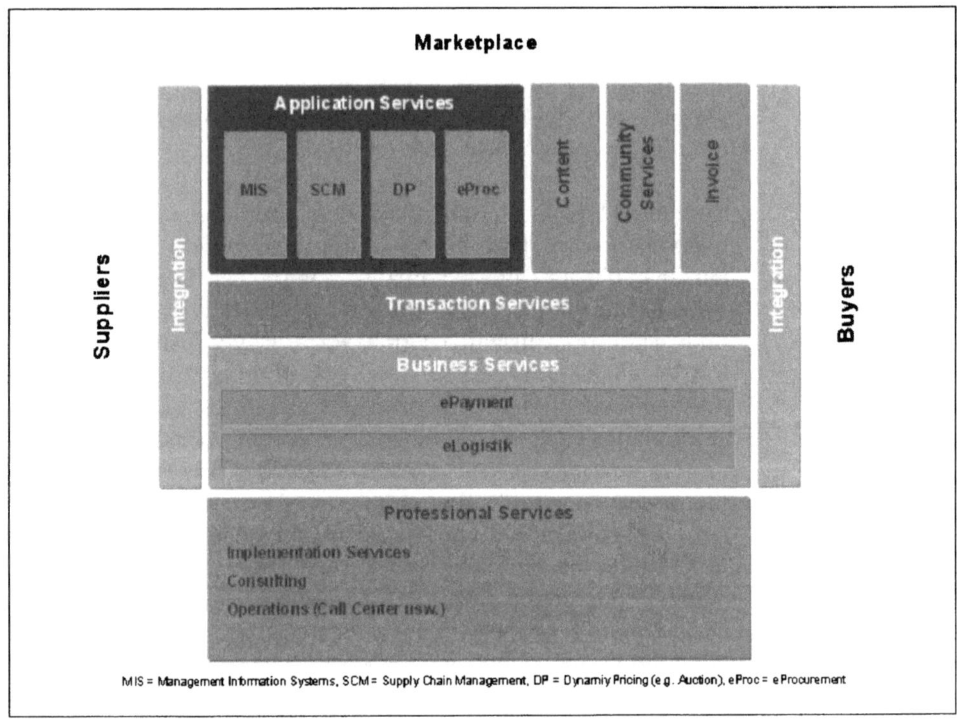

Bild 77   **Service-Übersicht 85% der gesamten Artikel**

Produktarchitektur

Aufbauend auf die Lösung bei ProNet wurde eine offene, modulare Produktarchitektur gewählt, die eine Vielzahl unterschiedlicher Traffic- und Content-Quellen zulässt, sowie verschiedene Vermarktungsmodelle ermöglicht. Traffic-Quellen können neben traditionellen Bestellern z.B. auch vertikale Marktplätze oder Unternehmen mit eigener Procurement-Lösung sein. Als Content-Quellen können neben Lieferanten auch externe Kataloge oder fremde Marktplätze genannt werden.

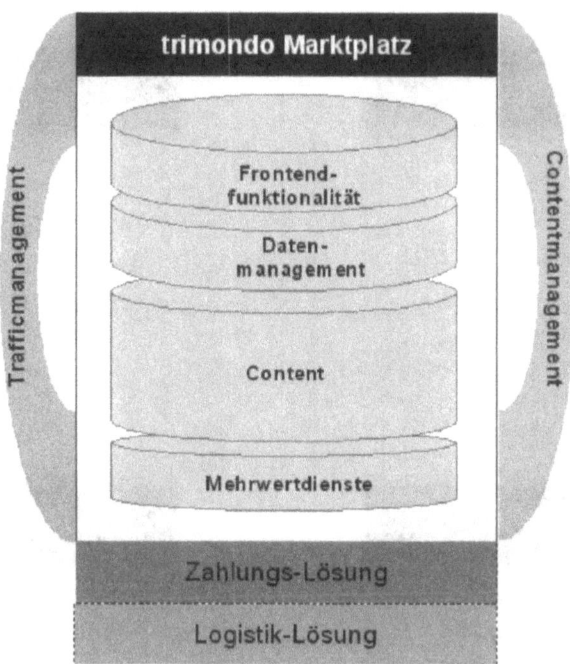

Bild 78   Produktarchitektur

Die Reihe der Vermarktungsmodelle beginnt mit einer Standardlösung, d.h. der Nutzung der kompletten Produktarchitektur des Marktplatzes, indem über das gehostete Standard-Frontend auf den Marktplatz zugegriffen wird. Bei den weiteren Vermarktungsmodellen reicht die Bandbreite von der unternehmensindividuell gestalteten Benutzeroberfläche bis zum Betrieb eines so genannten 3rd Party Marktplatzes für andere Organisationen.

Positionierung von trimondo

Bei Betrachtung der wesentlichen strategischen Gruppen von e-Procurement-Dienstleistern kann eine klare Einordnung von trimondo innerhalb des heterogenen Wettbewerbsumfelds vorgenommen werden. Die Unternehmenshistorie und das aufgebaute Produktportfolio führen zu folgender Platzierung innerhalb der Typologisierung der e-Procurement-Dienstleister:

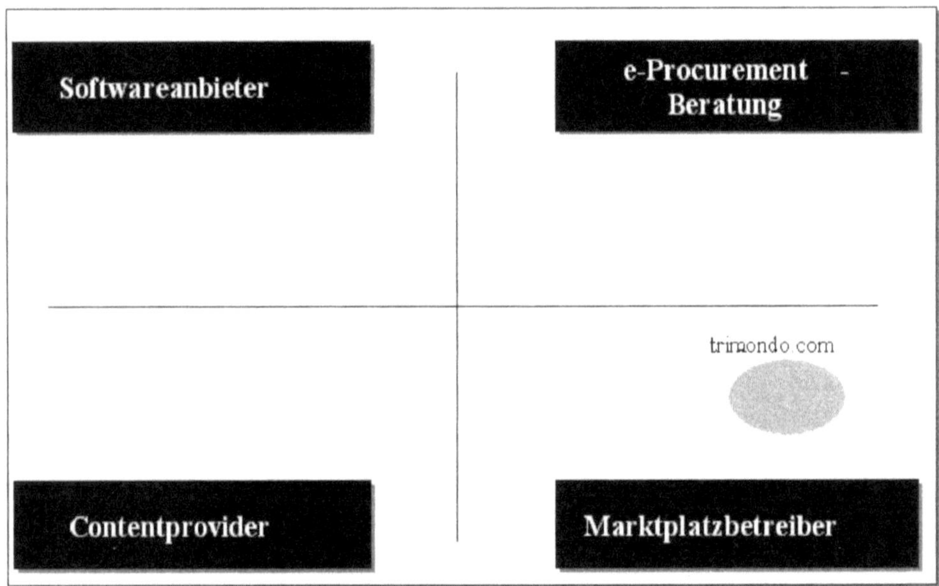

Bild 79   **Typologisierung von e-Procurement-Dienstleistern**

Die Platzierung als Marktplatzbetreiber hängt eng mit der Entscheidung zusammen, die Bestellsoftware als Application Service Provider (ASP) anzubieten. Die Vorteile einer ASP-Lösung für die bestellenden Unternehmen liegen in den deutlich geringeren Einstands- und IT-Infrastrukturkosten im Vergleich zu einer gekauften e-Procurement-Software. Diese müsste vom Unternehmen selbst implementiert, betrieben und gewartet werden. Beispiele für Kosten und Aufwände die ein ASP-Dienstleister dem Unternehmen abnimmt, sind das Einspielen der Katalogdaten inkl. der Klärung der Datenformate, Kauf und Pflege der

Hard- und Software, Wartung der Programme, Kauf und Einspielen von Updates sowie die laufenden Kosten des Systems.

Die Abgrenzung zu den beiden anderen strategischen Gruppen ist weniger trennscharf: Das e-Procurement-Consulting ist eine Dienstleistung, die bei trimondo zwar nicht im Fokus steht, aufgrund des über die Jahre aufgebauten Know-hows jedoch mit angeboten wird.

Beim Thema Contentproviding ist es für einen Marktplatz mit umfangreichem Gesamtsortiment naheliegend, langfristig Überlegungen zu dieser Dienstleistung anzustellen. Dementsprechend hat sich trimondo folgendes Mission Statement gesetzt:

„Wir sind Betreiber eines europaweit führenden, internetbasierten Marktplatzes für horizontalen Bedarf (Schwerpunkt: MRO) und Anbieter von Dienstleistungen rund um den Marktplatz unter der Maxime einer konsequenten Serviceorientierung und dem Ziel, mit unseren Leistungen den Nutzen unserer Kunden zu optimieren."

Gehandelte Waren

Auf einem horizontalen Marktplatz werden vornehmlich branchenübergreifende, nicht produktionsrelevante Güter und Dienstleistungen gehandelt. Das Warenangebot konzentriert sich in erster Linie auf so genannte C-Artikel (nicht strategisch, nicht produktionsrelevant, nicht hochpreisig) oder so genannte MRO-Güter (Maintenance, Repair and Operations). Typische Beispiele sind hier Büromaterial, Computerausstattung, Werkzeuge und Büromöbel. Im Sortiment von trimondo befinden sich darüber hinaus mittlerweile auch Waren wie Chemikalien, Laborbedarf, Berufskleidung, Sanitärbedarf und Verpackungsmaterial. Grundsätzlich sind über ein Katalogsystem wie es den meisten Marktplätzen zugrunde liegt, sämtliche eindeutig beschreibbaren, also standardisierbaren oder katalogisierbaren Güter und Dienstleistungen handelbar. Vor dem Hintergrund der sich langsam etablierenden Initiativen zur Standardisierung und Harmonisierung von Waren ist davon auszugehen, dass die Zahl der tatsächlich gehandelten Waren zukünftig noch steigen wird. Beispiele für solche Standards, die der Klassifizierung und eindeutigen Beschreibung von Waren dienen, sind UN/SPSC und eClass.

Geschäftsmodell

Als ASP-Modell und Betreiber einer neutralen Plattform lebt trimondo von einem Skalengeschäft, d.h. ganz wesentlich vom Traffic, der auf der Plattform stattfindet. Es müssen daher möglichst viele Transaktionen forciert werden. Da die Nutzung der Plattform sowohl beim Besteller als auch beim Lieferanten Einsparungen bewirkt, werden beide Seiten an der Finanzierung beteiligt, wobei auf eine verursachungsgerechte Verteilung Wert gelegt wird.

Auf Bestellerseite ergeben sich drei Einnahmequellen:
- Implementation-Packages: Einmalige Gebühr für die initiale Erfassung der Systemnutzer-Stammdaten sowie sämtlicher Zusatzdaten und der Schulungen der Nutzer durch ein Implementation-Team.
- Nutzerabhängige Lizenzgebühren: In Abhängigkeit von der Anzahl der Nutzer im Unternehmen werden jährlich Gebühren für die Bereitstellung und Wartung des Systems berechnet.
- Nutzungsabhängige Transaktionsgebühren: Bei jedem Bestellvorgang fallen pro Bestellposition Transaktionsgebühren an. Deren Höhe hängt von der Höhe des Einzelumsatzes ab.

Auf Lieferantenseite ergeben sich folgende Gebühren:
- Startpaket: Einmalige Gebühr für die Einstellung und eventuelle Konvertierung des elektronischen Katalogs. Beinhaltet außerdem Software, Beratung und technische Hotline.
- Handling fee: Prozentualer Abschlag für die Weiterleitung der Transaktionen in die weiterverarbeitenden Systeme des Lieferanten.
- Wird eine Purchase Card als Zahlungsfunktion akzeptiert, wird ein Disagio für die Übernahme des Kreditrisikos sowie der Inkassofunktion durch das kartenemittierende Unternehmen fällig. Für den Besteller ist die Karte üblicherweise kostenfrei.

Dieses Gebührenmodell gilt für die Nutzer der sog. Standardlösung, für andere Vermarktungsmodelle werden die einzelnen Komponenten entsprechend ihrer Gewichtung angepasst.

Zielgruppen

Bestellerseite

Kernzielgruppe von Marktplätzen wie trimondo sind Großunternehmen und Konzerne, da die Effekte der Prozesskostenreduzierungen erst ab einer bestimmten Umsatzgröße wirklich realisiert werden können. Obwohl sie zahlenmäßig die kleinste Gruppe darstellen, sind sie vom Umsatz her betrachtet das größte Marktsegment.

Ergänzt wird diese Zielgruppe durch den größeren, technologisch innovativen Mittelstand. Dieser hat ähnliche Bedürfnisse wie Großunternehmen, ist aber oftmals eher in der Lage „standardisierte" Lösungen einzusetzen.

Eine weitere, vom Umsatzvolumen her sehr attraktive Zielgruppe ist der öffentliche Sektor. Bedingt durch bürokratische Hürden wie Verdingungsverordnung etc. rückt dieses Segment von seiner Priorität her jedoch nach hinten.

Lieferantenseite

Bedingt durch die neutrale Position des Marktplatzes liegt die Auswahl von Lieferanten nicht in erster Linie in der Hand von trimondo. Üblicherweise wird die Auswahl vom Besteller selbst vorgenommen, trimondo obliegt die Integration des gewünschten Lieferanten ins System. Durch Mundpropaganda und mit steigendem Etablierungsgrad kommen jedoch zunehmend auch neue Lieferanten mit dem Wunsch auf trimondo zu, ihr Produktsortiment im öffentlichen Teil des Katalogs darstellen zu können. Unter dem Aspekt einer möglichst reibungslosen und schnellen Integration gibt es aus Marktplatzsicht ein Idealprofil für Lieferanten:

- Hat ein breites Sortiment
- Hat ein hohes Serviceniveau
- Kann Katalogdaten in Standardformaten (z.B. BMEcat) liefern
- Kann erforderliche Schnittstellen für Rechnungs- bzw. Zusatzdaten bedienen
- Kann die für die Logistik erforderlichen Schnittstellen bedienen
- Ist potenzieller Lieferant für die Zielgruppe der Bestellunternehmen

Partnerschaften

Will ein Marktplatz nicht außerhalb seiner Kernkompetenzen agieren, bedarf es zur Abdeckung des Dienstleistungsspektrums für die komplette Beschaffungsprozesskette einer Reihe von Partnerschaften. Diese Tatsache war schon die Basis für die Gründung von trimondo als Partnerschaft zweier Dax 30-Unternehmen. Neben wirtschaftlichen Vorteilen für den Marktplatz, z.B. Sicherung von Umsatz, steht die Erweiterung des Kundennutzens im Vordergrund. Partnerschaften können für eine Reihe von Zielen geschlossen werden. Beispielhaft für eine Funktionspartnerschaft ist das Abkommen mit einer international tätigen Auktionsplattform, die trimondo das Angebot eines Dynamic Pricing, d.h. das Durchführen von Auktionen und Ausschreibungen, ermöglicht. Auf folgenden weiteren Feldern sind Partnerschaften für einen Marktplatz naheliegend:

- Vertrieb
- Technologie
- Implementierung
- Content

Zahlen, Daten, Fakten – Umfang des Systems

Eine Momentaufnahme zu Beginn des Jahres 2002 zeigt folgenden Umfang des Systems:

- Über 100 Bestellerfirmen und über 170 Lieferanten sind aktiv
- In den Bestellfirmen sind über 5500 Nutzer aktiv
- Der Content umfasst über 4 Millionen Artikel
- Fast 400 verschiedene Kataloge sind angelegt
- Für 2002 werden über 1 Million Transaktionen erwartet

Die bisherige Tendenz lässt auf eine progressiv steigende Entwicklungskurve schließen.

Facetten eines Marktplatzsystems

Grundsatzentscheidungen

Grundsätzlich bestehen für einen Dienstleister im Bereich der Einkaufsoptimierung diverse Optionen bezüglich Technologiewahl und der Ausgestaltung seines Leistungsangebots. Es gilt frühzeitig eigene Kernkompetenzen und langfristig einsetzbare Technologien zu erkennen und die Weichen der Entwicklung in die entsprechende Richtung zu stellen.

Software-Lieferant vs. Marktplatzbetreiber

trimondo entschied sich für das Modell eines Marktplatzbetreibers im ASP-Modus. Die Gründe hierfür wurden bereits erläutert.

Horizontaler Marktplatz vs. Vertikaler Marktplatz

Vertikale Marktplätze adressieren nur Kunden innerhalb bestimmter Branchen. Die Zugehörigkeit von trimondo zu einer bestimmten Branche war nicht abzuleiten. Diese Abgrenzung darf allerdings auch nicht zu streng verstanden werden, da sowohl die zugrunde liegende Technologie für beide Varianten geeignet ist, als auch die Trennschärfe immer geringer wird.

Internet vs. Intranet

Aus Marktplatzbetreiber-Sicht ist die Frage eigentlich zweitrangig. Alle Interessenten für das trimondo-System konnten von den Vorteilen einer Internet-Lösung überzeugt werden. Siehe auch ASP-Thematik.

Basistechnologie: Architektur

Die IT-Struktur von trimondo ist in einer 3-Schichten-Architektur mit doppelter Firewall aufgebaut, deren Sicherheit durch die ISS zertifiziert wurde. Es handelt sich um ein parallelisiertes, hochverfügbares und ausfallsicheres System, das durch ein mehrstufiges Online-Backup-Konzept unterstützt wird. Eine SSL-Verschlüsselung (128 Bit) in Kombination mit einem zertifizierten Firewallsystem sorgt für die größtmögliche Sicherheit der Daten. Datenbanken und Server von Oracle und IBM gewährleisten Zuverlässigkeit.

Basistechnologie: Programmiersprache HTML vs. Java-Applets

Der Marktplatz wurde vollständig in HTML entwickelt und enthält keinerlei JAVA-Applets. Applets verursachen lange Ladezeiten und werden aus Sicherheitsgründen nicht auf allen Firmenbrowsern zugelassen.

Basistechnologie: Nutzung von Open-source Produkten vs. Kommerzielle Produkte

Aufgrund des ungleich günstigeren Preis-Leistungsverhältnisses, dem Vorteil der Unterstützung offener Standards (J2EE) sowie der Unabhängigkeit von bestimmten Herstellern werden Open-source-Produkte wie der Web-Server Apache, das JavaServerPage-Modul Tomcat und der Applicationserver JBoss eingesetzt, die unter LINUX betrieben werden.

Basistechnologie: Eigenentwicklung vs. Einsatz von Standard-Software

Ausschlaggebend für die komplette Eigenentwicklung der Marktplatz-Software waren in erster Linie die Unabhängigkeit von der Entwicklung der bekannten Softwareanbieter und damit die Möglichkeit, selektiv gezielte Features zu entwickeln. Außerdem spielten hier auch die nicht unerheblichen Kosten für die Standard-Software eine Rolle.

Die Beschaffungsprozesskette

Um Informationen über die Ist-Bestellabläufe in deutschen Unternehmen zu sammeln und einen Soll-Beschaffungsprozess zu definieren, wurde die KPMG Unternehmensberatung GmbH beauftragt, eine unabhängige Benchmark-Studie in den Beschaffungs- und Einkaufsbereichen deutscher Unternehmen durchzuführen. Eines der wesentlichen Ergebnisse ist in der folgenden Grafik dargestellt:

Bild 80 **Die Beschaffungsprozesskette**

Die Grafik zeigt, dass ein typischer Beschaffungsprozess 8 Schritte umfasst und durchschnittlich 9 Mitarbeiter aus 7 Organisationseinheiten daran beteiligt sind.

Die Optimierungsmöglichkeiten liegen auf der Hand: durch ein unterstützendes System können einzelne Prozessschritte (die dunkel markierten 2,4,7,8) ganz oder teilweise entfallen oder automatisiert werden.

Im Idealfall sieht der Beschaffungsprozess wie folgt aus: Bedarfsmeldung und Bestellaufgabe werden in einem Prozessschritt über des Front-End eines Marktplatzes ausgeführt. Der Anforderer ist der Bedarfsträger. Die Bestellung geht direkt ins Warenwirtschaftssytem des Lieferanten. Die Bestellfreigabe erfolgt über die individuelle Bestell-Limit-Steuerung innerhalb der Marktplatz-Software, die gleichzeitig eine Budgetkontrolle gewährleistet. Die Ware wird direkt an die Kostenstelle bzw. den Besteller ausgeliefert und von diesem auch geprüft. Die Sammelrechnung geht elektronisch direkt in die Finanzsysteme. Zahlungsfreigabe und – abwicklung erfolgen automatisch durch das einkaufsunterstützende System.

Die durchschnittlichen Kosten eines Bestellvorgangs wurden anhand des Arbeitsaufwands der einzelnen Arbeitsschritte mit rund 90 EURO errechnet. Bei Einsatz des optimierten Soll-Prozesses, z. B. durch Nutzung eines Marktplatzes, können die Kosten auf ca. 50 EURO gesenkt werden. Dies bedeutet eine Reduzierung um rund 44%. (vgl. KPMG: Studie zum Bestellprozess, 1997) . Einzelne trimondo-Kunden haben solche Analysen intern selbst durchgeführt und Prozesskostenreduzierungen um bis zu 80% ermittelt.

Der Implementierungsprozess

Die Implementierung eines Marktplatzsystems bei Bestellern und Lieferanten ist die bedeutendste, weil auch erfolgskritische Phase in der Zusammenarbeit mit dem Marktplatzbetreiber. Eine perfekte Implementierung legt den Grundstein für einen reibungslosen Verlauf des Tagesgeschäfts. Aufgrund dieser hohen Bedeutung werden Besteller und Lieferanten während des Implementierungsprozesses von einem speziell ausgebildeten Implementation-Team betreut. Dies erfolgt teilweise vor Ort und durch telefonische Einweisung. Der Projektverlauf der Implementierung ist abhängig davon, ob der Besteller nur die trimondo-Marktplatzfunktionalität nutzt oder zusätzlich auch die Abrechnungsleistungen eines Purchase Card-Anbieters in Anspruch nimmt. Die häufigste Variante ist die parallele Implementierung von Marktplatz und Abrechnung:

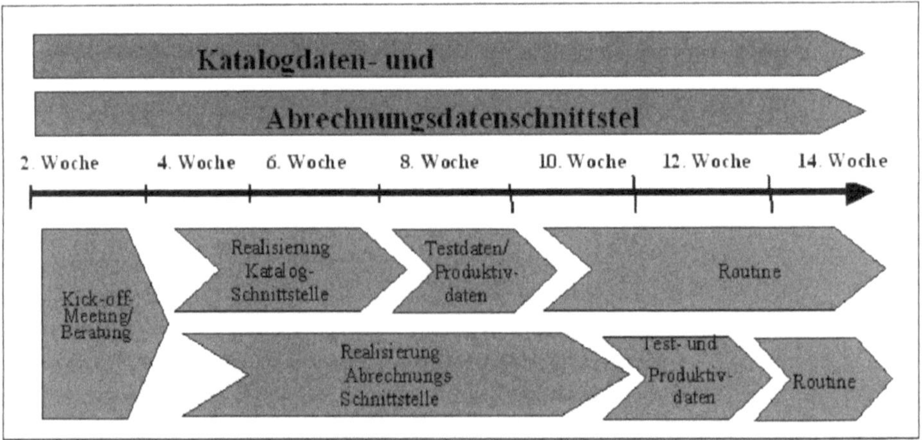

Bild 81   **Der Implementierungsprozess**

- Nach Eingang der Vertragsunterlagen vereinbart ein Mitarbeiter des Implementation-Teams einen Termin für das Kick-off Meeting. Erfahrungsgemäß empfiehlt sich die Durchführung einer Lieferantenkonferenz gemeinsam mit dem Bestellunternehmen.

- Zunächst erfolgt die Festlegung der Projektorganisation und eine ausführliche Schnittstellenberatung.

- In der siebten Woche sollten Lieferanten Testdaten zur Verfügung stellen, so dass nach zwei Monaten der Produktivkatalog auf dem Marktplatz bereitgestellt ist und die erste Bestellung erfolgen kann. Sowohl Test- als auch spätere Produktivdaten sollten in dem vom Marktplatz vorgegebenen Datensatzformat geliefert werden, um schnellstmögliche Verarbeitung zu gewährleisten.

- Nach zwei weiteren Wochen Betreuung im Routinebetrieb ist die Implementierungsphase beendet und es erfolgt die Übergabe an das Serviceteam.

- Die Implementierung der Abrechnungsdatenschnittstelle erfolgt parallel zur Marktplatzanbindung. Implementation-Team und Lieferanten treffen gemeinsam die nötigen Vorbereitungen für die Abrechnungsschnittstelle und nehmen eine telefonische Einweisung vor.

- Kurz nach Eingang der ersten Bestelldaten sollten von den Lieferanten bereits die ersten Abrechnungsdaten an den Purchase Card-Anbieter übermittelt werden.

Die Durchführung des Implementierungsprojekts in der dargestellten Weise gewährleistet einen weitgehend störungsfreien
Übergang in den Routinebetrieb.

Weitere, jedoch seltener vorkommende Varianten sind die se-
quenzielle Implementierung von Marktplatz und Abrechnung
oder die ausschließliche Nutzung der Marktplatzfunktionalität.

Zu beachten

Auf Bestellerseite sollte grundsätzlich vor Beginn einer Implementierung, besser noch vor der Entscheidung für eine
e-Procurement-Lösung, eine ausreichende Analyse der eigenen
Prozesse stattgefunden haben, um die Anpassungs-
Notwendigkeiten zu erkennen. Weiterhin ist sowohl eine ausreichende personelle, wie auch finanzielle Ressourcenausstattung in
der Implementierungsphase notwendig. Unabdingbar ist das
Backing der Geschäftführung für die Projektteams auf Besteller-
und Lieferantenseite, um bei eventuell auftretenden Widerstän-
den das Projekt dennoch abschließen zu können. Auf Lieferantenseite ist u.U. ein initialer finanzieller Aufwand erforderlich, um
die eigenen Systeme so vorzubereiten, dass sie z.B. Katalogdaten
in marktplatzkonformer, lesbarer elektronischer Form erstellen,
elektronisch eintreffende Bestellungen verarbeiten und Abrechnungsdaten elektronisch erstellen können.

Lessons Learned

Berücksichtigt man die komplette Zeitspanne seit der Herausga-
be der ersten PurchaseCard 1997, so kann trimondo heute auf
eine ca. fünfjährige Erfahrung im Bereich der Einkaufsoptimierung zurückblicken. Die wesentlichen Erfahrungen und Erkenntnisse lassen sich wie folgt zusammenfassen:

Organisation/Prozesse/Menschliche Komponente

- Change Management: Die gesamte Implementierung wie
  auch die spätere Nutzung einer Marktplatz-Lösung im Routinebetrieb ist vielmehr ein Change Management- denn ein IT-
  Thema. Um sämtliche Kostensenkungs-Potenziale heben zu
  können, müssen Organisationsstrukturen und Prozesse angepasst werden.
- Hier spielt die menschliche Angst vor Veränderungen und
  neuen Technologien - gerade in traditionellen Industrien -
  eine große Rolle. Die Geschäftsführung muss für die Akzep-

tanz der neuen Lösung sorgen, sie muss das Projekt promoten, Projektleitung und –team müssen 100%ig dahinter stehen und die System-Nutzer motivieren und unterstützen. Anderenfalls besteht die Gefahr, dass das System boykottiert oder umgangen wird.

Zeitfaktor

Der Zeitfaktor sollte aus mehreren Gründen nicht unterschätzt werden:

- Die Marktakzeptanz von e-Procurement-Systemen / Marktplatzlösungen insgesamt dauerte deutlich länger als erwartet. Lufthansa AirPlus (weniger trimondo) musste anfänglich selbst eine sehr aktive Rolle bei der Marktvorbereitung spielen. Selbst heute sind viele Unternehmen von der Notwendigkeit zum Umstieg auf ein umfassendes elektronisches Einkaufssystem überzeugt, setzen selbst aber noch keines ein. Hier spielen sicherlich auch die hohe Intransparenz des Marktes sowie geringe Erfahrungswerte eine Rolle, die viele Unternehmen veranlassen abzuwarten (vgl. R. Lamers (Hrsg.): Executive Summary – Studien Review 2001 Internet & E-Business).

- Die Zeitspanne von der ersten Verkaufspräsentation eines Systemanbieters bis zur Entscheidung und zum Vertragsabschluß wird häufig unterschätzt. Durch die mit der Implementierung und Nutzung einhergehenden Eingriffe in Strukturen und Prozesse im Unternehmen sind eine Vielzahl von relevanten Gremien in die Entscheidung mit einzubeziehen. Diese Vorbereitungsphase kann mehrere Monate beanspruchen.

- Der Zeitbedarf für die Implementierung des Systems im Unternehmen wurde anfänglich deutlich geringer vermutet. Der erhöhte Zeitbedarf hängt in erster Linie mit der momentan noch mangelnden Kommunikationsfähigkeit von IT-Systemen auf Besteller- und Lieferantenseite zusammen.

Technik

- Zum Betrieb eines Marktplatzes sind umfangreiche personelle IT-Ressourcen notwendig, um Wartung, Betrieb, Weiterentwicklung und Anpassung zu gewährleisten. Auch wenn im Rahmen von Outsourcing teilweise auf externe IT-Ressourcen zurückgegriffen werden kann, kann auf internes Know-how nur selten verzichtet werden. Keine käufliche Marktplatz-Software ist direkt ohne Anpassungen einsetzbar, so dass hier neben den hohen Lizenzkosten zusätzlich mit Consulting-Investitionen zu rechnen ist. Selbst namhafte Standard-Software bürgt nicht für reibungslosen Einsatz. Dies gilt im Übrigen genauso für Buy-Side Softwarelösungen, die anstelle einer Marktplatz-Nutzung zur Beschaffungsunterstützung in bestehende Unternehmensprozesse integriert werden.

- Mehr Unternehmen als erwartet (eher auf Lieferanten- denn auf Bestellerseite) sind noch nicht „e-ready", d.h. in der Lage, elektronische Kataloge zu generieren, Bestelldaten elektronisch zu verarbeiten und Rechnungsdaten elektronisch zu erzeugen.

- Aufgrund mangelnder bzw. noch nicht ausreichend durchgesetzter Standards sind Schnittstellen zwischen den Marktplatz- und den Unternehmenssystemen nach wie vor problematisch bzw. erfordern einen erhöhten Anpassungsaufwand auf beiden Seiten.

Geschäftsmodell/Content

- Um das Gesamtpotenzial an Kostenreduzierungen voll auszuschöpfen, muss die Integration in die Backend-Systeme (insbesondere ERP) gesichert werden.

- Partnering ist wichtig, um Funktionalitäten außerhalb der eigenen Kernkompetenzen anbieten zu können. Für den Kunden des Marktplatzes ist wesentlich, dass er weiterhin einen zentralen Ansprechpartner behält und die Systeme der Kooperationspartner reibungslos aufeinander abgestimmt sind.

- Die Qualität des Marktplatzes hängt unmittelbar mit der Qualität des Content (Managements) zusammen. Ein Marktplatz kann durch eigene Erstellung oder Zusammenarbeit mit zuverlässigen Partnern wie einem Full Service Provider, der ihm die Anwendung als 3rd Party Marktplatz betreibt, für qualitativ hochwertigen Content sorgen. Sich hier nur auf die Zusammenarbeit mit externen Partnern zu verlassen, ist gefährlich und wird von vielen Unternehmen mit e-Procurement-Eigenentwicklungen unterschätzt.

- Transaktionsgebühren als Vergütung sind <u>nicht</u> out. Marktplatzlösungen die Prozesskosten reduzieren, sind in der Lage, ausreichend viele Transaktionen auf dem Marktplatz zu erzeugen um dieses Geschäftsmodell zu nutzen.

- Ein Marktplatz muss für alle Beteiligten eine Win-Win-Situation schaffen. Geschäftsmodelle, die die Marktmacht einseitig zu Lasten z.B. der Lieferantenseite ausnutzen, sind langfristig nicht haltbar.

- Marktplatzanbieter können kein komplett standardisiertes Produkt anbieten, sondern müssen in einem gewissen Rahmen immer die Flexibilität haben, auf kundenindividuelle Anforderungen einzugehen.

- Abschließend kann gesagt werden, dass die Nutzung von elektronischen Marktplätzen den Unternehmen nachgewiesenermaßen Kosteneinsparungen bringt. Sollten die Potenziale eventuell auch nicht ganz so hoch sein, wie in den anfänglichen Zeiten der Dot.com-Euphorie von den Research-Unternehmen prognostiziert - weil auch hier der Zeitaspekt vernachlässigt wurde - sind die Nutzenpotenziale doch signifikant.

Die Zukunft von trimondo

Weiterentwicklung von trimondo

Für die weitere Entwicklung des Marktplatzes wurden drei klare strategische Eckpfeiler festgelegt, unter denen sich alle zukünftigen Projekte subsumieren lassen werden:

- Weitere Erhöhung der Liquidität
- Weiterer Ausbau von Services
- Internationalisierung

Die Reihenfolge ist einerseits als Priorisierung zu sehen, andererseits ist naheliegend, dass sich die Projekte in den einzelnen Teilbereichen zeitlich überlagern werden.

Um den Gedanken des „One-stop-Procurement" weiter zu stützen wird der Ausbau weiterer Services vorangetrieben. Beispielhaft sind hier weitere logistische Dienstleistungen zu nennen, weitere e-Payment-Lösungen, die sich in Richtung eBPP (electronic Bill Presentment and Payment) bewegen werden, sowie Services, die der Unterstützung des Supply Chain Management dienen.

Auch der Ausbau der anderen Geschäftsmodelle neben der Standardlösung, z.B. eines „Standard-Light"-Angebotes zum schnellen Start oder der Betrieb eines 3rd Party Marktplatzes stehen auf der Agenda. Die Integration weiterer Partner ist dafür sowohl notwendig als auch erwünscht. Die Roadmap aller vorgesehenen Entwicklungen wird auch weiterhin ständig kritisch unter der Maßgabe überprüft, dass die Maßnahmen beim Kunden einen zusätzlichen Nutzen generieren müssen.

Weitere Entwicklung von MRO-Marktplätzen

Aus trimondo-Warte ist zu beobachten, dass die von den namhaften Research-Unternehmen prognostizierte Konsolidierungswelle unter Marktplätzen früher als erwartet einsetzt. Mit Beginn des Dot.com-Sterbens ging die Zahl der neu aufkommenden Dienstleister stetig zurück. Momentan ist von langfristigen Überlebenschancen für eine einstellige Zahl von „großen" MRO-Marktplätzen in Deutschland auszugehen. Daneben dürfte es eine deutlich größere Anzahl von „kleineren", stark spezialisierten Marktplätzen geben.

Das heute schon sichtbare Verschwimmen von trennscharfen Grenzen zwischen horizontalen und vertikalen Marktplätzen wird sich fortsetzen. Schon heute gibt es sich selbst als vertikal bezeichnende Marktplätze, die de facto ein horizontales Sortiment haben.

15

Erfolgreiche Implementierung von e-Procurement im Technischen Einkauf der BMW Group

Fatemeh Farzaneh, Dr.-Ing. Helmut Dettweiler

Die strategische Bedeutung der Beschaffung hat in den letzten Jahren zugenommen. Alle am Beschaffungsprozess Beteiligten verantworten einen immer größeren Teil der Kostenstruktur und werden damit zu einem entscheidenden Erfolgsfaktor. Der Einkauf kann nicht das gesamte Volumen intensiv bearbeiten und konzentriert sich sinnvollerweise auf die größten Teilvolumina, die sog. A- und B-Teile. Dementsprechend werden die C-Teile bzw. Standardartikel vernachlässigt. Darüber hinaus verbringt der Einkauf einen wesentlichen Zeitanteil mit wenig wertschöpfenden Tätigkeiten. In vielen Einkaufsabteilungen entfällt ein hoher Tätigkeitsanteil auf die Bestellabwicklung. Insbesondere Standardartikel, die wertmäßig einen kleinen Anteil des Einkaufsvolumens ausmachen, verursachen einen hohen Bestellaufwand. Um sich von operativen Tätigkeiten zu entlasten und um Prozess- und Transaktionskosten zu senken, sind neue Abläufe und Methoden anzudenken. Auf Basis von Internettechnologien und neuer Anwendungen kann der Prozess nachhaltig vereinfacht und beschleunigt werden.

Die Idee

Anstatt über die Einkaufsabteilung zu gehen, bestellt der Bedarfsträger die benötigten Produkte direkt von seinem PC aus im INTRANET/INTERNET. Basis ist eine anwendungsfreundliche browsergestützte Anwendungssoftware, die multimediale Kataloge von entsprechenden Produkten enthält. Der Bedarfsträger wählt aus, unterstützt durch eine komfortable Suchfunktion und bestellt direkt beim Lieferanten.

Motivation

Bestellprozesse lassen sich durch den Einsatz von e-Procurement-Systemen optimieren. Außerdem werden eine effizientere Systemintegration und eine bessere Kooperation mit den Lieferanten ermöglicht. Mit dem Einsatz eines voll integrierten Bestellvorgangs kann die Prozesszeit innerhalb der Beschaffungsvorgänge – von der Bedarfsanforderung über die Bestellung bis zur Lieferbestätigung und Bezahlung – deutlich reduziert werden. Dadurch ergeben sich erhebliche Kostenvorteile und Einsparungspotenziale.

Bedeutung des Projektes

Der Projektname MeRCUR– Marketplace for electronic procurement beschreibt einerseits eine schnelle Umsetzung der Beschaffungsprozesse in einer e-Procurement-Anwendung und andererseits die Nutzung von vertikalen und horizontalen Marktplätzen bis hin zu Einkaufsagenturen. MeRCUR wird als Einstiegsprojekt für weitere e-Commerce-Aktivitäten gesehen. Die e-Procurement-Lösung wird in allen Technischen Einkaufsstellen / Werken weltweit eingesetzt.

Betriebswirtschaftlicher Nutzen von e-Procurement bei BMW

Der Nutzen des e-Procurement-Systems zeigt sich in vielfältigen Bereichen eines Unternehmens. Dazu gehören sowohl Nutzenpotenziale durch die Optimierung des Prozesses als auch konkrete Einsparungen in Form von niedrigeren Einkaufspreisen.

Prozessorientierte Maßnahmen

Prozessoptimierung

Die Verkürzung der Prozesszeit innerhalb der Beschaffungsvorgänge Bedarfsanforderung – Bestellung – Lieferbestätigung – Bezahlung beträgt bis zu 70 %. Auch die Unterstützung des Einkaufs bei der Auswahl geeigneter Rahmenvertragspartner und Erzielung optimaler Einkaufskonditionen wird über die e-Procurement-Lösung verbessert. Durch die Einführung eines multimedialen Artikelkatalogs mit durch den Einkauf geprüften Preisen kann das Gutschriftverfahren eingeführt werden. Damit entfallen Rechnungsstellung und Rechnungsprüfung.

Es ergeben sich folgende Vorteile für verschiedene Benutzerkreise:

... beim Anforderer	**Schnelle, systemunterstützte Suche** und Bestellung benötigter Artikel im multimedialen Intranet-Katalog Keine Abruferfassung im BMW-ERP-System durch den Bedarfsträger, **Vermeidung von Übertragungsfehlern** **Transparenz** des Beschaffungsprozesses für die abrufenden Stellen **Verkürzung der Prozesszeiten**, Reduzierung der Beschaffungszeiten, Reduzierung der Lagerhaltung
... im Einkauf	**Transparenz** der Beschaffungsvolumina und Inhalte **Einfachere Identifikation** umsatzstarker Warengruppen und Artikel für gezielte Preisverhandlungen **Verkürzung der Preiszyklen** und Reaktionszeiten, z.B. bei Sonderkonditionen **Besseres Lieferantenmanagement** (Bedarfsbündelung) und Optimierung der Lieferantenstruktur
... beim Lieferanten	**Online-Anbindung** der Warenwirtschaftssysteme der Lieferanten an den Beschaffungsgesamtprozess per EDI, XML etc. **Vermeidung von Datenerfassung** der Bestellung und Einzelfakturierung (wg. Gutschriftverfahren) **Durchgängigkeit in der „Supply Chain"**
... in der Rechnungsprüfung	Einsatz des Gutschriftverfahrens und **Entfall von Rechnungsprüfungstätigkeit** (Preissicherheit aufgrund der vom Einkauf geprüften Katalogdaten)

Prozesstransparenz

Das e-Procurement-System vermittelt Transparenz im Beschaffungsverhalten der User. Die Qualität der Lieferungen und das Preisverhalten der Lieferanten werden transparent. Entsprechende Auswertungen unterstützen die Verhandlungen mit Lieferanten.

272

Prozessveränderung

Künftig kann jeder Mitarbeiter seine Bedarfe über das e-Procurement-System direkt bestellen und ist nicht mehr auf dezentrale Beschafferstellen angewiesen. Die Bestellung selbst kann beim Lieferanten durch Direktanbindung an seine Warenwirtschaftssysteme und die seiner Partner ohne manuelle Übertragung übernommen werden. Außerdem müssen keine Rechnungen mehr vom Lieferanten erstellt und von der Rechnungsprüfung verifiziert werden, da durch die Bestätigung der Lieferung durch den Anforderer automatisch das Gutschriftverfahren angestoßen wird.

Prozessreengineering

Zusätzlich zu der Rahmenabwicklung belastet eine hohe Anzahl von Einzelbestellungen den Einkauf mit hoher Administration bei der Abwicklung von Bestellungen über die BMW-ERP-Systeme. Der Aufwand für diese Umfänge kann als „non-catalog-item" im e-Procurement - System deutlich reduziert werden. Damit werden die für das Katalogmanagement notwendigen Zusatzkapazitäten im Einkauf kompensiert.

Prozessintegration – Group Function

Zur Umsetzung der Einkaufsstrategien des Global Sourcing' wird die e-Procurement-Anwendung auch für die Werke der BMW Group eingesetzt (Spartanburg, Südafrika, Steyr, Hams Hall, etc.). Dies lässt sich am besten durch eine Zentralinstallation im Head-Quarter der BMW Group erreichen.

Kosteneffekte durch e-Procurement

Die Einsparungen, die auch für BMW im Rahmen des Projektes erwartet werden, setzten sich aus vier Einsparungsbereichen zusammen.[36]

---

[36] Quelle: eProcurement Ralph Dolmetsch, Verlag Addison Wesley

Prozesseinsparungen	**Effizientere Prozesse**	Durch einfache und straff gestaltete Prozesse, die durch den Einsatz eines DPS gestützt werden, können die Prozesskosten pro Geschäftstransaktion erheblich gesenkt werden. Dies ist vor allem auf die Reduzierung der Arbeitszeit, die ein Mitarbeiter mit dem Bestellvorgang beschäftigt ist, zurück zu führen. Der Mitarbeiter kann sich Tätigkeiten mit einer höheren Wertschöpfung widmen.
	Reduzierte Lagerbestände	Durch die effizientere Gestaltung des Beschaffungsprozesses können die Beschaffungs- und u. U. Lieferzeiten verkürzt werden. Außerdem macht ein DPS den Beschaffungsprozess für den Bedarfsträger transparenter. Deshalb kann mit einem Rückgang der Lagerbestände und einer Reduzierung der damit verbundenen Kapitalbindung gerechnet werden.
Produkteinsparungen	**Günstigere Preise durch Rahmenverträge**	Durch die einfache Bedienung wird das DPS als Beschaffungstool von den Mitarbeitern angenommen werden. Es kann eine verbesserte Kanalisierung des Ausgabevolumens über die Rahmenverträge erreicht werden, so dass das Maverick Buying weitestgehend vermieden wird. Eine gezielte Bündelung der Bestellanforderungen über Rahmenverträge wird der Lieferant mit einer Preisreduktion honorieren.
	Kürzerer Zeitraum zwischen Aushandlung und Nutzung neuer Rahmenverträge	Rahmenverträge werden von zentralen Einkaufs-Fachstellen der Unternehmen mit den Lieferanten ausgehandelt. Eine Verteilung der damit verbundenen neu verhandelten Kataloge an alle betroffenen Bedarfsträger in großen Unternehmen bzw. Konzernen ist meist mit einer erheblichen zeitlichen Verzögerung verbunden. Dadurch ergibt sich ein mehrwöchiges Zeitfenster zwischen der Verhandlung eines neuen Rahmenvertrages und der konzernweiten Beschaffung über diesen Kontrakt. Eine Lösung dieses Problems stellt der Einsatz eines DPS dar, da dadurch neu verhandelte Kataloge allen Bedarfsträgern zentral zur Verfügung gestellt werden können.

Das e-Procurement-Projekt MeRCUR

Im Juli 1999 wurde an verschiedene Softwarehersteller ein Warenkorbsystem auf Basis eines multimedialen Artikelkataloges ausgeschrieben. Ziel war, ein am Markt erprobtes Standardprodukt für e-Procurement einzuführen, ohne die ERP-Kernprozesse zu verändern. Gleichzeitig sollte das e-Procurement-System nur minimalst an die BMW-Gegebenheiten angepasst werden.

Ziele des Projektes MeRCUR

Durch das Projekt MeRCUR soll ein Einkaufssystem, genannt SpeedBuy – schnelles und komfortables Einkaufen – implementiert werden. Mit dem Einsatz einer geeigneten e-Procurement-Anwendung sind neben dem betriebswirtschaftlichen Nutzen zusätzliche Effekte zu erreichen:

- die **Preissicherheit** und **Transparenz** bei der Erstellung der Bedarfsmeldung/Bestellung über den multimedialen Artikelkatalog

- die **Aufwandsreduzierung beim Lieferanten** hinsichtlich Auftragsbearbeitung, da die Bestellung teilweise direkt in die Warenwirtschaftssysteme übernommen werden kann

- Effizienterer und schnellerer Datenaustausch zum Lieferanten durch die **Nutzung von Standards** für Katalogmanagement und Bestellübermittlungsformate

- die Aufwandsreduzierung in der Finanzabteilung durch Entfall der Rechnungsprüfung durch das **Gutschriftverfahren**

- Die **Vermeidung dezentraler Einzellösung** durch konzernweiten Einsatz eines e-Procurement-Standardproduktes im Technischen Einkauf (Ariba Buyer)

- Niedrigere Preise durch globale Sourcing-Möglichkeiten und Einsatz neuer Medien der **dynamischen Preisfindung** (Auktionen und bid-boards)

- **Globale Sicht** auf alle Kataloge weltweit über Mandanten hinweg und damit verbesserte Transparenz

Anforderungen an ein Standardprodukt

Die User müssen über eine intuitive Benutzeroberfläche mit Wizard und Prozessführung ohne aufwändige Schulung in der

Lage sein, sich ihre Artikel im Warenkorb zusammen stellen zu können. Die Einbindung der Genehmigungsstufen und Rollen ist über ein dynamisches Workflowmanagement-Tool steuerbar. Grundsätzlich muss das Standardprodukt die gängigsten Formate für Kataloge und Bestellungen verarbeiten können. Das Standardprodukt muss über ein integriertes Katalogimporttool verfügen mit Watchdog und Releasemanagement. Neben MRO-Artikeln und Wirtschaftsgütern des Anlagevermögens sollen auch Dienstleistungen abwickelbar sein.

Der Einkäufer kann als Superuser alle Kataloge weltweit einsehen, sie global oder auch länderspezifisch freigeben und diese dynamisch in den jeweiligen Workflows über Organisationseinheiten hinweg einbinden.

Kategorien der Softwareanbieter

Zur Marktanalyse wurden auf der Basis eines von BMW erstellten Pflichtenheftes 12 Software-Anbieter um Lösungsangebote gebeten. Angefragt wurde bei:

3 typischen e-Procurement-Anbietern

1 reinen Plattform-Anbieter und

2 bekannten ERP-Systemhäusern.

Eine Individualprogrammierung war nicht vorgesehen.

Bewertungskriterien zur Auswahl des e-Procurement-Systems

Bei der Produktauswahl waren folgende Bewertungskriterien besonders relevant:

Funktionsumfang:

Neben der grundsätzlichen Funktionalität als Beschaffungstool sind ein leistungsfähiges Katalogimporttool, leistungsfähiger Genehmigungsworkflow, flexibel konfigurierbare Business Rules, zukunftsorientierte Marktplatzfunktionalitäten und -Services sowie eine bedienerfreundliche Benutzeroberfläche relevant. Wesentlich ist auch, dass zu erwartende weitere Funktionen wie z.B. Auktionen, Reversed Auctions und bid boards für die dynamische Preisfindung verfügbar sind.

Support:

Für den globalen Einsatz des e-Procurement-Systems muss auch der Softwareanbieter in der Lage sein, das Projekt für den globalen Einsatz unterstützen zu können. Die Integratoren sollten bereits einschlägige Erfahrungen bei Implementierung/Customizing des e-Procurement-Systems nachweisen können.

Unternehmensprofil:

Das Unternehmen sollte einschlägige Erfahrungen im e-Business-Umfeld, speziell im e-Procurement mit Marktplatzanbindung, sowie klare Zukunftsvisionen besitzen. Bei solch einem dynamischen Marktsegment sind Stabilität, Marktführerschaft und Kooperationsstrategien besonders relevant.

Verfügbarkeit:

Zur Entscheidung für ein Produkt ist der Nachweis eines lauffähigen, auf dem Markt erfolgreich eingesetzten Standardproduktes mit einschlägigen Referenzkunden eine notwendige Voraussetzung. Die primäre Bewertungsbasis ist das jeweils aktuelle Release. Zusätzlich wird jedoch auch die weitere Entwicklung des Produktes berücksichtigt.

Ausgewähltes e-Procurement-System

Nach Abwägung und Bewertung aller Kriterien hat man sich bei BMW für das Produkt Ariba Buyer 7.0 von Ariba Inc. entschieden. (Marktführer im Segment B2B e-Commerce, neben Commerce One).

Zur Unterstützung des Projektes hat sich die BMW Group für den e-Business-Partner KPMG Consulting entschieden.

IT-Lösung und Architekturdarstellung

Innovationsleistung des Projektes aus technologischer Sicht

Durch den Einsatz eines e-Procurement-Systems werden sowohl die Prozessketten innerhalb eines Unternehmens als auch diejenigen zwischen Käufer-Unternehmen und Zulieferern durchgängig implementiert.

Aus technologischer Sicht ergibt sich außerdem die Ablösung von der Host-Oberfläche hin zur Internet-Technologie. Der Anwender benötigt dann keine Schulungen mehr, so dass der Nutzerkreis erheblich erweitert werden kann.

Die Integration der verschiedenen Systeme wird über Middleware-Technologien (EAI-Produkte wie z.B: TIBCO) auf ein neues Qualitätsniveau gebracht. Darüber werden u.a. die internen Back-End-Systeme, wie z.B. SAP, angebunden.

Außerdem werden klare Integrations-Architekturen umgesetzt, bei denen z.B. Mitarbeiterdaten zur Automatisierung von Genehmigungs-Workflows aus einem zentralen Directory angebunden werden.

Durch Internet-Austausch-Formate, wie XML wird die Integration zwischen verschiedenen Unternehmen (Kataloge, Bestellungen, etc.) vereinfacht. Außerdem stellt XML eine strukturierte Basis zum Customizing der Applikation dar.

Die objektorientierte Implementierungs-Technologie mit JAVA ermöglicht sehr schnelle Innovations-Zyklen bei den Anwendungen, die mit den klassischen Programmiersprachen nicht so leicht erreichbar wären.

Durch die Verwendung des Ariba Commerce Services Networks, das als Verteil-Drehscheibe für die Bestellungen zu den Lieferanten genutzt wird, reduziert sich die Anzahl der Verbindungen nach außen (z.B. im Gegensatz zu EDI, bei der zu jedem Lieferanten eine individuelle Verbindung aufgebaut werden muss) und damit verbessert sich der Sicherheitsaspekt. Alle Verbindungen sind per SSL verschlüsselt.

Systemplattform

Zur Umsetzung von „Global Purchasing" wurde eine zentrale Architektur gewählt, d.h. das Ariba System ist nur in der Zentrale in München installiert. Die Mitarbeiter von ausländischen Werken, wie z.B. von Spartanburg / USA, greifen mit ihrem Internet-Browser (über https-Protokolle) auf das System in München zu.

Das e-Procurement-System besteht aus einer Datenbank und einer Internet-Anwendung mit Schnittstellen zu Standard Services (e-Mail, Fax etc.), sowie mit Schnittstellen zu verschiedenen ERP-Systemen.

Authentifizierung und Autorisierung der Nutzer

Die Authentifizierung und anschließende Autorisierung der Nutzer erfolgt auf Basis eines Gruppen-/ Rollen-Konzepts mit zentralem Abgleich (über LDAP) von User-ID und Passwort. Damit wird eine separate Pflege von Anwenderdaten vermieden.

Risiken, Schutzaspekte

Das Risiko des Transportmediums Internet wird in mehreren Bereichen durch geeignete Prozess- und IT-technische Sicherheitsmaßnahmen minimiert, damit weder Prozess-, Produkt-, Preis- oder Transaktionsdaten von Unbefugten abgehört werden können.

Dabei sind drei Bereiche hervorzuheben:

- die Internet-Verbindung zwischen BMW Group und der externen Transaktions-Plattform

- die Transaktionsplattform selbst

- die Verbindung zwischen der Transaktionsplattform und den Zulieferern

Verschlüsselung

Die Intranet-Verbindungen zwischen dem Browser und der Anwendung innerhalb des Unternehmens sind genauso wie die Verbindung der Anwendung zum Ariba Commerce Services Network sowie zum Lieferanten mit 128 Bit SSL verschlüsselt.

Zukunftssicherheit

Skalierbarkeit:

Auf der Server-Seite wird eine beliebige Skalierbarkeit durch parallele Server in einem „Load-Balance"-Verbund erreicht (ab Release 8.0); auf der Anwenderseite ergibt sich eine beliebige Skalierbarkeit durch die Internet-Technologie.

Offenheit:

Das e-Procurement-System basiert auf gängigem Internet-Standard. Gängige ERP-Systeme, wie SAP, JD Edwards etc., sowie firmeneigene ERP-Systeme lassen sich über Standardadapter anbinden.

Projektablauf und Projektorganisation

Zeitrahmen und Scope

Das Projekt wurde im Juni 1999 über eine weltweite Ausschreibung gestartet. Die Evaluierung der Softwareprodukte war Ende Dezember 1999 abgeschlossen.

Nach der Entscheidung für das e-Procurement-System und für den Implementierungspartner wurde im Rahmen eines Kickoff-Meetings Anfang April 2000 das Projekt aufgesetzt. Bis Anfang Juli wurde das High Level Design abgeschlossen. Bis Oktober 2000 erfolgten die Implementierung und Konfiguration der e-Procurement-Anwendung und deren interner Schnittstellen. Damit ergab sich eine Projektlaufzeit für die Integration des Standardproduktes in die BMW-Umgebung von sieben Monaten, wobei der größere Releasewechsel von Ariba ORMS 6.0 auf Ariba Buyer 7.0 während der Test- und Implementierungsphase einen erheblichen Aufwand verursachte.

Projektsstatus MeRCUR und Einkaufssystem SpeedBuy

Im Oktober 2000 ist das e-Procurement-Projekt als produktives Pilotsystem mit einem ausgewählten Scope von drei Lieferanten, drei Commodities (Büromaterial, Werkzeuge, Elektroinstallationsmaterial) und 130 Usern live gegangen. Dabei wurden die Bestellungen an die Lieferanten automatisch weitergeleitet, die Waren ausgeliefert und per Gutschriftverfahren bezahlt.

Die Pilotphase war ein wichtiger Meilenstein, um erste Erfahrungen mit dem Einsatz von e-Procurement zu gewinnen.

Im Rahmen der Roll-out-Planung wurden ab März 2001 sukzessive weitere Lieferanten und User integriert. Parallel hierzu erfolgt eine Erweiterung der Funktionsumfänge.

Unterstützung durch das Management

Eine intensive Unterstützung durch Sponsor und Promoter bis hin auf Bereichsleiterebene verschiedener Fachbereiche und der Informationstechnik war ein wesentlicher und hilfreicher Beitrag seitens des Managements. Über Change Management-Maßnahmen werden sämtliche Managementebenen laufend über den Projektfortschritt informiert.

Projektmanagement

Das Projektmanagementteam setzt sich zusammen aus drei internen Kollegen aus den verschiedensten Fachbereichen und dem externen Partner KPMG Consulting. Das Team begleitet und berät auch die Integration der ausländischen Werke, wie Spartanburg, Steyr und Südafrika.

Interne Projektorganisation und Aufgabenstellung

Intern sind mehrere IT-Kollegen beschäftigt mit dem Aufbau der IT-Infrastruktur, der Installation des Systems ARIBA Buyer 7.0, des Betriebs- und Betreuungskonzeptes und der Security-Konzepte. Fachlich eingebunden sind die Einkäufer – abhängig von der Commodity, die im Piloten Go Live online gehen – für das Thema Katalogmanagement und Lieferanten-Integration. Wichtig ist auch die Einbeziehung von Kollegen aus den Finanz- und Controllingbereichen, sowie der Rechnungsprüfung. Für gezielte Change Management-Maßnahmen wurde ein eigener Mitarbeiter definiert.

Externe Projektorganisation und Aufgabenstellung

Der e-Business-Partner KPMG in München unterstützt Feinspezifikation und Implementierung des Ariba Buyer 7.0. Auch Ariba stellt Mitarbeiter als sog. Projekt-Advisor zur Verfügung, die das gesamte Projekt technisch als auch funktional coachen. Weitere externe Partner sind verantwortlich für die Schnittstellenanbindung der im Unternehmen gewachsenen ERP-Systeme.

Ergebnis und Lessons Le@rned

Die Abläufe der unterschiedlichen Fachbereiche mit ihren Prozessen (dezentrale Beschafferstellen – zentraler Einkauf – Finanzen – Rechnungsabwicklung) wurden systemtechnisch ohne Medienbrüche vernetzt. Die permanente Transparenz über den jeweiligen Status des Beschaffungsvorgangs wird über Bestell- und Liefertracking sichergestellt. Der **„integrative Verbund"** aller beteiligten Unternehmen wurde erst durch dieses Projekt ermöglicht.

Da e-Procurement das gesamte Unternehmen betrifft, sind alle Beteiligten aus den Bereichen IT und Finanzen sowie User und Lieferanten frühzeitig einzubinden. In einem solchen Projekt ist der Change Management-Aufwand bzgl. Informationen und Auskunft über Änderungen nicht zu unterschätzen. Mitarbeiter mit entsprechendem Know-how und Persönlichkeit sind hier in besonderem Maße Voraussetzung für erfolgreichen und schnellen Einsatz einer e-Procurement-Anwendung. Ein gewisser Kulturwandel ist unerlässlich, d.h. mit Traditionen muss gebrochen werden. Ein kritischer Erfolgsfaktor im Projekt ist die Management-Anforderung einer schnellen Umsetzung. Der Markt für web - Technologien ist extrem schnelllebig, was es in den Projektplan der Umsetzung mit einzukalkulieren gilt.

16

„Just do it!" – e-Procurement bei Akzo Nobel

Carsten Haefeker

Als Akzo Nobel im Herbst 2000 begann, seine e-Business-Strategie umzusetzen, war das Thema B2B e-Procurement für viele Firmen immer noch ein Kapitel aus dem Buch der Mythen und Sagen. Kaum ein Vorstand oder Einkaufsleiter hatte sich nicht schon mit diesem Thema gedanklich auseinander gesetzt und eine entsprechende Arbeitsgruppe einberufen, die ein Konzept zur Einführung einer solchen Lösung ausarbeiten sollte. Gleichsam parallel zur Erkenntnis der Simplizität des abgebildeten Geschäftsprozesses schien die Aufgabenstellung der Implementierung an Komplexität zu gewinnen.

Das Beispiel Akzo Nobel zeigt, dass der entscheidende Schritt vom Konzept zu einem Einführungsprojekt und einer schnellen Implementierung schnell und erfolgreich durchgeführt werden kann. Nicht umsonst findet sich folgendes Zitat in der Pressemitteilung von Akzo Nobel zur Einführung der Lösung:

"At today' s launch event,…Paul Brons, the Akzo Nobel Board Member whose responsibilities include Purchasing and IT, noted that the shockwaves reverberating through the world of e-Business have left Akzo Nobel unruffled."

AkzoNobel

Akzo Nobel operiert weltweit in den Produktbereichen Gesundheit, Farben und Lacke sowie Chemischen Produkte. Das e-Procurement-Projekt wurde durchgeführt durch die Business Unit Base Chemicals. Akzo Nobel unterhält in Holland drei Standorte in Delfzejl, Hengelo und Rotterdam. Diese Standorte zeichnen sich dadurch aus, dass auch Drittfirmen an diesen Standorten produzieren. Pro Standort gibt es je eine Service Unit, die gemeinsame Geschäftsprozesse bündelt und unterstützt. Dazu zählt unter anderem auch der Einkaufsprozess.

Das ASAP-Projekt

Für die oben genannten Service Units waren schon in der Vergangenheit einige Projekte aufgesetzt worden, die eine Verbesserung des Service Levels für die Kunden am Standort bewirkt hatten. Trotzdem gab es noch weiteres Potenzial für Verbesserungen. Hierbei gab es zwei Zielgebiete:

Den Bereich Technik mit Schwerpunkten wie Rechnungsstellung, Budgetkontrolle und Kapazitätsplanung sowie den Bereich Einkauf.

Hier waren folgende Themenschwerpunkte definiert worden:

   o   Der Einkaufsprozess enthält zu viele unnötige Prozessschritte

   o   Von Kundenseite war der Wunsch nach einer eigenen Abrufmöglichkeit beim Lieferanten lauter geworden

   o   Hoher administrativer Aufwand

Basierend auf diesen Erkenntnissen wurde das ASAP-Projekt ins Leben gerufen mit den Zielen:

   o   Neudefinition deutlich vereinfachter Prozesse, die durch eine Implementierung von SAP 4.6 im Standard unterstützt wird.

   o   Fokussierung auf die Bereiche Technik, Einkauf und Materialwirtschaft und die dazu gehörenden Geschäftsprozesse.

Ein weitere Herausforderung war die Anbindung an die ERP-Landschaft von Akzo Nobel. Hier war im Wesentlichen SAP R/3 im Einsatz, aber in unterschiedlichen Releaseständen und implementierten Modulen. Eine klare Zielrichtung war das Bestreben, SAP 4.6 im Standard einzuführen. Entgegen der häufig anzutreffenden Lehre, dass die Software die definierten Prozesse abbilden muss, stand hier die Orientierung an den Möglichkeiten der einzusetzenden Software bereits am Anfang des Projektes im Vordergrund.

Das dritte Ziel war einfach, aber treffend formuliert:

„Akzo Nobel hat den Ehrgeiz, von allen Möglichkeiten des e-Business zu profitieren."

Im Rahmen des ASAP-Projektes stand das Thema e-Procurement mit den daraus resultierenden Einsparungspotenzialen im Vordergrund.

Die Einsparungspotenziale waren erkannt und quantifiziert worden. Ein Projektplan war erstellt worden, der die Durchführung eines Piloten bis zum Jahresende vorsah. Nach Durchführung des Piloten sollte die dann fertige Lösung in allen drei Service Units implementiert werden.

Definition des Piloten

Durch die Partnerschaft zwischen SAP und Commerce One hatte der Kunde die Wahl zwischen zwei Produkten:

Enterprise Buyer Desktop Edition und

Enterprise Buyer Professional Edition.

Aufgrund des größeren Funktionsumfangs war die Wahl von Akzo Nobel zunächst auf die Professional Edition gefallen, aber eine sinnvolle Pilotierung war im noch zur Verfügung stehenden Zeitrahmen nicht realisierbar. Mit dem Kunden wurde dementsprechend erarbeitet, was er kurzfristig, und was langfristig mit e-Procurement erreichen wollte, um so im Piloten erst einmal die kurzfristigen Ziele abzudecken. Entscheidend ist hierbei, dass im Rahmen eines solchen Piloten die abzubildenden Geschäftsprozesse als Ganzes beurteilt werden. Dies setzte voraus, dass die ERP-Systeme der Kunden an die e-Procurement Lösung angebunden waren und Bestellungen an die Lieferanten übermittelt werden konnten.

Zielsetzung

Der Pilot musste von der Komplexität so gering wie möglich gehalten werden, aber dennoch alle Aspekte des e-Procurement abdecken. Dies konnte nur mit der Desktop Edition erfolgen. Der Pilot wurde dementsprechend wie folgt definiert:

- o Installation der Desktop Edition bei Akzo Nobel im Standard ohne weitere Anpassungen.

- o Fokussierung auf den Standort Delfzijl.

- o Abbildung von exemplarischen Organisationseinheiten inklusive des dazugehörigen Genehmigungsverfahrens. Dies würde insgesamt etwa 60 Anwender umfassen.

o Den Anwendern sollten die Kataloge von sieben Lieferanten zur Verfügung stehen.

o Die Desktop Edition würde an SAP 4.6, SAP 3.1 sowie
ein Plant Maintenance System einer der Fremdfirmen am
Standort angebunden werden.

Dies alles war in knapp drei Monaten zu realisieren.

Die zeitkritische Umsetzung des Piloten

Nachdem die Entscheidung gefallen war, im Piloten die Enterprise Buyer Desktop Edition zu verwenden, wurde das Projekt
zügig aufgesetzt.

Zunächst galt es, die Rollen und Verantwortungsbereiche im
Rahmen des Gesamtprojektes zu regeln. Da Atos Origin die
Gesamtverantwortung für das ASAP-Projekt hatte, machte es
Sinn, das e-Procurement-Projekt auch organisatorisch in das
Gesamtprojekt einzubetten und keine separate Projektorganisati-
on zu schaffen.

Ausschlaggebend dafür war einerseits, dass Atos Origin die
Organisation, Infrastruktur und SAP-Landschaft des Kunden sehr
gut kannte und andererseits, dass besonders in Hinblick auf die
SAP-Integration mit unserer Lösung das Gesamtkonzept – besonders in Bezug auf die Geschäftsprozesse mit dem SAP R/3 4.6 –
zusammenpassen musste.

Der Projektplan wurde grundsätzlich in folgende Bereiche ge-
gliedert:

o Definition der Anwendungsbereiche

o Supplier Adoption und Katalogerstellung

o Installation und Customizing der Software

o Anbindung an die ERP-Systeme der Kunden

o Anbindung an eine Transaktionsplattform

Im Folgenden werden diese Schritte und die kritischen Erfolgsfaktoren zur Durchführung beschrieben.

Definition der Anwendungsbereiche

Für die zügige Durchführung der nachfolgenden Schritte wurden Key User von Akzo Nobel geschult. Ein Workshop wurde durchgeführt, der diese Anwender in die Lage versetzte, die zur Einrichtung der Software erforderlichen Informationen schnell zu erarbeiten. Hierbei standen die Themen Workflow und die Abbildung der Organisationsstruktur im Vordergrund.

Akzo Nobel hatte bereits die sieben wichtigsten Lieferanten für den Standort Delfzejl identifiziert und nun galt es, die entsprechenden Geschäftsprozesse in Bezug auf diese Lieferanten und ihre Kunden am Standort abzubilden. Hierbei wurde schnell klar, dass es sich im wesentlichen um so genannte „blue MRO" Artikel handelte. Es ging beispielsweise um den Einkauf von Ersatzteilen für Produktionsanlagen oder Gesamtpakete wie die Isolierung von Rohrleitungen.

Nachdem die entsprechenden Prozesse definiert waren, wurden exemplarische Anwenderbereiche identifiziert und die nötigen Stammdaten der Anwender in diesen Bereichen erarbeitet. Dazu gehörte natürlich auch die Abbildung der entsprechenden Genehmigungsprozesse.

Aufgrund der guten Vorarbeit von Akzo Nobel lagen die entsprechenden Daten bereits 2 Wochen nach Projektstart vor.

Anbindung der Lieferanten

Die zeitlichen Vorgaben des Piloten veranlassten uns, die Information und Auswahl der Lieferanten schnell und unkompliziert voranzutreiben.

Gemeinsam mit Akzo Nobel wurden ca. 40 potenzielle Lieferanten anhand einer Kriterienliste ausgewählt. Die Auswahl erfolgte im ersten Schritt auf der Basis rein subjektiver Einschätzungen durch den Einkauf. Die ausgewählten Kandidaten mussten technisch und personell in der Lage sein, die Anforderungen für einen derart schnellen Einstieg zu meistern. Weiterhin musste das angebotene Produktspektrum den Anforderungen an das e-Procurement-System entsprechen und einen schnellen und unkomplizierten Einstieg der späteren User in das neue System ermöglichen. Einfache, für jeden verständliche und gut beschreibbare Artikel waren dafür eine Grundvoraussetzung.

Die so ausgewählten Lieferanten wurden von Akzo Nobel zu einer ersten Informationsveranstaltung eingeladen. Dort wurde den Lieferanten das Projekt durch Akzo Nobel vorgestellt und die zukünftige Einkaufsstrategie verdeutlicht. Aufgrund der kurzen Vorlaufzeit und der strikten Vorgaben durch Akzo Nobel waren hier starke Anstrengungen durch alle Beteiligten erforderlich.

Viele der Lieferanten hatten sich bis zu diesem Zeitpunkt mit einem derartigen Thema noch nicht auseinander gesetzt. Viele standen diesem Projekt jedoch offen und interessiert gegenüber, andere hingegen hatten bereits Erfahrungen mit elektronischen Katalogen und gaben bereitwillig ihre Zustimmung. Eine neue Form der Zusammenarbeit stand allen Beteiligten bevor, die Veränderungen deutlich über die technischen Anforderungen hinaus bringen würde.

Akzo Nobel ermutigte auch eher zurückhaltendere Lieferanten zur Zusammenarbeit, auch wenn die ersten Ergebnisse nicht perfekt sein würden. Man müsse eine neue Form der Kommunikation entwickeln, die auf beiden Seiten noch einen erheblichen Willen zum Umdenken und Lernen erfordern würde, dies sei aber das deutliche Ziel für die Zukunft.

Nur ein paar Tage hatten die Lieferanten Zeit, eine Datenprobe ihrer Kataloge einzuschicken. Akzo Nobel übernahm für die Erstellung der ersten sieben Kataloge mit maximal 5000 Artikeln die Kosten und übermittelte die Daten schnell zur Beurteilung. Bei der ersten Überprüfung wurden die erfolgversprechendsten Datenmuster aussortiert und, mit einer Korrektur versehen, über Akzo Nobel wieder zurück an die Lieferanten geschickt. Fünf Lieferanten für Produkte und zwei Lieferanten für Dienstleistungen wurden in die endgültige Auswahl genommen.

Die meisten Fragen der fünf Produktlieferanten konnten telefonisch geklärt werden und führten sehr schnell zu konkretem Datenmaterial. Dies wurde umgehend in einer Content Factory zu einem elektronischen Katalog für die Applikation verarbeitet.

Die Erstellung von elektronischen Katalogen für die ausgewählten Dienstleistungslieferanten hingegen stellte alle Parteien vor ein zeitliches Problem. Um eine sinnvolle Anbindung von Dienstleistungsangeboten zu realisieren, mussten Konfiguratoren integriert werden. Man entschied sich, einen Katalog zurückzustellen, da der Lieferant einen leicht bedienbaren Konfigurator erst entwickeln sollte, und den anderen nicht mit einem externen Katalog anzubinden.

Über die Funktion „Round Trip" wurde die bereit bestehende Homepage des Lieferanten so angepasst, dass sie problemlos von der Applikation verarbeitet werden konnte. Der bereits bestehende Konfigurator des Lieferanten wurde so sinnvoll im Projekt integriert und eine schnelle und kostengünstige Lösung realisiert.

In nur acht Wochen lagen pünktlich zum Start des Piloten fünf interne und ein externer Katalog vor. Alle Beteiligten waren sich darüber einig, dass organisatorische Vereinbarungen mit Hilfe der nun zu gewinnenden Erfahrungen im Anschluss an den Piloten getroffen werden müssten.

In 2002 wird zusätzlich zu der Anbindung weiterer Lieferanten ein zusätzlicher Schwerpunkt auf die Integration in die Transaktionssysteme gesetzt werden. Damit werden in Zukunft Bestellung und andere Dokumente direkt in die Systeme der Lieferanten übertragen, womit dann auch die Einsparungspotenziale bei den Prozesskosten der Lieferanten bei der Auftragsannahme realisiert werden können.

Installation und Customizing der Software

Parallel zur Definition der Anwendungsbereiche wurde die Software beim Kunden installiert. Akzo Nobel war auch hier gut vorbereitet und konnte bereits den Anforderungen genügende Hardware zur Verfügung stellen. Dabei kam dem Projekt der Umstand zugute, dass die Enterprise Buyer Desktop Edition in Bezug auf Hardware sehr genügsam ist. Es wurde zunächst eine Entwicklungsumgebung geschaffen, die den Webserver für die Anwendung und den Datenbankserver auf jeweils einer Maschine vorsah. Parallel dazu wurde mit der Konzeption der Produktionsumgebung begonnen. Die Installation der Software war nach wenigen Tagen abgeschlossen und die Ergebnisse der Definition der Anwendungsfelder konnten in der Software konfiguriert werden. So stand bereits nach relativ kurzer Zeit eine fertige Umgebung zur Verfügung, die schwierigsten Aufgaben galt es allerdings noch zu bewältigen.

Anbindung an die ERP-Systeme der Kunden

Die Anbindung an ein ERP-System stellt die wohl schwierigste Aufgabe in einem e-Procurement-Projekt dar. Hierbei steht nicht unbedingt die technische Realisierung der Schnittstellen im Vordergrund, sondern die inhaltliche Abstimmung der beiden

Systeme miteinander. Nichtsdestotrotz müssen zunächst die technischen Voraussetzungen geschaffen werden.

Die Enterprise Buyer Desktop Edition stellt eine eigene Integrations-Plattform zur Verfügung, mit der sich einfache Aufgaben wie Synchronisation von Stammdaten und Mappings realisieren lassen. Die eigentliche Kommunikation mit dem angebundenen ERP-System erfolgt über das Connector Development Kit. Hier werden standardmäßig BAPIs bzw. RPCs für verschiedene SAP R/3 Versionen mitgeliefert, die über entsprechende Stylesheets mit der Commerce One Plattform kommunizieren.

Im ersten Schritt wurde zunächst ein ERP-System angebunden, um zusammen mit dem Kunden erste Integrationstests durchführen zu können. Wichtig war, dass bereits im Piloten der Gesamtprozess getestet werden konnte. Dies bedeutete, dass alle Funktionen über den Wareneingang bis hin zur Rechnungsprüfung durchgetestet werden mussten.

Anbindung an die Transaktionsplattform

Die Kommunikation der Transaktionen zwischen der e-Procurement-Applikation und den Lieferanten findet über elektronische Marktplätze statt. Um den Gesamtprozess mit den Lieferanten im Piloten testen zu können, musste die Desktop Edition von Akzo Nobel also an einen Marktplatz angebunden und die beteiligten Lieferanten dort eingerichtet werden.

Um hier schnell und unkompliziert agieren zu können, wurde Akzo Nobel an einen Testmarkplatz bei plan business in Hamburg angebunden. Dies ließ Akzo Nobel Zeit für den Selektionsprozess des Marktplatzbetreibers für die Produktionsumgebung. Dieser Selektionprozess wurde im Anschluss an den Piloten abgeschlossen. Da bereits im Piloten die technische Realisierung durchgeführt worden war, konnte der Wechsel vom Testmarktplatz auf den Produktionsmarktplatz zügig durchgeführt werden, da Akzo Nobel bereits mit der Vorgehensweise und den technischen Voraussetzungen vertraut war.

Theorie und Praxis

Ende Dezember 2000 waren alle Vorbereitungen für den Piloten abgeschlossen und Anfang Januar 2001 ging es in die Testphase.

Die im Rahmen des Projektes erarbeiteten Prozesse wurden zunächst innerhalb des Projektteams zusammen mit einigen Key-usern von Akzo Nobel durchgeführt. Hierbei zahlte sich aus, dass bei der Definition des Piloten von Anfang an ein ganzheitlicher Ansatz gewählt worden war. Es traten noch Detailprobleme in nachgelagerten Prozessschritten auf, die schnell behoben werden konnten. Ende Februar waren alle Tests und die Vorbereitungen für den Roll-out des Piloten abgeschlossen. Der Produktionsstart konnte Mitte März erfolgreich abgeschlossen werden. Inzwischen ist die Lösung auch in den anderen Standorten der Business Unit ausgerollt worden und die Anzahl der über die Plattform abgewickelten Bestellungen steigt sowohl durch die Anzahl angeschlossener Anwender als auch durch die Ausweitung der angeboteten Lieferanten und Materialgruppen. Auf Basis der im Laufe des Jahres gewonnenen Erfahrungen wird das in der Anwendung angebotene Portfolio neu bewertet, um das Angebot für die Anwender ständig zu erweitern und zu verbessern.

Im Vergleich zu aktuellen Implementierungen bei anderen Kunden kann man davon ausgehen, dass die Implementierungszeit einer e-Procurement-Lösung heute unabhängig von den eingesetzten Softwarekomponenten bei vergleichbarer Komplexität etwas geringer ausfallen dürfte. Dies resultiert sowohl aus dem höheren Reifegrad der Software als auch dem inzwischen recht hohen Erfahrungsgrad von Beratungshäusern, die bereits auf eine Reihe erfolgreicher Implementierungen zurück greifen können.

Lessons learned

Nach Abschluss des Projektes kann man die Faktoren, die das Projekt erfolgreich gemacht haben, wie folgt zusammenfassen:

o   Der Lieferantenanbindungsprozess liegt von Anfang an auf dem kritischen Pfad eines e-Procurement-Projektes und ist von entscheidender Bedeutung für den Erfolg des Projektes.

o   Ein e-Procurement-Projekt unterscheidet sich kaum von einem beliebigen Einführungsprojekt einer Standardsoftware. Es gelten die gleichen Regeln eines guten Projektmanagements.

o Durch die Vernetzung von Geschäftsprozessen über das Internet stehen Netzwerkinfrastrukturthemen von Anfang an im Fokus.

o Der e-Procurement-Prozess greift durch die Anbindung an die ERP-Systeme der Kunden tiefer in diese nachgelagerten Prozesse ein, als dies beim ersten Augenschein deutlich wird. Eine Bestellung, die im e-Procurement-System angelegt wird, muss bis zur Bezahlung der Rechnung durch den Kunden definiert und getestet werden. Dies erfordert die Mitarbeit von allen beteiligten Geschäftsbereichen.

o Die Durchführung eines Piloten unter Verwendung der standardmäßig von der Applikation abgedeckten Prozesse führt schnell zu Ergebnissen und führt so zu einer steilen Lernkurve des Projektteams.

o In der Definitionsphase des Projektes sollte besonderes Augenmerk auf die Identifizierung der geeigneten Materialgruppen gelegt werden. Die Lieferanten mit dem größten Umsatz repräsentieren nicht unbedingt die am besten geeigneten Materialgruppen oder die größten Einsparungen bei den Prozesskosten.

Akzo Nobel ist mit seiner e-Procurement Lösung im März 2001 in Produktion gegangen und hat die Plattform bis heute erfolgreich ausgebaut. Der geplante Ausbau auf 50 Lieferanten und die kontinuierliche Steigerung der über die Anwendung abgewickelten Transaktionen auf ca. 50% aller Bestellungen der Business Unit Base Chemicals macht gute Fortschritte. Dies entspricht einem Einsparungspotenzial von 2-3 Millionen EURO.

Mit der Erfahrung einer erfolgreichen Implementierung im Rücken werden diese und weitere Aktivitäten im Bereich e-Business sicherlich ebenso erfolgreich sein.

17 Effizienzsteigerung durch eine ASP e-Procurement-Lösung bei Huber+Suhner über den Conextrade e-Marktplatz

Roland Klüber, Guido Rabel, Dr. Stephan Hofstetter

Zur Umsetzung von e-Procurement in kleineren und mittleren Unternehmen eignen sich insbesondere Lösungen, die Application Service Provider (ASP) anbieten. Dieses Kapitel zeigt auf, wie Huber+Suhner zusammen mit Conextrade eine solche Lösung erfolgreich umgesetzt hat.

Die Schweizer Huber+Suhner Gruppe ist eine international führende Anbieterin von innovativen Komponenten und Systemen der Nachrichtentechnik sowie von technisch anspruchsvollen Polymer-Systemen. Die Gruppe erzielte im Jahr 2001 mit rund 3.800 Mitarbeitern einen Umsatz von 715 Mio. Fr.

Huber+Suhner hat sich zum Ziel gesetzt, neben praxisnahen Erkenntnissen eine sichtbare Reduktion der Beschaffungskosten und Durchlaufzeiten zu erreichen.

Zum Einstieg wurde eine im Umfang beschränkte, jedoch praxisnahe Pilotphase gewünscht, um schlüssige Erfahrungen für eine unternehmensweite Umstellung auf die elektronische Beschaffung von C-Artikeln (Bedarfseinkauf) zu gewinnen. Ein wichtiger Entscheidungsfaktor während dieser Pilotphase war die überzeugende Akzeptanz durch die dezentralen Bedarfsträger und die einbezogenen Lieferanten.

Ziel des anschließenden Roll-outs ist es, dass möglichst viele Bedarfsträger für katalogisierte C-Artikel von den ausgewählten Kernlieferanten über die Applikation bestellen. Der Schulungs- und Integrationsaufwand zur breiten Einführung sollte sich in engen Budgetgrenzen bewegen. Erst durch einen umfassenden Einbezug von Bedarfsträgern entsteht die kritische Masse für realisierbare Kosteneinsparungen entlang der Beschaffungsprozesskette.

Der traditionelle und damit typische Beschaffungsprozess vor Einsatz der elektronischen Beschaffungslösung basiert auf der üblichen Zirkulation von Papierformularen und Belegen. Für C-Artikel definieren die Mitarbeiter in der Regel die Anforderung mit einer Bedarfsmeldung und leiten diese an den zentralen Beschaffungsservice weiter. Hier bearbeitet der operative Einkäufer den Bedarf und übermittelt dann per Telefon, Fax, e-Mail oder ausnahmsweise per Internet eine Bestellung an den Lieferanten.

Huber+Suhner ist überzeugt, dass die einzelnen Bedarfsträger die Bestellung von C-Artikeln vollständig selbst ausführen sollten, so dass innerhalb der Unternehmung eine Reihe nichtwertschöpfender Tätigkeiten eliminiert werden können. Nur so werden die Einsparungs- und Effizienzziele erreicht. Die Beschaffung von C-Artikeln soll so weit wie möglich, jedoch kontrolliert, an den jeweiligen Bedarfsträger delegiert werden.

Innerhalb des Unternehmens wird klar zwischen der Beschaffung von nicht geplanten C-Artikeln, die zumeist nicht in die Produktion eingehen und direktem, geplanten Stücklistenmaterial unterschieden. Das Stücklistenmaterial wird bereits dezentral mittels eines modernen ERP-Systems durch die Disponenten abgerufen. Die Abrufe basieren auf Rahmenvereinbarungen, die durch die strategischen Beschaffer ausgehandelt werden. Das ERP-System ist jedoch zu aufwändig und kostenintensiv für nicht geplante und geringwertige C-Artikel. Aus der Vielfalt dieser C-Artikel sollen die bereits von Lieferanten katalogisierten und die zukünftig katalogisierbaren Güter über die e-Procurement-Lösung abgewickelt werden.

Optimierungspotenzial durch eine ASP e-Procurement-Lösung

Um diese aktuellen Ziele von Huber+Suhner zu erreichen, kann eine e-Procurement-Lösung vom Unternehmen selbst beschafft und betrieben werden oder dies durch einen Outsourcing-Dienstleister erfolgen. Huber+Suhner hat sich für letztere Variante zusammen mit Conextrade – einer Gruppengesellschaft der Swisscom AG - als Application Service Provider entschieden. Conextrade ist ein auf den Business-to-Business Online-Handel spezialisiertes Tochterunternehmen der Swisscom AG. Als Technologieplattform setzt Conextrade auf Commerce One, SAP und webMethods. Das Projektziel von Conextrade ist es, die Akzeptanz der ASP e-Procurement-Dienstleistungen im Betriebsumfeld zu verifizieren und zu optimieren. Gleichzeitig sollen die Prozesse für die Implementierung in der Praxis getestet werden.

Unter einem Application Service Provider (ASP) verstehen wir hier einen Anbieter von Software-Anwendungen, die beim Dienstleister für den Kunden betrieben werden. Die Lizenzrechte an der Software verbleiben ebenfalls beim Dienstleister. Zusätzlich werden häufig noch begleitende Beratungsleistungen erbracht und die Software kundenspezifisch konfiguriert.

Die Hosted e-Procurement-Lösung umfasst für Conextrade die Komponenten Set-up, Customizing und Betrieb. Kunden reduzieren ihren Investitionsbedarf und gewinnen eine höhere Flexibilität. Fixkostenblöcke für neue Softwarelizenzen, neue Hardware und zusätzliche IT-Personalkapazitäten entfallen beim Kunden. Zu den qualitativen Vorteilen gehören eine höhere Sicherheit durch definierte Service Level Agreements und der Zugang zu aktuellen Erfahrungen und Fähigkeiten im e-Procurement, die ohne eigene Aufbauzeiten schnell verfügbar gemacht werden können. Somit gelingt es dem Unternehmen, durch die Zusammenarbeit mit dem ASP, externe Ressourcen für eigene Zwecke zu erschließen (virtuelle Integration).

Conextrade versteht unter electronic Procurement (e-Procurement) den geschlossenen elektronischen Beschaffungsprozess zwischen Unternehmen. e-Procurement umfasst neben Prozessen, Strukturen und den beteiligten Akteuren auch die Software Applikationen sowie (e)Services, um dieses Ziel zu erreichen.

Neben der ASP Lösung für den Käufer(Enterprise Buyer Desktop) bietet Conextrade auch eine ASP Auftragsverwaltungslösung für Lieferanten (Supply Order). Bei höherer Transaktionsanzahl und ausreichender e-Business Fähigkeit des Lieferanten ist eine Integration via EDI, XML oder FTP empfehlenswert, um die Effizienzpotenziale auf Lieferantenseite auszuschöpfen (s. Bild 82). Für Käufer wie Lieferant übernimmt Conextrade ein echtes Multilieferantenkatalog-Management, welches käuferspezifische Kataloge und Preise aus verschiedenen Lieferantenkatalogen gemäß der Katalogstandards UN/SPSC oder eClass aggregiert. Der Bedarfsträger profitiert so von einer einheitlichen Benutzerführung, Suchfunktionalität und Katalogdarstellung.

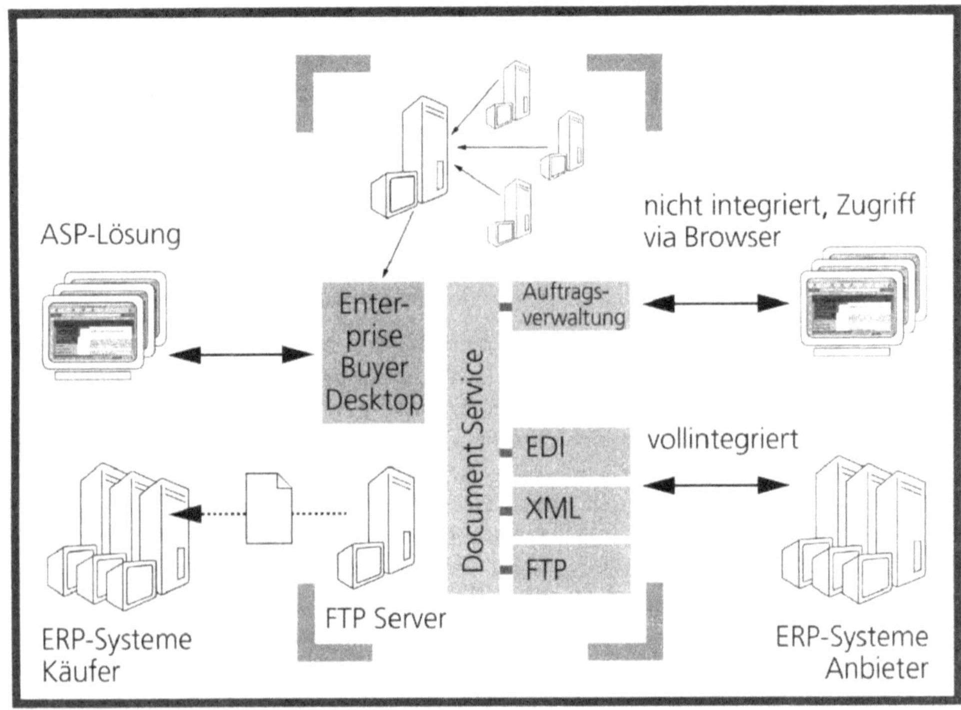

Bild 82   **Überblick der ASP- und Integrations-Lösungen von Conextrade**

e-Procurement, bzw. der elektronische Sourcing- und Bestellprozess, lässt sich in drei Prozessvarianten unterteilen: Katalogbeschaffung, Online-Auktionen und -Ausschreibungen sowie die elektronische Beschaffung von direkten Gütern (Direktmaterialien) (s. Bild 83).

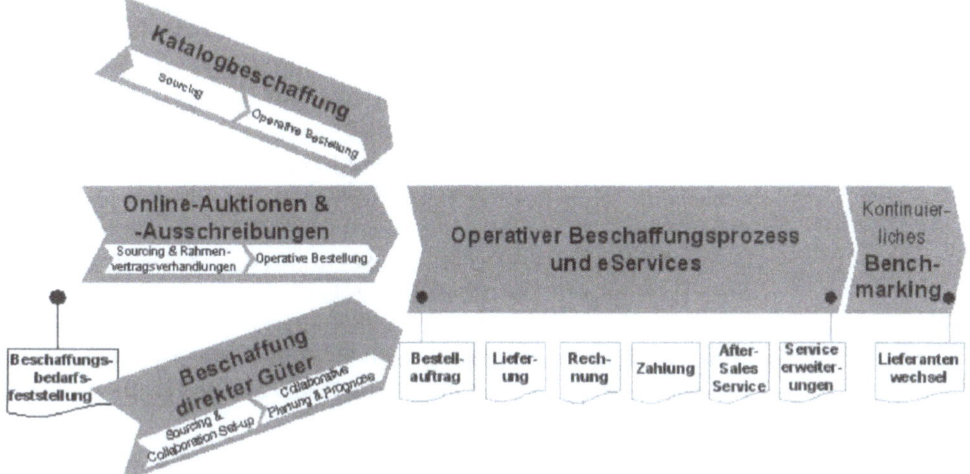

Bild 83   **Gesamtüberblick der e-Procurement-Prozesse**

Für C-Artikel oder Maintenance, Repair and Operating Supplies (MRO-Supplies) eignet sich die Katalogbeschaffung wegen der großen Vielfalt der Bedarfsanforderungen besonders. Huber+Suhner hat sich für eine katalogbasierte e-Procurement-Lösung im ASP-Modus entschieden. Mit Login und Passwort loggt sich der Bedarfsträger von Huber+Suhner bei Conextrade ein. Er findet hier einen auf seine Bedürfnisse zugeschnittenen Multilieferantenkatalog, in welchem die Produkte der verschiedenen Lieferanten nach Kriterien gesucht und selektiert werden können.

Erfolgt die Beschaffung mittels elektronischer Kataloge in Verbindung mit einer durchgehenden Beschaffungssoftware, kann die Effizienz gesteigert werden. Die Beschaffungskosten sinken sowohl dank niedrigerer Einkaufspreise als auch erheblich geringerer Prozesskosten. Die elektronische Beschaffungslösung kanalisiert die Beschaffung auf die elektronischen Kataloge. Diese Kataloge von bevorzugten und stark integrierten Anbietern sollten sich durch ein breites und tiefes Sortiment auszeichnen. Dank einer einheitlichen Beschaffungssoftware lassen sich aussagekräftige Auswertungen über das Beschaffungsverhalten aufbereiten, die zur wirkungsvollen Unterstützung der Einkaufsverhandlung verwendet werden können. Die angestrebte Integration der Beschaffungsvorgänge für C-Artikel mit den ERP-Systemen wird zudem erheblich erleichtert.

Die elektronische Beschaffung steigert die Effektivität in mehrfacher Hinsicht. Eine größere, weltweite Auswahl potenzieller Lieferanten könnte dank der Integration in das Global Trading Web™, den weltweiten Verbund von auf Commerce One Technologie basierenden elektronischen Marktplätzen (e-Marktplätze), erschlossen werden (siehe Beitrag 10). Gleichzeitig kann eine Konsolidierung der Lieferantenbasis vorgenommen werden. Es eröffnen sich neue Optionen zur Gestaltung des Beschaffungsprozesses, etwa elektronische Auktionen oder Ausschreibungen. Die Beschaffungskette wird transparenter und lässt sich dadurch besser kontrollieren. Die proaktive Aufbereitung von Beschaffungskennzahlen und -informationen wird erleichtert und dient als fundierte Basis für Beschaffungs- und Einkaufsentscheidungen.

Zusammenfassend lassen sich durch e-Procurement Prozesskosten bei der Beschaffung von C-Artikeln einsparen und Fixkostenblöcke in der Informatik durch eine ASP-Lösung vermeiden oder weitgehend variabilisieren. Zusätzlich können qualitative Nutzeffekte erzielt werden. Mit diesen Ansätzen kann Huber+Suhner seine operativen Prozesse in der C-Artikel-Beschaffung elegant optimieren.

Elektronische Marktplätze zur Unterstützung von Einkaufsgemeinschaften

Beschaffungskooperationen bieten Huber+Suhner eine zusätzliche strategische Option in der Beschaffung. Unter Pooling verstehen wir generell die Bemühungen durch Kooperationen, Allianzen und Volumenbündelungen die strategische Beschaffungsposition im Markt zu verstärken. Somit kann ein Poolingpartner seine Marktmacht ausweiten und verbesserte strategische Einkaufspreise und -konditionen erzielen, sowie Effizienzvorteile durch eine gemeinsame Ausschreibung realisieren.

Die Poolingvorteile lassen sich nicht ohne ein abgestimmtes Vorgehen der Partner erreichen. Die Einigung auf gemeinsame Lieferanten, eine abgestimmte Verhandlungsführung durch einen Partner, die Bereitstellung und zuverlässige Aggregierung der Beschaffungsdaten sind einige der Voraussetzungen. Je stärker die Homogenität der Unternehmen und je enger die Zusammenarbeit, desto besser sind die Voraussetzungen. Ein virtuelles Beschaffungsnetzwerke kann zur Nutzung oder der Bildung eines gemeinsamen e-Marktplatzes führen. Dies steigert die Attraktivität für Käufer und Lieferanten, und es ergeben sich für alle Beteiligten vielfältige Vorteile.

Huber+Suhner hat zur Realisierung dieser Vorteile mit den Unternehmen Baumer Holding AG, Geberit AG, Gretag Imaging AG, Lista AG, Santex Group, Schindler Aufzüge AG Schweiz das Industrial Sourcing Network gegründet. Die Zielsetzung umfasst die Bündelung von Volumina und die Prozessoptimierung unter Beibehaltung der Leistungsqualität auf Lieferanten- und Kundenseite. Das Industrial Sourcing Network pflegt die Kontakte zu potenziellen Beschaffungsmärkten und tauscht zielgerichtete Informationen und Erfahrungen sowohl zwischen den Gesellschaftern als auch den involvierten Lieferanten aus. Auf Basis eines gemeinsam definierten Materialgruppen-Managements werden transparente Ausschreibungsverfahren und Verhandlungen durchgeführt. Die Teilnahme am gleichen e-Marktplatz kann zusätzliche Vorteile des Pooling erschließen. Diese liegen in der vereinfachten gemeinsamen Pflege der Preise und der gesteigerten Attraktivität für Lieferanten, sich am e-Marktplatz zu beteiligen. Ein e-Marktplatz kann durch Online-Ausschreibungen die Preisverhandlungen des Pools beschleunigen.

Lösungsansatz und Erkenntnisse von Conextrade

Rahmenbedingungen

Das Pilotprojekt mit Huber+Suhner kann durch folgende Rahmenbedingungen gekennzeichnet werden:

- Mit dem Full-Service Pack e-Procurement konfiguriert Conextrade im Auftrag des Kunden die Applikation und administriert sämtliche Benutzer.

- Der Pilotbetrieb wurde bereits drei Monate nach Vertragsunterzeichnung gestartet.

- Die Buyer Organisation umfasste während des Pilotbetriebes 35 Bedarfsträger.

- Elektronische Kataloge von fünf Lieferanten wurden auf dem e-Marktplatz aufgeschaltet.

Die Einkaufslimits pro Bestellung und Bedarfsträger wurden für den Pilotbetrieb großzügig festgelegt, so dass die meisten Bestellungen ohne eine Genehmigungsschlaufe über Vorgesetzte oder Einkaufsverantwortliche direkt zum Lieferanten übermittelt werden können. Damit findet sich das firmenspezifische Vertrauensprinzip von Huber+Suhner im Genehmigungsverfahren wieder.

Implementierungsstrategie und Meilensteine

Für die Implementierung der „BuySite Hosted Edition" wurde die Methodik von Commerce One gewählt.

Mit dem ersten Meilenstein wird der „Projekt Set-up" abgenommen. Damit ist das Projekt aufgesetzt, sind die möglichen Bedarfsträger und betroffenen Funktionen über die Grundzüge des elektronischen Marktplatzes informiert und ist ein „Supplier Summit" mit potenziellen Lieferanten durchgeführt.

Bis zum zweiten Meilenstein, der als „Supplier Adoption" bezeichnet wird, sind die prioritären Lieferanten evaluiert worden. Mit diesen Lieferanten verhandelt Huber+Suhner mit Unterstützung von Conextrade über eine Teilnahme am e-Marktplatz. Es werden das Kernsortiment, die kommerziellen Bedingungen sowie die logistischen Leistungen vereinbart. Zu dieser Projektphase gehört auch die Bereitstellung der Kataloginhalte durch die Lieferanten. Die Kataloge werden von Conextrade standardisiert, kategorisiert und normalisiert werden.

Bis zum nächsten Meilenstein, der Freigabe des Pilotbetriebes, werden die technische Implementierung und Konfiguration sichergestellt. Conextrade schult die Bedarfsträger. Mit realen Testbestellungen werden die Durchgängigkeit, Funktionalität und Prozesskonformität gemäss der Leistungsbeschreibung entlang der gesamten Beschaffungsprozesskette festgestellt und formell abgenommen.

In der anschließenden Pilotphase wird die Akzeptanz des e-Marktplatzes durch die Bedarfsträger und die Lieferanten in der Praxis getestet. Ein wachsendes Transaktionsvolumen und die Prozesssicherheit werden erreicht. Der stabile Pilotbetrieb und die erfolgreiche ERP-Teil-Integration sind die Voraussetzungen für den vierten Meilenstein, die Freigabe der Betriebsphase.

Meilensteine	Abnahmekriterien
M1 – Projekt Set-up	Aktivitäten von Phase I abgeschlossen. Projekt Set-up, Supplier Summit durchgeführt.
M2 – Supplier Adoption	Kernsortiment von 3 bis 5 Lieferanten standardisiert, kategorisiert und normalisiert
M3 – Freigabe Pilotbetrieb	Aktivitäten Phase I + II abgeschlossen. Technische Implementierung, Konfiguration und Schulung der Bedarfsträger, sowie durchgängige Testbestellungen pro Lieferant durchgeführt.
M4 – Freigabe Betriebsphase	Stabiler Pilotbetrieb erreicht und die ERP-Teilintegration abgeschlossen. Die Freigabe für den Produktionsbetrieb erfolgte im Juli 2001. Verträge für 3 Betriebsjahre wurden abgeschlossen.
M5 - Roll-out	Roll-out mit zusätzlichen Lieferanten und Bedarfsträgern definiert. Gemeinsame Nutzung des e-Marketplaces im Industrial Sourcing Network gestartet.

Bild 84   Meilensteine und deren Abnahmekriterien

Im Einzelnen sind folgende Aktivitäten hervorzuheben:

Projekt Set-up

Die Auseinandersetzung mit e-Procurement und die notwendigen Vorarbeiten bringen bereits einen großen Nutzen für das Unternehmen. Die Implementierung einer e-Procurement-Lösung ist mit einem gegenseitigen Lernprozess verbunden. Huber+Suhner hat von der elektronischen Beschaffungslösung profitiert. Conextrade hat sein beschaffungsspezifisches Prozessverständnis eingebracht und erweitert. Huber+Suhner musste die Prozesse neu definieren, da sich die Anwendung nach den Bedürfnissen der dezentralen Bedarfsträger und nicht der zentralen Einkäufer richtet. Mit dem Empowerment der Bedarfsträger werden die administrativen Prozesswege verkürzt werden.

Die Benutzer bei Huber+Suhner, so genannte Bedarfsträger, können direkt auf die Lieferantenkataloge zugreifen und Bestellanforderungen aufgeben. Diese durchlaufen ein elektronisch unterstütztes, einfaches Bewilligungsverfahren, bevor Bestellungen bei den Lieferanten ausgelöst werden. Anstelle eines umfangreichen Bewilligungsverfahrens wurden im Pilotbetrieb lediglich Höchstbeträge pro Bestellung und Bedarfsträger gesetzt.

Supplier Adoption

Die strategische Bündelung der Lieferantenbasis in den relevanten Beschaffungskategorien sollte idealerweise vor dem Start eines e-Procurement-Projektes abgeschlossen sein. Der Integrationsprozess sollte nur mit den bevorzugten Lieferanten gestartet werden. Diese erhoffen sich ein Umsatzwachstum dank der Konsolidierung und lassen sich durch dieses zusätzliche Geschäftsvolumen für eine Teilnahme motivieren. Die Lieferanten sind aber generell äußerst aufgeschlossen gegenüber e-Procurement-Anwendungen, erhoffen sie sich doch auch Vorteile bei der Akquisition neuer Kunden via e-Marktplatz. Huber+Suhner hat mit den Lieferanten nicht nur die kommerziellen Bedingungen, sondern auch den konkreten Servicegrad sowie ein vereinfachtes Format der Rechnung vereinbart.

In einer ersten Phase umfasst der Multilieferantenkatalog die Kernsortimente der Unternehmen Brütsch Rüegger, aepli office & promotion, Maag Technik, SFS Unimarket und den Katalog von Bossard, auf den via Round-Trip zugegriffen wird. Die Integration weiterer Lieferanten ist geplant. An die Qualität der elektronischen Lieferantenkataloge werden hohe Anforderungen gestellt, damit die Artikel leicht gefunden werden können. Es bestehen benutzerfreundliche Suchhilfen zum schnellen Eingrenzen oder direkten Auffinden eines Artikels, der entsprechend den Anforderungen elektronisch hinterlegt ist.

Schulung

Alle Bedarfsträger wurden in einem zweistündigen Kurs geschult. Je nach Qualifikation der Bedarfsträger musste für die Handhabung und Nutzung des elektronischen Beschaffungsmediums mehr oder kein Nachschulungsaufwand betrieben werden. Es lohnt sich, die Bedarfsträger nochmals direkt am Arbeitsplatz zu besuchen und sie bei einer ersten Bestellung zu betreuen, um individuelle Unsicherheiten abzufedern.

Teilintegration in das ERP-System via File-Schnittstelle zur Schließung der Prozesskette

Die Erstellung einer File-Schnittstelle als Prototyp für den Abgleich im ERP-System war eine der Herausforderungen, da im

Laufe des Projektes der Pilotstart von diesem Prototyp abhängig gemacht wurde. Anlässlich der durchgeführten Bedürfnisanalyse wurden die Spezifikationen für den Datenexport erstellt.

Diese Schnittstelle stellt periodisch die geänderten Bestelldaten, die aktuellen Kostenstellenzuordnungen und Empfangsbestätigungen zur Verfügung. Um nicht eine kundenspezifische File-Schnittstelle zu entwickeln, musste u.a. sichergestellt werden, dass dieser Datenexport für zukünftige Kunden als Standard verwendet werden kann. Dieser Prototyp wurde bis zum Pilotstart realisiert und implementiert. Mit der e-Procurement-Lösung kann die Bestellung elektronisch an den Lieferanten übermittelt werden. Nach Erhalt der Ware wird die Empfangsbestätigung durch den Bedarfsträger für die Freigabe der Rechnungserstellung an den Conextrade e-Marktplatz geschickt. Huber+Suhner kann periodisch vom Conextrade Markplatz per File-Transfer die notwendigen Bestelldaten, Kostenstellenzuweisung und die Empfangsbestätigung elektronisch abholen, um den Abgleich im ERP-System vorzunehmen. Der Lieferant erstellt periodisch eine Sammelrechnung.

Kritische Erfolgsfaktoren

Redesign der Beschaffungsprozesse adressieren

Es zeigt sich, dass bei der Einführung einer e-Procurement-Lösung eine Anpassung der bestehenden Einkaufsprozesse und – organisation erforderlich wird, um die angestrebte Prozessverbesserung und Kostenreduktion realisieren zu können. Dies setzt voraus, dass die Bereitschaft zur Anpassung der Prozesse durch den zentralen Einkauf vorhanden ist und durch das Top-Management getragen wird. Zu empfehlen ist, dass der Transformationsprozess durch ein Change-Management-Programm begleitet wird.

Effizienz Supplier Adoption

Die Integration der Lieferanten in weniger als drei Monaten war eine ambitionierte Herausforderung. Der Prozess für die Supplier Adoption dauert in der Regel minimal drei Monate. Aufgrund des Sortimentes und der Lieferung des Probekatalogs kann erst erkannt werden, wie viel Aufwand für die Erstellung des Content, d.h. der spezifischen Lieferantenkataloge, notwendig ist.

Zudem ist die Kooperation und Bereitschaft des Lieferanten von entscheidender Bedeutung.

Der Lieferant sieht am Anfang seine zusätzlichen Kosten und den Nutzen vorwiegend beim Buyer. Dies hat zur Folge, dass der wirkliche Nutzen für den Lieferanten, die Zunahme des Absatzvolumens durch die Einschränkung der Lieferantenanzahl, klar aufgezeigt werden muss. Mittelfristig kann auch der Lieferant durch eine elektronische Integration seine Prozesskosten senken.

Qualität des Content

Die Erfahrung in der Praxis hat gezeigt, dass die Bedeutung der Qualität des Content massiv unterschätzt wird. Wird der Standardisierung (UN/SPSC Kodifizierung) und der Datenqualität zu geringe Bedeutung beigemessen, werden die Bedarfsträger die Artikel schwer oder gar nicht finden. Dies gefährdet die Akzeptanz der elektronischen Beschaffungslösung bei den Benutzern. Standardisierter Content und effiziente Suchfunktionalitäten sind der Schlüssel für das Auffinden der zu bestellenden Artikel. Zusätzlich wird die Effizienz durch das Anlegen von individuellen Favoritenlisten – insbesondere für Büromaterial - erheblich gesteigert.

Performance des Internet-Zugangs

Die Leitungskapazität für den Internet-Zugang ist in den USA als Standard (1,5Mbit/s) höher dimensioniert als in Europa. Die Leitungskapazität von 256kbit/s reicht für die Performance der Applikation nicht aus und wurde auf 512kbit/s erhöht. Dies führte zu einer markanten Verbesserung der Performance.

ERP-Teilintegration

Um einen Medienbruch zu vermeiden, ist ein automatisierter elektronischer Abgleich der Bestelldaten, Kostenstellenzuweisungen und Empfangsbestätigung im ERP-System zwingend erforderlich. Ohne diese Teilintegration kann die Prozesskette nicht effizient geschlossen werden.

Roll-out nach erfolgreichem Abschluss der Pilotphase

Ein effizienter Roll-out kann nur mittels eines dedizierten Projektteams vorangetrieben werden. Fehlt ein solches Projektteam mit klarem Auftrag und Terminzielen, ist eine weitere Einführung der e-Procurement-Lösung ineffizient oder nur erschwert möglich.

Nutzen für Einkäufer und Lieferanten

Durch die Einführung und Nutzung der e-Procurement-Lösung und die Reduzierung von Prozessschritten konnten folgende Optimierungspotenziale ausgeschöpft werden:

Huber+ Suhner konnte Prozessschritte und Durchlaufzeiten reduzieren und Medienbrüche verhindern, was zur Senkung der Transaktionskosten führt.

Durch die Bündelung der Einkaufsmacht und das Vermeiden von willkürlichen Bestellungen bei beliebigen Lieferanten (Maverick Buying) konnte die Lieferantenanzahl reduziert werden, was zu neuen Preisverhandlungen und zur Definition eines neuen Kernsortimentes führte. Der Nutzen für den Lieferanten besteht aus der Erhöhung seines Absatzvolumens.

Mittels der implementierten File-Schnittstelle kann ein effizienter Abgleich der Rechnungsdaten erfolgen. Dies dient als Basis für die spätere automatische Verbuchung im ERP-System. Diese vollständige Integration wird die Prozesskette schließen und vermeidet zusätzliche Ineffizienzen durch Medienbrüche.

Eine weitere Verbesserung ist die Transparenz des Bestellprozesses sowie die erweiterten, komfortablen Kontrollmöglichkeiten. Die Papierabläufe verschwinden nun auch aus dem Beschaffungsprozess für C-Artikel, soweit die Artikel und Lieferanten bereits auf dem Marktplatz verfügbar sind.

Der Zentraleinkauf wird von operativen Aufgaben entlastet und kann seine Kapazität vermehrt für den strategischen Einkauf und das Lieferanten-Management einsetzen.

Drei Monate nach Projektstart war die e-Procurement-Lösung implementiert und konnte für den Pilotbetrieb freigegeben werden.

Erfahrungen aus der Implementierung der Lösung

- Zwingende Voraussetzung für die Akzeptanz ist eine einfach zu bedienende Applikation auf dem Client mit ausreichender Performance. Die Leitungskapazität des Internet-Zuganges ist von entscheidender Bedeutung für die Performance. Zu empfehlen ist eine Leitungskapazität von mindestens 512 kbit/s.

- Um die Qualität zu gewährleisten, empfiehlt Conextrade keine Kataloge von Lieferanten auf den Marktplatz zu laden, die nicht den Qualitätsanforderungen genügen. Es ist unabdingbar, durch gezielte Information und Aufklärung die Lieferanten frühzeitig auf die Bedeutung hochwertigen Contents aufmerksam zu machen und entsprechend zu sensibilisieren.

- Als Maßnahme wird bei zukünftigen Supplier Summit, d.h. beim ersten Kontakt mit dem Lieferanten, vermehrt auf die Wichtigkeit der Qualität beim Content hingewiesen und aufgezeigt, wie der Prozess mit der Qualitätskontrolle für die Erstellung des Kataloginhaltes abläuft. Zudem werden die notwendigen Entscheidungsgrundlagen für einen „make or buy" Entscheid geliefert.

- Für den Lieferanten ist die Integration von enormer Bedeutung, um Prozesskosten einzusparen. Anhand des zu erwartenden Bestellvolumens wird die optimale Integrationstiefe in Bezug auf Preis/Leistung durch Conextrade aufgezeigt.

- Ein interdisziplinäres Projektteam ist ein absolutes Muss. Die Informatik sollte kompetent im Projekt vertreten sein, um die technische Kompatibilität zu gewährleisten und das Projektteam vor Überraschungen zu schützen sowie die Abstimmung mit der IT-Strategie des Unternehmens sicherzustellen.

- Eine Integration ins ERP-System kann durchaus erst nach den praktischen Erfahrungen mit der e-Procurement-Lösung angestrebt werden. Sie ist aber wichtig, um die Nutzenpotenziale der Lösung wirklich zu realisieren.

- Dieser Pilotbetrieb zeigt, dass nur durch regelmäßigen Austausch von Erfahrungswerten zwischen den Beteiligten (Bedarfsträger, Lieferanten, Systemlieferant, Systembetreiber) und dem Ausschöpfen des vorhandenen Optimierungspotenzials praxisrelevante positive Resultate gewonnen werden.

Conextrade konnte im Pilot einige Erfahrungen sammeln, Weiterentwicklungspotenziale aufzeigen und bei neuen Kunden bereits berücksichtigen. Nach Abschluss der Pilotphase und den erreichten Pilotzielen konnte die e-Procurement-Lösung in den Produktionsbetrieb überführt werden. Heute befindet sich Huber+Suhner im Roll-Out für weitere Lieferanten und Bedarfsträger.

In den nächsten Phasen wird das Einsatzpotenzial von Online-Ausschreibungen und weiteren e-Services für die strategische Beschaffung bei Huber+Suhner oder innerhalb der Einkaufsgemeinschaft untersucht und die Einsatzgebiete weiter ausgebaut. Diese Planungen werden durch Conextrade durchgängig begleitet.

18 Erfolgreiches e-Procurement von nicht katalogisierbarem Fertigungsmaterial bei Siemens

Dr. Rüdiger Reitzig

Die Siemens AG hat frühzeitig damit begonnen alle Geschäftsprozesse auf ihr Einsparungspotenzial durch die Umstellung auf e-Business zu untersuchen. Der Einführung von e-Procurement-Systemen wurde aufgrund ihres bekannten positiven Einflusses auf das Gesamtgeschäftsergebnis besonders hohe Bedeutung beigemessen.

Nach erfolgreicher Implementierung und Anwendung des Commerce One Enterprise Buyer Desktops wurde Mitte 2000 beschlossen, Commerce One Software weltweit für alle Einkaufsanwendungen anzuwenden und den Siemens Marktplatz *click2procure* zu begründen (siehe Beitrag 11). Die SPLS als globale Siemens Einkaufsorganisation und Betreiber des Marktplatzes machte es sich zu ihrem Ziel, allen Siemens-Bereichen weltweit die optimale e-Procurement-Lösung anzubieten, und den Lieferanten die Plattform für ihre e-Business-Aktivitäten mit der Siemens AG zu bieten.

Herausforderungen bei der Beschaffung von nicht katalogisierbarem Material

Fertigungsmaterial wird vom Hersteller oft gemäß Kundenspezifikation, eventuell sogar nach Zeichnung, angefertigt und ist somit nicht oder kaum in elektronischen Katalogen abzulegen. Meistens sind die Materialdaten in den Stammdaten des verwendeten ERP-Systems (Materialstämme) und in einem oder mehreren Datenbanken für technische Dokumente und Zeichnungen hinterlegt.

Die Nachfrage nach einem e-Procurement-System, das den speziellen Anforderungen für nicht-katalogisierbares Direktmaterial gerecht werden würde, wurde zuerst von der Siemens Westinghouse Power Corporation (SWPC) an die SPLS herangetragen. Die SWPC ist die nordamerikanische Tochter der Siemens Power Generation Gruppe, die Kraftwerke verschiedenster Bauarten errichtet und wartet. Die SWPC sah sich mit einem gewaltigen Nachfrageschub im Kraftwerksgeschäft konfrontiert, dem nur durch ein hoch effektives System für die Beschaffung von nach SWPC-Spezifikationen herzustellenden Teilen begegnet werden konnte.

Deshalb wurde die SPLS als der Beschaffungs- und Logistikdienstleister der Siemens AG mit der Konzeption und Entwicklung eines geeigneten e-Procurement-Systems beauftragt, das die Anbindung des SWPC-eigenen SAP-Systems und der Zeichnungs- und Spezifikationsdatenbanken an den Siemens Marktplatz *click2procure* bieten und somit einen effizienten elektronischen Datenaustausch mit den SWPC-Lieferanten ermöglichen sollte.

Wie kommunizieren Einkäufer und Lieferanten traditionellerweise?

Der typische Beschaffungsprozess von durch den Bedarfsträger spezifizierten Materialien ist durch eine aufwändige und durch mehrere Medienbrüche gekennzeichnete Kommunikation zwischen Einkäufer und lieferantenseitigem Vertrieb und Fertigung gekennzeichnet.

Das folgende Beispiel illustriert einen typischen Beschaffungsprozess (siehe auch Bild 85):

- Entweder durch eine Kundenbestellung oder intern aus der Fertigung oder der automatischen Disposition entsteht ein Bedarf für eine bestimmte Menge eines durch Zeichnungen und/oder andere Spezifikationsdokumente beschriebenen Teils.

- Eine Bestellanforderung wird in SAP eingegeben und von einem Einkäufer aufgenommen.

- Der Einkäufer kennt einen oder mehrere potenzielle Lieferanten und erstellt eine Anfrage, ob und zu welchen Konditionen sie die benötigten Teile liefern können. Es handelt sich hierbei um einen so genannten RFQ (Request for Quote). Hierbei müssen meist die Zeichnungen und/oder andere Spezifikationsdokumente mitgeschickt werden.

- Die Lieferanten bekunden ihre Lieferbereitschaft unter Nennung ihrer Konditionen.

- Der Einkäufer analysiert die eingegangenen Angebote und schickt dem unter Berücksichtigung aller relevanten Aspekte wie Liefertreue, Preis, etc. bestbietenden Lieferanten eine Bestellung unter Bezugnahme auf deren Angebot zu.

- Der Lieferant bestätigt die eingegangene Bestellung unter Anerkennung der beschriebenen Lieferbedingungen. Gegebenenfalls teilt er jedoch dem Einkäufer noch Preis-, Mengen- oder Lieferterminänderungen mit.

- Der Einkäufer bestätigt seinerseits die Bestellung und „updatet" sein SAP-System entsprechend. Gegebenenfalls muss er dem Lieferanten eine Bestelländerung zukommen lassen, die seinerseits wieder vom Lieferanten wie oben beschrieben bestätigt werden muss.

- Obwohl äußerst unerwünscht, muss der Lieferant des öfteren eine Verschiebung des Liefertermins mitteilen, die vom Einkäufer wiederum ins SAP-System eingegeben werden muss.

- Sind die Zeichnungen und/oder andere Spezifikationsdokumente dem Lieferanten nicht schon während der RFQ-Phase übermittelt worden, so müssen diese u.U. jetzt dem Lieferanten zugeschickt werden, was zu weiteren Verzögerungen führt.

- Die nächsten Kommunikationsschritte zwischen Einkäufer und Lieferanten beziehen sich auf den endgültigen Liefertermin, damit die Logistikabteilung und der interne oder externe Kunde informiert werden kann.

- Der Lieferant stellt die gelieferte Ware in Rechnung, die ins SAP-System eingegeben werden muss, wo auch die Rechnungsprüfung erfolgt.

- Als zahlungsauslösendes Ereignis wird entweder der Wareneingang oder die Versandmeldung des Lieferanten beim Streckengeschäft, also der Lieferung direkt zur weiterverarbeitenden Baustelle, herangezogen.

- Der Lieferant fragt häufig den Zahlungstermin gesondert nach, wofür die Buchhaltung wiederum eine SAP-Abfrage zur Überprüfung etwaiger Mengen- und/oder Preis-

diskrepanzen zwischen Bestellung und Rechnung vornehmen muss.

- Schlussendlich wird die Rechnung des Lieferanten beglichen.

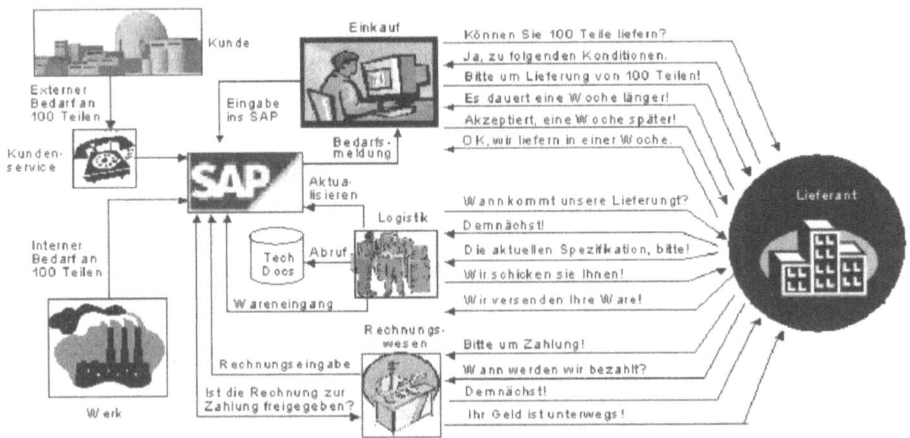

Bild 85   **Die Kommunikation zwischen den an der Beschaffung von Direktmaterial beteiligten Geschäftspartnern ist aufwändig, zeitintensiv und bedient sich
verschiedenster Medien**

Sämtliche der hier aufgeführten Prozessschritte können durch
Einsatz eines e-Procurement-Systems zum Austausch elektronischer Geschäftsdokumente vereinfacht und beschleunigt werden.

Wie kann eine e-Procurement-Lösung für alle Lieferanten realisiert werden?

Betrachtet man den oben beschriebenen Prozess, so erkennt
man die Notwendigkeit die folgenden Geschäftsdokumente
zwischen Einkäufer und Lieferanten auszutauschen:

- Anfrage, gegebenenfalls mit unterstützenden Zeichnungen
  und/oder anderen Spezifikationsdokumenten

- Angebot

- Bestellung

- Bestellbestätigung

- Bestelländerung

- Änderungsbestätigung

- Lieferstatusaktualisierung

- Anforderung technischer Dokumente
- Versand technischer Dokumente
- Versand(bereitschafts)meldung
- Rechnung
- Rechnungsstatusabfrage
- Rechnungsstatusantwort

Einige dieser Dokumententypen sind bekannt und werden seit geraumer Zeit z.B. über EDI ausgetauscht. Andere wie z.B. die Anforderung und der Versand technischer Dokumente, sind in der EDI-Welt heute (noch) unbekannt, aber zur effizienten Beschaffungsabwicklung nicht-katalogisierbarer Ware unabdingbar.

Eine weitere Problematik ergibt sich aus der Notwendigkeit, eine große Anzahl hinsichtlich ihrer Größe und „e-Readiness" sehr unterschiedlich gearteter Lieferanten an eine derartige e-Procurement-Lösung anzuschließen. Die SWPC hatte schon einige Großlieferanten per EDI an ihr SAP-System angebunden, machte jedoch einen wichtigen Anteil ihres Geschäftes mit kleineren Speziallieferanten, die auch an die e-Procurement-Lösung mitangeschlossen werden sollten, um das volle Potenzial der Prozesskosteneinsparungen durch e-Procurement zu nutzen.

Hieraus ergab sich für die SPLS die Notwendigkeit eine Lösung zu konzipieren, die die Anbindung des SWPC eigenen SAP-Systems und der Zeichnungs- und Spezifikationsdatenbanken an den Siemens Marktplatz *click2procure* bieten sollte. Außerdem sollte für große Lieferanten eine EDV-Integration ihrer Auftragsverwaltungssysteme mit dem Marktplatz *click2procure* und für kleine Lieferanten eine Anbindung über ein web-basiertes Lieferantenportal ermöglicht werden.

Technologie und Architektur zur Realisierung der komplexen Anforderungen

Als Bindeglied zwischen den beiden „Welten" Commerce One und SAP wurde - entsprechend dem mySAP.com-Modell - der MarketSetConnector von SAPMarkets als „plug-in" im Business Connector von WebMethods verwendet. Durch diese Applikationen werden die SAP-Dokumente „IDOC" in den von Commerce

One verwendeten XML-Dialekt xCBL übersetzt, so dass die Dokumente zwischen SAP und dem Commerce One-Software-basierten Lieferantenportal ausgetauscht werden können. Dabei wird im Rahmen des „mappings" jedes benötigte Datenfeld des IDOC-Dokuments dem entsprechenden Feld im xCBL-Dokument zugeordnet. Eine besondere technische Herausforderung stellte die unterschiedliche Logik der beiden Welten im Umgang mit Bestelländerungen dar, denn SAP überträgt nur das Delta zwischen ursprünglicher Bestellung und der veränderten Bestellung, wohingegen Commerce One immer das gesamte Dokument überträgt.

Die Zeichnungs- und Spezifikations-Datenbanken wurden durch eigenentwickelte Schnittstellen internetfähig gemacht, so dass die Lieferanten die benötigten Dokumente im Selbstbedienungsmodus über das Internet abrufen können.

Auf der Lieferantenseite wurde die Supply Order so modifiziert, dass die SAP-Artikelnummer und der Bestelltext mitübertragen werden können. Bei den meisten e-Procurement-Systemen wird die Artikelnummer des Herstellers verwendet. Im Falle von Fertigungsmaterial ist jedoch die Artikelnummer der einkaufenden Organisation relevant. Zusätzlich wurden die Business Services „Rechnungsstatusabfrage" und „Abruf technischer Dokumente" entwickelt.

Bild 86   **Der Dokumentenaustausch zwischen Siemens' SAP-Systemen, Zeichnungs-/Spezifikationsdatenbanken und dem *click2procure direct material* Lieferantenportal**

Für Lieferanten mit einer hohen Anzahl an Bestellungen bietet die SPLS die direkte Anbindung ihres Auftragsverwaltungssystems an die MarketSite *siemens.net* über den BIS-Server der Fa. Seeburger an. Viele Lieferanten, die schon über EDI angebunden waren, entscheiden sich für diese Alternative, bei der Standardformate wie ANSI.X12, EDIFACT, XML, etc. verwendet werden.

Wie werden die Lieferanten angebunden?

Das intensive Training der Einkäufer hat sich als unabdingbare Voraussetzung für eine effiziente Anbindung der Lieferanten an *click2procure direct material* erwiesen. Schließlich ist es die Einkäuferschaft, die den direkten Kontakt zu den Lieferanten täglich pflegt und so auch hier die Überzeugungsarbeit im Detail leisten kann. Es stellte sich heraus, dass das größte Stück Arbeit das vollständige „buy-in" der Einkäufer ist. Die wichtigsten Argumente waren hierbei, dass sich an der Arbeit des Einkäufers mit „seinem" SAP-System wenig ändert, die begleitenden nicht wertschöpfenden Tätigkeiten wie der Versand von Unterlagen per Post oder Fax jedoch zukünftig der Vergangenheit angehören würden.

Die Einkäufer luden entscheidungsbevollmächtigte Vertreter „ihrer" Lieferanten zu meist zweistündigen Informationsveranstaltungen ein, wobei sie zumindestens anfangs von einem SPLS-Mitarbeiter argumentativ unterstützt wurden. Dabei erkennen die Lieferanten, dass die aktive Unterstützung eines derartigen e-Procurement-Projektes eine längerfristige Geschäftsbeziehung mit der Siemens AG wahrscheinlicher macht, denn schließlich bedeutet die Anbindung eines Lieferanten einen auch nicht unerheblichen Aufwand für die Siemens AG. Nach Unterzeichnung des um die „e-Procurement Spielregeln" erweiterten Rahmenvertrags werden die in der Auftragsbearbeitung tätigen Mitarbeiter des Lieferanten in einer eintägigen Schulungsveranstaltung im Umgang mit dem *click2procure direct material* Lieferantenportal vertraut gemacht. Dabei lernen sie „hands-on", wie sie Aufträge bestätigen, Liefertermine verändern, sowie Versand(bereitschafts)meldungen und Rechnungen erstellen. Zusätzlich trainieren sie die Abfrage ihrer Rechnungen, indem sie über das Lieferantenportal durch den direkten Einblick in das

SAP-System von SWPC den Status ihrer Rechnungen abrufen. Auch der „Abruf technischer Dokumente" wird solange trainiert, bis die neuen Prozesse beherrscht werden. Am nächsten Tag werden die neuen Lieferanten mit einer eigenen Benutzerkennung und Passwort freigeschaltet und erhalten so ihre ersten Bestellungen über das Internet.

Einsatzgebiete bei der elektronischen Beschaffung von Direktmaterial

Nach erfolgreichem Hochlauf von *click2procure direct material* bei SWPC in Nordamerika (seit go-live im Juli 2001 wurden inzwischen weit über 100 Lieferanten angebunden) mit einer durchschnittlich gemessenen Zeiteinsparung von über einer Stunde pro Bestellung stand der internationale Roll-out an. So wurde im Herbst die Implementierung an den beiden SAP-Systemen in Mülheim an der Ruhr und in Berlin, aus denen heraus die Bestellungen für das Dampf- bzw. Gasturbinengeschäft getätigt werden, begonnen. Der Roll-out des Systems nach Deutschland erforderte einige Modifikationen, um den Anforderungen des europäischen Geschäfts gerecht zu werden. Inzwischen werden auch in Europa jede Woche neue Lieferanten angebunden und mit jeder über *click2procure direct material* abgewickelten Bestellung signifikante Einsparungen generiert.

Nachdem *click2procure direct material* seine bei Projektstart angenommenen Einsparungspotenziale in der Praxis unter Beweis gestellt hat, zeigen nun mehrere andere Siemensbereiche und auch externe Firmen ein ausgeprägtes Interesse. Mit Erscheinungsdatum dieses Buches werden weitere Firmen *click2procure direct material* implementiert haben.

Der typische Anwender von *click2procure direct material* ist im Projekt- und/oder Anlagengeschäft tätig. Kennzeichnend ist ein hoher Anteil an Bestellungen von Fertigungsmaterial, das vom Hersteller entweder gemäß Kundenspezifikation oder nach Zeichnung angefertigt wird. Weiterhin variiert die Lieferantenzusammensetzung in Abhängigkeit von dem gerade aktuellen Projekt- und/oder Anlagengeschäft. Eine EDI-Anbindung lohnt sich deshalb nur bei einer kleinen Anzahl von wichtigsten Lieferanten, mit denen eine sehr langfristige und bestellanzahlintensive Geschäftsbeziehung gepflegt wird. Will der Kunde jedoch die Mehrzahl seiner Lieferanten an sein e-Procurement-System anbinden, so bietet ihm *click2procure direct material* eine umfassendere und günstigere Lösung.

Besonders attraktiv ist *click2procure direct material* für Firmen, die über eine automatische Disposition verfügen, da so die Bestellungen direkt an die Lieferanten weitergereicht werden. Andere Kunden erkennen die Vorteile akurater Lieferdaten in ihrem SAP-System, um ihren Kunden über CRM-Systeme oder ihren eigenen Projektleitern Einblick in die zu erwartende Verfügbarkeit bestellter Teile zu ermöglichen.

Einsparungspotenziale durch *click2procure direct material*

Aus der Erfahrung von über 100.000 Bestellungen wurden bei *click2procure direct material* Prozesskosteneinsparungen von durchschnittlich 55 min bis zu 1h 15 min pro Bestellungsprozess realisiert, die sich im Einkauf, in der Logistik und im Rechnungswesen manifestieren.

Das Rechnungswesen beobachtet eine deutlich höhere Qualität der eingegangenen Rechnungen, die in 97% bis 99% aller Fälle zu einer erfolgreichen Rechnungsprüfung und damit zur Zahlungsauslösung ohne weiteren manuellen Eingriff führt. Die hohe Rechnungsqualität beruht auf dem Vermeiden von manuellen Eingabefehlern, indem *click2procure direct material* im Rahmen eines kompletten Geschäftsvorfalls, d.h. von der Bestellung bis zur Bezahlung, das ursprüngliche Bestelldokument zwischen dem SAP-System des Einkäufers und dem Lieferanten hin und her schickt. Dabei werden immer nur die nötigsten Daten vom Lieferanten aktualisiert. Zur Erstellung einer Rechnung beispielsweise importiert der Lieferant die ursprüngliche Bestellung in das Rechnungsformular im Lieferantenportal, ergänzt einige Daten in ein paar Feldern, und schickt die Rechnung zur Buchung ins SAP-System des Einkäufers.

Desweiteren profitiert die Logistik durch präzise Lieferdaten im SAP-System und durch die von den Lieferanten verlangte Versandbereitschaftsmeldung. Der Einkäufer kann die Bestellung so auslösen, da der Lieferant eine Rechnung nur bei abgesandter Versand(bereitschafts)meldung stellen kann.

Schwer zu messen, aber doch von allen Kunden immer wieder erwähnt werden die Lieferzeitenverkürzungen und die beobachtete Abnahme der Sicherheitsbestände durch ein besseres asset management.

Welches Geschäftsmodell liegt *click2procure direct material* zugrunde?

Die SPLS hat sich für ein gemischtes Geschäftsmodell mit Subskriptions- und Transaktionsgebühren auf Einkäufer- wie auch auf Lieferantenseite entschieden. Die SPLS tritt dabei als „Application Service Provider" auf, die die Software für den Kunden und den Lieferanten zur Verfügung stellt. Die Anbindung der Software an das SAP- oder zukünftig gegebenenfalls auch andere ERP des Kunden wird dabei besonders und aufwandsbezogen kalkuliert.

Hinsichtlich der Transaktionskosten hat es sich bewährt, nicht jede Transaktion zwischen Einkäufer und Lieferanten zu berechen, sondern die Bestellungen als Abrechnungsbasis heranzuziehen. So ist keiner der Geschäftspartner der Versuchung unterlegen, zur Kostenersparnis weniger Dokumente auszutauschen als für das Geschäft erforderlich wäre. Aktuelle Zahlen zeigen, dass pro Bestellung im Schnitt 9,3 Dokumente zwischen Einkäufer und Lieferant ausgetauscht werden, was auch letztendlich das Einsparungspotenzial von *click2procure direct material* erklärt. Der Einkäufer kann sich durch die Verminderung der Routineaufgaben im operativen Einkauf auf strategische Aufgaben wie Lieferantenmanagement konzentrieren.

Erfolgreiche Vorgehensweise bei der Beschaffung von Fertigungsmaterial

Der Einführung eines e-Procurement-Systems für Direktmaterial geht typischerweise ein umfassendes Assessment voraus, um die Kosten und das Potenzial eines solchen Projektes abschätzen zu können. Eine der grundlegenden Entscheidungen an dieser Stelle ist „make or buy", d.h. konzipiert und entwickelt man eine eigene Lösung oder greift man auf Existierendes und Bewährtes zurück.

Nachfolgende SPLS-Checkliste ermöglicht, ein Projekt zur Beschaffung von Fertigungsmaterial erfolgreich vorzubereiten:

- Materialfeld-spezifische Analyse der heutigen Beschaffungsprozesse (z.B. wo und wie werden RFQs durchgeführt, wo und wie werden Zeichnungen versandt, etc.) durch Interviews mit Bedarfsträgern, Einkäufern, Logistikern, etc.

- Nutzenabschätzung der Prozessverbesserung durch die Einführung von e-Procurement-tools, idealerweise unter Einbeziehung von B2B-Experten.

- Abschätzung der möglichen Prozesskosteneinsparungen.

- Abschätzung der zu erwartenden Implementierungs- und Betriebskosten.

- Priorisierung der e-Procurement Implementierungsteilprojekte.

- Ausarbeitung einer detaillierten "road map" und eines Projektplans

- Abstimmung und Unterstützung durch die Geschäftsleitung, da neben dem Einkauf meist auch die Logistik und das Rechnungswesen betroffen sind.

Autorenverzeichnis

Georg Bleyer

ist Geschäftsführer und Mitbegründer der UDO BÄR GmbH & Co KG, Duisburg, einem europäisch tätigen Katalog-Versandhandel für Büro- und Betriebseinrichtungen. In dieser Funktion verantwortet er die Bereiche Vertrieb und Informatik. Sein Fokussierungsschwerpunkt gilt dem e-Commerce. Aus der Beratung kommend, leitete Georg Bleyer zuvor IT-Projekte des Versandhandels und der Fertigung.

Dr.-Ing. Helmut Dettweiler

ist BMW-interner IT-Berater für e-Business-Projekte in der Zentrale der BMW AG in München. Nach Abschluss seines Studiums der Elektrotechnik in Stuttgart und München arbeitete er als wissenschaftlicher Assistent am Lehrstuhl für Datenverarbeitung in München und promovierte mit einer Dissertation über Sprachsynthese. Seit 1984 ist er bei der BMW AG in verschiedenen Funktionen beschäftigt. Er unterstützte Schlüsselprojekte des Entwicklungsbereichs, des Fertigungsbereichs und der BMW Bank. Seit Mitte 1999 konzentriert er sich auf e-Business-Projekte. Er ist Mitglied des Projektmanagement-Teams und Berater des e-Procurement-Projektes MeRCUR.

Mattias Drefs

Nach dem Abschluss des Maschinenbaustudiums an der Universität Hannover, war Herr Drefs bei SPACE / Baan Deutschland verantwortlich für die Implementierung von Baan ERP bei mehr als 14 Unternehmen und hatte zuletzt den Bereich Consulting Manufacturing / Distributions geleitet. Seit 1997 ist Herr Drefs bei ORACLE Deutschland GmbH. Es ist im Marketing verantwortlich für den Bereich B2B (Beschaffung, Supply Chain Management und Marktplätze).

Claudia Engelhardt

ist Senior-Consultant innerhalb der KPMG e-Business Unit in München mit dem Schwerpunkt e-Marketplaces. Im Rahmen von mehreren e-Marketplace-Projekten war sie an deren umfassender Planung, Entwicklung und Umsetzung beteiligt. Unter anderem in USA begleitete sie über ein Jahr die Planung, den Auf- und Ausbau eines globalen, unabhängigen, vertikalen e-Marketplace für die Öl- und Gasindustrie. Weitere Fachgebiete sind Customer Relationship Management und Supply Chain Management.

Nils Ewers

arbeitet als Berater im SAP und e-Business Umfeld für die deutschte Tocher der amerikanischen CIBER Inc. Schwerpunkt der CIBER Deutschland GmbH ist die Integration von e-Businesslösung in die bestehende Unternehmenslandschaft. Vorher war er als Manager der Professional Service Organisation für die EBS Holding AG in Köln tätig. Davor war er bei der LOT Consulting GmbH als Senior Consultant in verschiedenen SAP R/3-Einführungen als Projektleiter tätig, Schwerpunkte in den Bereichen Materialwirtschaft und Produktionsplanung. Nils Ewers baute bei der LOT Consulting den Bereich e-Business auf und war verantwortlich für die Qualifizierung einer Mittelstandslösung für Servicedienstleister bei der SAP.

Fatemeh Farzaneh

ist seit 1988 bei der BMW AG verantwortlich für zahlreiche IT-Projekte aus verschiedenen Fachbereichen. Neben dem Aufbau von Bestandsmanagement-Informationssystemen und Systementwicklungen hat sie auch umfangreiche Projekterfahrungen im Telekommunikationsgeschäft. Von 1990 bis 1994 war sie verantwortlich für den Aufbau der IT in der Fa. Axicon Mobilfunkdienste und betreute die Systeme Billing und Customer Care'. Von 1994 bis 1999 war die Betreuung der Systeme des Ersatzteilegeschäftes des Vertriebes und das operative Tagesgeschäft der Disposition Schwerpunkt ihrer Tätigkeit. Seit Mitte 1999 ist sie verantwortliche Projektleiterin für das Projekt MeRCUR – Marketplace for electronic Procurement im technischen Einkauf.

Markus Fichtinger

ist Partner der e-Business Unit der KPMG Consulting AG in der Niederlassung München. Er besitzt langjährige Projekt- und Implementierungserfahrungen im SAP Supply Chain-Umfeld sowie ausgeprägte Kenntnisse der Branchen Chemie/Pharma, Maschinen-/Anlagenbau und HighTech. Markus Fichtinger ist verantwortlich für die Bereiche elektronische Marktplätze, e-Procurement und Business Communities. In dieser Position verantwortet er eine Vielzahl internationaler Großprojekte in den genannten Bereichen. Neben den strategischen Fragestellungen fokussieren die Projekte im e-Marketplace-Umfeld auf Umsetzung der Wertbeiträge für Marktplatzbetreiber und Teilnehmer unter Nutzung der aktuellen Internet-Technologien und Softwarelösungen.

Holger Fiederling

Ist Geschäftsführer der CIBER Deutschland GmbH einer Tocher der amerikanischen CIBER Inc. Schwerpunkt der CIBER Deutschland GmbH ist die Integration von e-Businesslösung in die bestehende Unternehmenslandschaft. Zuvor war Holger Fiederling als Entwicklungsleiter bei der EBS Holding AG in in Köln tätig.In dieser Position war er verantwortlich für die Entwicklung und Umsetzung von e-Services für elektronische Marktplätze.

Martina H. Gerst

arbeitet als Projektmanagerin für Content Management und Lieferantenanbindung im Bereich Global Services von Commerce One, EMEA. Davor war sie bei KPMG Consulting in Paris und München als Senior Consultant im Bereich Supply Chain Management und Electronic Commerce beschäftigt. Weitere berufliche Stationen von Martina H. Gerst waren der Zentraleinkauf der SIEMENS AG, der Bereich Operations bei ROLAND BERGER & PARTNER und die Bio-und Gentechnologie bei der BASF AG.

Christoph Grass

ist Marketingmanager des Geschäftsfeldes Procurement der Siemens Procurement & Logistics Services (SPLS). Nach Abschluss seines Studiums der Betriebswirtschaft in München (Schwerpunkt Dienstleistungsmarketing) und einem Master in internationalem Management in Paris kam er 1999 zur Siemens AG. Im Rahmen des Traineeprogramms Einkauf & Logistik wurde er mit mehreren Projekten in Asien betraut. Im Anschluss arbeitete Herr Grass im Corporate Marketing von SPLS und war als Projektleiter für die Themen Kundenzufriedenheit und CRM verantwortlich. 2001 wurde Herr Grass mit dem Aufbau und der Leitung des Bereiches Marketing des Siemens Buy-Side Marktplatzes *click2procure* beauftragt.

Dieter Gritschke

ist seit 2001 Leiter Business Development beim Marktplatz Trimondo. Er ist verantwortlich für die strategische Weiterentwicklung des Unternehmens sowie die Identifizierung zusätzlicher Erlösquellen. Vor dieser Aufgabe hatte er verschiedene leitende Positionen im Bereich e-Payment Solutions bei Lufthansa Airplus inne, unter anderem Leiter Sales Support und Leiter Business Development. Zusätzliche berufliche Erfahrungen hat Dieter Gritschke durch langjährige Tätigkeiten in internationalen Werbeagenturen gewonnen.

Carsten Haefeker

wurde 1964 in Hamburg geboren. Nach Abschluss des Studiums als Betriebswirt W.A. begann seine berufliche Laufbahn bei der Langnese-Iglo GmbH in Hamburg. Dort war er u.a. Projekt Manager im IT-Bereich, dann als Supply Chain Consultant für die Konzernmutter Unilever in internationalen Teams tätig. Nach einem kurzen Ausflug in den Einkaufsbereich übernahm er die Projektleitung zur Einführung eines europaweiten zentralen Einkaufssystems in den Niederlanden. Danach Wechsel zur plan business in Hamburg, wo er jetzt den Bereich Marketplace Consulting leitet. Für Commerce One ist er verantwortlich für das Programm Management Professional Services des größten Kunden in Deutschland.

Stephan Hofstetter (Dr. oec.)

- Ehemaliger Principal von A.T. Kearney, International Management Consulting,
- Danach Strategischer Beschaffungsleiter im Regional Supply Base Management EMEA von AMP Inc.
- Derzeit Vice President Corporate Purchasing, Huber+Suhner Group, Schweiz

Carola Iksal

ist Beraterin im SAP und e-Business Umfeld bei CIBER Solution Partners. Schwerpunkt des Leistungsspektrums des Unternehmens ist die Integration von e-Businesslösung in bestehende Unternehmenslandschaften. Darüber hinaus verantwortet Frau Carola Iksal das Direkt-Marketing des deutschen Unternehmens. Zuvor war sie bei dem Unternehmen EBS Holding AG Leiterin des Produktmarketings und verantwortete das Produktmanagement für logistische eServices im B2B-Bereich. Als SAP-Beraterin für das Modul Materialwirtschaft (MM) und die Branchenlösung Retail (IS/R) war sie bei einer Unternehmensberatung mit SAP-Logopartnerschaft tätig. Dort betreute sie eine Vielzahl von nationalen und internationalen Projekten in Großunternehmen unterschiedlichster Branchen bei der Konzeptionierung, Implementierung und Migration der Software.

Sascha Kaulen

trat der Siemens AG im Oktober 2000 als Projektmanager im Bereich Supply Chain Consulting bei. Er war innerhalb der Siemens Procurement and Logistics Services im Anschluss verantwortlich für die Implementierung und Technologie (CTO) des Siemens BuySide Marketplace "click2procure". Seit 2002 verantwortet er das Pre Sales Consulting für "click2procure". Der Schwerpunkt liegt auf der Entwicklung neuer Geschäftspotenziale mit Großkunden und Partnern. Vor dem Wechsel zu Siemens war Sascha Kaulen als Manager e-Commerce bei der Mannesmann AG für Technologie und Infrastruktur des weltweiten e-Procurement-Projektes "VEZZO" verantwortlich. Weitere Erfahrungen im IT Markt hat Sascha Kaulen als Leiter der Kapeco Communications, einer unabhängigen Beratung für Dokumentenmanagement-Systeme, gewonnen.

Roland Klüber

ist seit März als Geschäftsführer für die Consilis GmbH mit Sitz in Zuerich tätig. Die Consilis hilft Unternehmen aktuelle Herausforderungen in Logistik und Beschaffung zu meistern. Beratungsfokus sind innovative organisatorische wie systemtechnische Lösungen zur Verbesserung zwischenbetrieblicher Prozesse. Zuvor war er 1,5 Jahre bei der Conextrade AG im Business Development tätig. Seine Schwerpunkte lagen im Partnermanagement, Prozess- und Architekturintegration, eServices und der Geschäftsmodellweiterentwicklung. Zuvor hat er beim Institut für Wirtschaftsinformatik (Uni St. Gallen, Lehrstuhl Prof. Österle) als wissenschaftlicher Mitarbeiter im Kompetenzzentrum Business Networking Großunternehmen in den Bereichen e-Procurement und e-Markets beraten. Vorher war er bei Coopers & Lybrand in Frankfurt SAP R/3 und Organisationsberater. Roland Klüber schließt parallel seine Dissertation zum Thema eServices im Procurement ab.

Oliver Lawrenz

ist Geschäftsführer der CIBER Deutschland GmbH, einer 100%ige Tochter des amerikanischen IT-Dienstleistungskonzerns CIBER inc. Er studierte an der Universität Bamberg Wirtschaftsinformatik mit den Schwerpunkten Systemanalyse & Modellierung, Unternehmensführung & Controlling sowie Psychologie. Nach Abschluss seines Studiums 1995 arbeitete er zunächst für die PRGA GmbH, ein SAP-Systemhaus, um 1997 zum SAP-Logopartner ORDO Unternehmensberatung GmbH ins internationale Projektgeschäft zu wechseln. Von April 2000 bis Anfang 2001 verantwortete er den Bereich B2B-Technologies als Executive Vice President bei der EBS Holding AG. Oliver Lawrenz ist Referent und Moderator verschiedener internationaler Fachkongresse. Neben dem aktuellen Buch „B2B-Erfolg durch e-Markets" hat er zahlreiche weitere Beiträge zum Thema e-Business veröffentlicht (u.a. die aktuell erschienene zweite Auflage des Buches „Supply Chain Management").

Katharina Lehmann

Katharina Lehmann ist verantwortlich für den Business Development & Sales Bereich bei CIBER Solution Partners in Köln. Die deutsche Niederlassung von CIBER Inc. ist auf SAP und e-Business Beratung spezialisiert. Zuvor arbeitete Katharina Lehmann als Business Development Managerin bei der EBS Holding AG in Köln. Nach ihrem Studium an der European Business School (EBS) in Paris, London und München war sie vier Jahre im internationalen Großkundengeschäft bei Compaq Computer EMEA GmbH in München tätig. Dort verantwortete sie zunächst die Konzeption und Implementierung der internationalen Preisstrategie und baute danach den e-Commerce Bereich für die internationalen Großkunden auf.

Sabine Lisiecki

ist seit 1999 Senior Sales Engineer der Commerce One Solutions GmbH in Deutschland unter anderem für die Entwicklung von neuen Business-Modellen verantwortlich. Ihre Erfahrungen im e-Commerce hat sie v.a. durch ihre Consulting-Tätigkeit bei der Softlab GmbH und anschließend in den Vereinigten Staaten bei der Siemens Corporation erworben. Die virtuelle Einkaufsgemeinschaft der Siemens SPLS Nordamerika zählt zu einem der erfolgreichsten Referenzprojekte von Commerce One.

Harry Longwitz

Nach dem erfolgreichen Abschluss des Wirtschaftsingenieursstudiums in Esslingen arbeitete Herr Longwitz für ein Jahr in den Vereinigten Staaten von Amerika für die Lonza Inc. als Consultant im Bereich Life Cycle Management. 1995 begann er als Berater für SAP R/3 im Bereich Logistik mit Schwerpunkt Materialwirtschaft und Lagerverwaltung und führte hier mehrere nationale und internationale Projekte bei multinationalen Konzernen von Oslo bis Dubai durch. Nach einem Exkurs zur EBS Holding AG als verantwortliche Manager für den Bereich des Catalog Content Managements ist Herr Longwitz seit Juni 2001 als Berater für SRM (Supplier Relationship Management) bei Deloitte Consulting (www.dc.com), einer der weltweit führenden Unternehmensberatungen, tätig. [hlongwitz@dc.com]

Daniel Messinger

ist Senior-Berater im SAP und e-Business Umfeld bei CIBER Solution Partners. Nach Abschluss des BWL-Studium leitete er den IT-Leitung bei einem SAP Logo Partner und arbeitete drei Jahre als Berater im Bereich Rechnungswesen, Controlling und Immobilienmanagement. Anschließend war er von Juli 2000 bis Mitte 2002 als Produktmanager verantwortlich für die Financial e-Services bei der EBS Holding AG.

Wolfram Mueller

war 10 Jahre lang in der Automatisierungstechnik tätig, bevor er sich mit dem praktischen Einsatz der neuen Medien in der herkömmlichen Wirtschaft beschäftigte. Nach Tätigkeiten in der Vertriebsunterstützung und im Produktmanagement der Weltmarken Smar und Endress+Hauser baute er in Brasilien ein neues Vertriebsgebiet auf, bevor er in die Projektkoordination und Betreuung von Key-accounts wechselte. Bei der Goodex Deutschland AG ist er als Bereichsleiter verantwortlich für die Koordination der vertrieblichen Aktivitäten.

Michael Nenninger

ist seit acht Jahren im e-Business-Geschäft und beschäftigt sich seit 1996 mit elektronischen Märkten, zunächst in den USA und später in Deutschland. Nach vier Jahren als selbständiger Berater wechselte er 1998 zur KPMG und baute dort den e-Business-Bereich der KPMG Consulting Deutschland auf. Als einer der Initiatoren der deutschen KPMG e-Business Unit war er für die deutschen Geschäftsfelder e-Procurement und e-Markets verantwortlich und hat die KPMG im europäischen e-Business Netzwerk vertreten. Anfang 2000 wechselte Michael Nenninger in die Geschäftsführung der EBS Holding AG (Tochter der Beisheim Holding Schweiz) als Executive Vice President Business Development und war verantwortlich für die Geschäftsentwicklung, den Vertrieb und das Marketing.

Seit Anfang 2002 ist er der Geschäftsleiter des internationalen Siemens Beschaffungsmarktplatzes click2procure. Neben dem aktuellen Buch „B2B-Erfolg durch eMarkets" hat er zahlreiche weitere Beiträge zum Thema e-Business veröffentlicht (u.a. das Buches „Supply Chain Management").

Marc Possekel

studierte an der Universität des Saarlandes in Saarbrücken Betriebswirtschaftslehre. Nach Abschluss seines Studiums arbeitete er bei der Denkhaus Logistik GmbH, in Worms und Koblenz, um danach als Projektleiter zur Stinnes Baumarkt AG, Esslingen, zu wechseln. 1999 wechselte er als Produktmanager zur Nedlloyd Districenters GmbH. Im Januar 2000 arbeitete Herr Possekel als Produktmanager Logistik und Procurement bei der pago eTransaction GmbH & Co. in Köln. Von Mitte 2000 bis Juni 2001 war er Leiter Produktmanagment b2b Technologies e-Market Factory (EBS Holding AG) in Köln. Im Juli 2002 gründete er die logvocatus GmbH, eine Beratungs- und Projektgesellschaft für Logistik- und Einkaufsprozesse, wo er heute als Geschäfsührer tätig ist.

Guido Rabel

- Projektleiter Bankenprojekte bei Olivetti (Schweiz) AG – Einführung Bankomat beim Schweizerischen Verband Raiffeisenbanken

- Head of Professional Service bei conextrade

- Projektmanagement für Pilotprojekt Huber+Suhner

Dr. Rüdiger Reitzig

ist Leiter des Bereichs Direktmaterial e-Procurement Lösungen bei Siemens Procurement and Logistics Services und verantwortlich für die Entwicklung und für den Betrieb von zukunftsweisenden Anwendungen. Er betreute die Einführung von click2procure für indirektes Material in den USA im Anfangsstadium bevor er sich den komplexeren Anforderungen der

Beschaffungsprozesse für nicht-katalogisierbares Material in enger Zusammenarbeit mit den verschiedenen Siemens-Bereichen und externen Kunden in Nordamerika und Europa widmete.

Herr Dr. Rüdiger Reitzig brachte in seine derzeitige Position bei SPLS seine Erfahrungen aus selbstständiger Geschäftätigkeit in Ungarn, sein Studium an der Technischen Universität München, seine verfahrentechnische Promotion an der Technischen Universität Wien und seine Berufserfahrung mit globalem Verantwortungsbereich beim internationalen FMCG Hersteller Procter & Gamble ein.

Henning Schwinum

ist als Projektleiter verantwortlich für die Aktivitäten des Bayer-Konzerns im Zusammenhang mit dem Chemiemarktplatz Elemica. Bayer ist ein internationales Unternehmen der chemisch-pharmazeutischen Industrie, das bis Ende 2001 rund 100 Millionen EURO in den Aufbau von e-Commerce-Strukturen investieren wird. Henning Schwinum hat in 13 Jahren bei der Bayer AG, Leverkusen und der Bayer Corp., Pittsburgh, USA verschiedene Bereiche durchlaufen, zuletzt als Supply Chain und e-Commerce Manager im Geschäftsbereich Lackrohstoffe, Farbmittel und Sondergebiete. Als Projektleiter Elemica liegt der Schwerpunkt seiner Arbeit in der Prozessgestaltung zur effizienten Nutzung des Marktplatzes durch den Bayer-Konzern.

Patrick Stöhr

Patrick Stöhr ist seit 2000 bei der WestEK Westdeutsche Einkaufskoordination GmbH tätig und für den Bereich Marketing verantwortlich. Nach Aufbau des WestLB-Marketplace obliegt ihm die Vermarktung und Weiterentwicklung der internetbasierten Beschaffungsplattform und der zusätzlichen Business Services, wie dem Katalog Management und der elektronischen Ausschreibungslösung. Zuvor war Herr Stöhr für die Dirk A. Brügmann Kunststoff-Verarbeitung GmbH & Co. KG tätig. Im Rahmen eines einjährigen Projektes wurde die USA als Zielmarkt für das deutsche Mittelstandsunternehmen analysiert und bewertet. An der späteren Gründung einer Vertriebsniederlassung, der Bruegmann Plastic, Ltd., in den USA war Herr Stöhr federführend beteiligt.

Dr. Marcus Windhaus

Nach Abschluss der Promotion war Marcus Windhaus 3 Jahre im Ein- und Verkauf eines traditionellen mittelständischen Chemieunternehmens beschäftigt. Als Market Manager bei der Goodex Deutschland AG ist er für Einkaufsauktionen im Chemie- und Kunststoffbereich verantwortlich.

Aggregierung	Im Umfeld des → Content Management das sammeln (aggregieren) der relevanten Daten aus den entsprechenden unterschiedlichen Datenquellen.
Anfrage	→ RFI (Request For Information).
Applicationoutsourcing	Das Auslagern des Applikations-Betriebs an einen Dienstleister. Die Lizenz verbleibt beim auslagernden Unternehmen (Hosting). → Outsourcing-ASP.
ASN	(Advanced Shipping Notice) Elektronische Nachricht (z.B. im XML-Format xCBL) mit der ein Verkäufer bzw. Lieferant dem Käufer vor Versenden der Ware eine Ankündigung der Lieferung schickt.
ASP	Application Service Providing. Eine Dienstleistung, welche die Application "aus der Steckdose" anbietet. Der Lizenznehmer ist der Dienstleister, welcher die Lizenzkosten und die Betriebskosten in Form von Gebühren über einen bestimmten Zeitraum verteilt weitergibt. Dadurch können nicht nur auf Hardwareseite, sondern potenzial auch auf Lizenzseite Skaleneffekte auf Seiten des Dienstleisters erreicht werden, der diese teilweise an seine Kunden weitergibt. Im Gegensatz zum → Hosting ist der Lizenznehmer der Dienstleister
A-Teile	Diejenigen Materialien, die ein hohes Beschaffungsvolumen aufweisen und in direktem Zusammenhang mit dem Unternehmenszweck stehen. Diese Materialien gehen meist direkt in die Produktion ein, weshalb sie auch direkte Materialien genannt werden.
(e)-Auktion	Eine Auktion ist ein Verkaufs- oder Einkaufsprozess bei der ein Anbieter oder ein Einkäufer von Waren oder Dienstleistungen versteigert. Die Auktion kann öffentlich sein (jede Privatperson, Organisation oder Unternehmen

kann teilnehmen) oder sich an einen bestimmten festgeschriebenen Teilnehmerkreis richten (geschlossene Auktion). Die elektronische Auktion (e-Auction) bietet diesen Service im Internet. Hier gibt es je nach Anbieter zahlreiche verschiedene Arten von Auktionen mit vielfältigen Einstellmöglichkeiten, z.B. können dabei die Güter anonym angeboten und die Gebote anonym abgegeben werden. Internet Auktionen werden als eines der großen Potentiale für e-Commerce angesehen und sind Bestandteil vieler Internet-Marktplätze (e-Markets). Die in einer Auktion angeforderten oder angebotenen Güter oder Leistungen sind eindeutig spezifiziert (z.B. Büromöbel). Der Schwerpunkt der Auktion liegt auf der Erzielung des besten Preises.

Ausschreibung

Siehe RFQ (Request For Quotation).

B2B

Business-to-Business. Geschäftsbeziehungen zwischen Unternehmen. In Abgrenzung zum → B2C wird beim B2B der private Endkonsumentenbereich ausgeklammert.

B2C

Business-to-Consumer. Beziehung zwischen einem Unternehmen und dessen (End)-Konsumenten

Back-end

meist ist das → ERP-System gemeint, welches verglichen mit vorgeschalteten → e-Business Systemen im Hintergrund (Back-end) läuft, also Warenwirtschaftssysteme.

BAPI (Business-API

= Business Application Programming Interface. SAP-Business-Objekte liefern eine objektorientierte Sicht der SAP-Datenstrukturen und -Funktionen. Das BAPI ist eine Schnittstelle, über die man Methoden dieser SAP-Business-Objekte aufruft. Der Methodenaufruf ist technisch ein → RFC.

Bedarfseinkauf

der Einkauf von nicht disponierten Materialien „für den täglichen" Bedarf. Meist → C-Teile bzw. → MRO-Güter.

Bedarfsträger

diejenige Person, bei welcher ein Bedarf entsteht

Benchmarking	Vergleich zwischen verschiedenen Unternehmen in Bezug auf ihre Leistungsfähigkeit oder Kosten in verschiedenen Bereichen
Best Practice	kommt aus dem → Benchmarking. Die günstigsten Fallbeispiele bzw. Prozessabläufe einer Branche, oft in → Referenzmodellen dokumentiert
Betreiber	technisch oder betriebswirtschaftlicher Betreiber von Plattformen, wie zum Beispiel von e-Market Software
(elektronic) bill presentment	Visualisierung der offenen Kreditoren und Debitorenposten mittels Internet-Applikationen
Business Community	eine → Community für geschäftliche Zwecke. (Im Gegensatz zu den zahlreichen B2C- und Endkunden- Internet Communities)
Business Process Outsourcing	Das Auslagern ganzer Geschäftsprozesse, z.B. die Vertragsverhandlungen oder Teile des Fulfillments
Business Rules	Geschäftsregeln. Das Abbilden von Verarbeitungslogiken einer oder mehrerer Applikationen.
Buyer	Einkäufer, einkaufendes Unternehmen
Collaboration	das gemeinsame, systemgestützte Zusammenarbeiten zwischen Unternehmen in Bezug auf Beschaffung, Bedarfsplanung, → F&E.
Commodities	englisch für Gut bzw. Ware. Bezeichnet ein standardisiertes, vergleichbares Produkt, oft auch Normteil genannt.
Community	hier: Gemeinschaft von Unternehmen mit ähnlichen Interessen. Im gewissen Sinne bilden die Teilnehmer eines → Exchanges bzw. → Marktplatzes eine Gemeinschaft.
Compliance Check	Check, welcher die Unbedenklichkeit des Ex- oder Imports bestimmter Güter auf der jeweiligen Logistik-Relation überprüfen soll
Content	Der eigentliche „Inhalt" auf Internetseiten bzw. der Inhalt von elektronischen Katalogen, also Produktbeschreibungen, Preise etc.

Content Management	Alle Dienstleistungen, die sich mit dem Sammeln, Aufbereiten, zur Verfügungsstellen von Daten befassen.
Co-opetition	Vermischung aus den Begriffen Competition (Wettbewerb) und Collaboration (Gemeinsamkeit). Spiegelt die heute häufig auftretende Situation wider, dass Unternehmen zugleich zusammenarbeiten und in anderen Feldern Wettbewerb sind.
Cross-Selling	Verkaufen komplementäre Dienstleistungen oder Produkten.
C-Teile	Güter, die von geringem Beschaffungsvolumen und –wert sind. Meist → MRO Güter
Customer Relationship Mgmt	Beziehungsmanagement zwischen einem Unternehmen und seinen Kunden, welches ganzheitlich von den Anbahnungsphasen bis zum den Verkauf nachgelagerten Betreuungs- und Wartungsphasen (Post Sales) verstanden wird.
Demand Chain	In Anlehnung zur → Supply Chain eine Kette von Unternehmen, die im Gegensatz zur Supply Chain von der Bedarfsseite/Konsumenten her (Demand = Bedarf) betrachtet wird.
Demand Forecast	Vorhersage über die Bedarfssituation. Programm- bzw. Absatzplanung in Unternehmen.
Desktop Purchasing	Einkauf vom Schreibtisch aus: Mittels elektronischer, meist Browser-basierter Einkaufssysteme kann der Bedarfsträger direkt (vom Desktop/Schreibtisch aus) via vom Einkauf freigegebener Kataloge einkaufen, ohne notwendigerweise eine Bestellanforderung zu kreieren, die wiederum vom Einkauf bearbeitet werden müsste.
Direktbeschaffung	Beschaffung von → direkten Gütern.
Direkte Güter	diejenigen Güter, die direkt in die Produktion eingehen. s. a A-Teile.
Direktmaterialien	synonym für → direkte Güter
DPS	Desktop Purchasing System.
e-Business	elektronische Geschäftsabwicklung, welche die „Business Administration", beinhaltet und insoweit über den Begriff des → e-Commerce hinausgeht;

	also Nutzung der → IP-Technologie für Unternehmen.
eCl@ss	Klassifizierungsnorm für → elektronische Kataloge
e-Commerce	Handel mit Hilfe der Internettechnologie. Im Gegensatz zum → e-Business ist hier der eigentliche Handel gemeint.
EDI	Electronic Data Interchange. Der elektronische Austausch von strukturierten Daten (meist Bestell- und Abrufdaten sowie Rechnungsdaten). → EDIFACT
EDIFACT	EDIFACT (Electronic Data Interchange for Administration, Commerce and Transport) ist ein international anerkannter Standard für elektronische Nachrichten und wurde von der ISO (ISO9735) verabschiedet. Er bildet in 150 Standardnachrichtentypen Geschäftsabläufe ab, die weltweit ähnlich ablaufen (z.B. Rechnung, Gutschrift, Speditionsauftrag). Innerhalb dieser Nachrichtentypen sind Format und Reihenfolge der einzelnen Informationseinheiten genau festgelegt, so dass deren Inhalte automatisiert verarbeitet werden können.
e-Insurance	Vermittlung von Versicherungsdienstleistungen mittels → e-Business Systeme
elektronischer Katalog	web-fähige Datenbank, welche Informationen eines Beschaffungskatalogs enthält
elektronischer Marktplatz	→ e-Market
e-Market	virtueller Ort, an welchem Handel entsteht und an welchem die Voraussetzungen für die Anbahnungs-, → Fulfillment und Post-Sales Phase geschaffen sind. e-Markets nehmen außerdem die Funktion von → Portalen und → Business Communities wahr. Ein e-Market verstehet sich als Service Provider und stellt neben → Content und einer → Transaktionsplattform außerdem e-Services bereit.
e-Market Betreiber	Unternehmen, welches technisch und/oder geschäftlich/kaufmännisch einen e-Market betreibt.

Empowerment	Das Verlagern von Kompetenz an den User bzw. → Bedarfsträger
Enterprise Application Integration	EAI: Das Vernetzen von verschiedenen Applikationen in einem Unternehmen, welche dann untereinander Daten austauschen können. EAI Systeme agieren als Zwischenschicht (MiddleWare) zwischen Unternehmen und können auch eigene Geschäftslogik enthalten.
ERP	Enterprise Resource Planning. Aus unternehmens-interne Planung und Verwaltung ausgelegte, kaufmännische Softwaresysteme, wie z.B. SAP R/3.
Escrow	Treuhandabwicklung – Zug-um-Zug Geschäft mittels eines Treuhändlers.
e-Procurement	Beschaffen (→ Procurement) mittels IP-Applikationen bzw. via Internet. e-Procurement Lösungen können in den Katalogeinkauf bzw. → Desktop Purchasing Systeme, welche auch Freitextbestellungen und das Bestellen von A-Teilen unterstützen, in (e)-Auktionen und Ausschreibungen (→ RFQs) unterteilt werden.
e-Service	Dienstleistung, welche mit Hilfe von e-Business Systemen angeboten wird. Häufig aus den Bereichen → Content Management und → Fulfillment.
Exchange	andere Bezeichnung für Marktplatz, wobei meist ein geschlossenes Netzwerk (→ Extranet) bezeichnet wird, in welchem eine geschlossene Gruppe von unternehmen Daten sowie Güter und Dienstleistungen austauschen
Extranet	Ein auf der → IP-Technologie basierendes Netzwerk, welches mehrere Unternehmen miteinander verbindet, wobei das Netzwerk für eine geschlossen Benutzergruppe konzipiert ist.
F&E-Prozess	Forschung & Entwicklungsprozess. Beinhaltet alle Tätigkeiten von der → Invention zu → Innovation, insbesondere das Design, die Spezifizierung und die Entwicklung.
Factoring	Abtretung/Verkauf von Forderungen an dritte Unternehmen

First-Mover-Advantage	Der strategische Vorteil, der dadurch entsteht, dass ein einzelnes Unternehmen als erstes am Markt ist. Dieser kann sich insbesondere in Technologieführerschaft und im Marketing einstellen. Im Gegensatz dazu können Unternehmen, die die „me-too" Strategie verfolgen, von Fehlern des führenden Unternehmens lernen, die Kosten im Bereich der Produktion und auch im Marketing vergleichsweise gering halten.
Forfeiting	einzeltransaktionsbezogener Forderungsverkauf
Fulfillment	Erfüllung. Damit sind die bei einem Geschäft verbundenen assoziierten bzw. sekundären Prozesse aus den Bereichen Zollabwicklung, Finanzierung, Logistik, Versicherung etc. gemeinst
Fulfillmentpartner	Wirtschaftspartner aus dem → Fulfillment Bereich
Global Reach	Die Möglichkeit, mit einem oder wenigen Clicks, auf globalen Märkten agieren zu können
Global Sourcing	globales Suchen nach Beschaffungsmöglichkeiten
GTW	Global Trading Web: Initiativ von Commerce One, welche die einzelne e-Markets miteinander vernetzt, so dass ein internationaler und (e)-marktplatzübergreifender Handel ermöglicht wird.
horizontaler Marktplatz	Marktplätze, die sich auf bestimmte Produktsortimente konzentrieren, diese aber branchenübergreifend anbieten.
Hosting	Das Betreiben von Applikationen. Meist wird mit dem Begriff auch die Auslagerung (→ Outsourcing) des Hosting verstanden, wobei dann - im Gegensatz zum → ASP – die Lizenz im eigenen Unternehmen und nicht beim Hostingdienstleister verbleibt.
Hub	In Anlehnung an das Bild Hub and Spoke (Achse und Speiche) eine technische und/oder logische Informationsplattform bzw. -Drehscheibe.
IDoc	SAP-Format für elektronische Geschäftsnachrichten. SAP verwendet die IDoc-Schnittstelle zur Datenübertragung zwischen SAP-Systemen und zur Anbindung von Fremdsystemen.

Innovation	Umsetzung der → Invention in eine verwertbare Technologie bzw. Produkt
Intermediär	Im Gegensatz zu einem Direktgeschäft die Abwicklung über eine Zwischenstation, z.B. ein Treuhändler, ein Händler, ein Spediteur oder ein Marktplatz. Eine Hauptvorteil des Intermediäres entsteht durch den → Netzwerkeffekt.
Invention	Erfindung. Die eigentliche Idee.
IP-Technologie	IP steht für "Internet Protocol" und ist der Übertragungsstandard des Internet.
Katalogeinkauf	Einkauf von katalogfähiger Ware, meist → Commodities
Katalogmanagement	Die wichtigste Aufgabe des Katalogmanagements ist die Bereitstellung von katalogmäßig aufbereiteten Artikeldaten. Dazu gehört neben der Auswahl des Datenformats und des richtigen Klassifizierungsschemas die Verwaltung und Pflege des Katalogs inklusive Validierungs- und Freigabewerkzeuge und -mechanismen.
Kategorisierung	Kategorisieren bzw. Klassifizieren von Daten im Rahmen des → Content Management
Killerapplikation	Eine Anwendung, ein Softwaresystem, welches wettbewerbskritisch ist. Der Einfluss kann derart ausgeprägt sein, dass man an dieser Applikation „nicht vorbei" kommt.
Klassifizierungsmethoden	Es existieren unterschiedliche Methoden der Klassifizierung, z.B. → ecl@ss oder → UN/SPSC
LDAP	Mit LDAP (Lightweight Directory Access Protocol) werden Zugriffe auf standardisierte Verzeichnisdienste realisiert, wie z.B. E-Mail-Adressen- oder Benutzer-Verzeichnisse. (Vor allem werden Verzeichnisse unterstützt, die den X.500-Standard benutzen).
Legacy	Bezeichnet Alt-Daten bzw. Alt-Systeme (Legacy Data / Legacy Systems) die nicht zu aktuellen Datenaustauschstandards (z.B. XML) kompatibel sind und spezieller Schnittstellen / Anpassungen / Übernahmeprogramme / etc. bedürfen.

Lieferantenintegration	Die Anbindung bzw. elektronische Integration von Lieferanten → Supplier Adoption
Many to Many	Loses, also unstrukturiertes Netzwerk (→ peer to peer) vieler Einheiten / Unternehmen. Im Gegensatz dazu entstehen durch die Strukturierung eines Netzwerkes – z.B. durch einen Intermediäre – Bündelungsvorteile. → Netzwerkeffekt. So kann ein Teilnehmer durch das einfache (i.S.v. singuläre) Aufschalten auf einen Marktplatz zahlreiche Geschäftspartner erreichen
Mappings	Abgleichen bzw. Zuordnen von Datenfeldern von einer Quelle zu einem Empfänger.
Match	Zusammenbringen von Angebot und Nachfrage
Maverick Buying	Beschaffen am Einkauf vorbei. → Maverick
Maverick	Maverick = Einzelgänger. → Maverick Buying
Mehrwertdienste	Dienstleistungen, die in Bezug auf den originären Zweck eine zusätzlichen Mehrwert bringen, also z.B. das Anbieten von → Fulfillment-Dienstleistungen durch einen e-Market
Meta-Markets	Marktplatz, dessen Teilnehmer wiederum weitere → Marktplätze bzw. → Exchanges sind
Middleware	→ Enterprise Application Integration
MRO	Maintenance Repair und Operations. Diejenigen Güter, die nicht unmittelbar in die Produktion einfließen. → C-Teile, → A-Teile
Multilieferantenkatalog	Katalog, welcher das Angebot mehrerer Lieferanten zusammenfasst. Hierdurch lässt sich einheitliches → Katalogmanagement, katalogübergreifende Suche und Klassifizierungen nutzen
Net Market Maker	Unternehmen, welche als Unternehmenszweck den Aufbau und den Betrieb (technisch wie betriebswirtschaftliche von e-Markets haben. → e-Market Betreiber
Netzwerkeffekt	Statt zwischen einer Anzahl von Unternehmen eine Vollstruktur (n:m Beziehungen) abzubilden, wird eine Konsolidierungsstelle (→ Hub, → Plattform, → Transaktionsplattform, → Exchange) ein-

	gerichtet, welche die Anzahl von n:m auf n:1:m reduziert. → many-to-Many.
Normalisierung	Begriff aus der Datenmodellierung: Strukturieren von Datenbeständen mit dem Ziel, wenig Konsistenzprobleme und wenig → Redundanz zu haben.
OCI	(Open Catalog Interface): OCI ist eine Schnittstelle der SAP zum Datenaustausch zwischen dem SAP B2B e-Procurement System und einem externen Katalog. OCI erlaubt die Übertragung von ausgewählten Waren und Dienstleistungen von einem externen Katalog zu einem B2B e-Procurement System von SAP. Der externe Katalog kann sich entweder im Intranet eines Unternehmens oder im Internet befinden. OCI wird innerhalb von mySAP.com für Beschaffungsprozesse verwendet.
Old Economy	Begriff aus dem Jahr 2000. Bezeichnet Unternehmen aus der herkömmlichen Wirtschaft, die noch – im Gegensatz zu vielen neuen Internet Neugründungen (Start-ups) physisch existieren Deshalb wurden diese „alten" Unternehmen auch als Bricks & Mortar bezeichnet.
Oligopol	einige wenige Unternehmen haben eine marktführende Stellung
On-Boarding	→ On-Ramp
On-Ramp	Das Aufschalten auf einen Marktplatz zur Nutzung von → Katalogen, → Katalogmanagement und der → Transaktionsplattform mittels eines eigenen, lokalen → DPS wird als Ramp-On oder → „Onboarding" bezeichnet.
Outsourcing	Auslagern von Dienstleistungen.
peer-to-peer	Direkte Verbindungen zwischen Unternehmen ohne Einschaltung eines Vermittlers, wie zum Beispiel ein Marktplatz. Dies bezieht sich sowohl auf die technische als auch auf die betriebswirtschaftliche Ebene.
Purchase Order (PO)	Bestellung
Portal	Eine Internetseite, die als Einstiegsseite zu weiteren Informationen oder Dienstleistungen führt, wird als Portal bezeichnet. Wie ein Por-

	tal/eine Tür öffnet diese Einstiegsseite „das Tor" zu neuen Internetseiten.
private Exchange	Eine → Transaktionsplattform bzw. → Hub bzw. → Marktplatz, der von einem einzelnen Unternehmen betrieben wird oder nur bestimmten Teilnehmern offen steht.
Procurement	Beschaffung, also das Einkaufen (→Purchasing) und die darüber hinaus gehenden Beschaffungsvorgänge aus den Bereichen Disposition, Bedarfsentstehung und Fulfillment
Provider	Dienstleister, „Zur Verfügung Steller"
Public Exchange	öffentlicher Marktplatz
Punch-Out	Das Hinausspringen aus einem System. Im Bereich der Katalogsuche das Hinausspringen aus einem → DPS auf einen elektronischen Katalog auf der Web-Seite eines Lieferanten. Dort können Produkte gesucht, konfiguriert etc. werden. Bei Zurückspringen per vordefinierter Schnittstelle (Punch-out Schnittstelle) wird der Warenkorb in die ursprüngliche Applikation übertragen. → Round Trip
Purchasing	Einkaufen im engeren Sinne. → Procurement
Ramp-on	→ On Ramp
Redundanz	mehrmaliges Speichern von gleichen Daten. In der Datenverarbeitung oft unerwünscht, da dadurch Konsistenzprobleme entstehen können.
Referenzmodell	Nachschlage-Modell, welches man als Referenz für bestimmte Problemstellungen hernimmt. Zum Beispiel für Integrationskonzepte oder Geschäftsprozesse.
Revenue sharing	Für das Durchführen einer Leistung erhält ein Dritter einen Teil des eigentlichen Kaufpreises von dem Verkäufer.
Revenue-Sharing-Modell	Modell, welches die Umsatzbeteiligung hinsichtlich zu erbringender Leistung und Bezahlung beschreibt.
Reverse Auctions	umgekehrt verlaufende Auktionen, in denen sich die Wettbewerber gegenseitig unterbieten.

RFC (Remote Function Call)	Der RFC basiert technisch auf dem Remote Procedure Call und ermöglicht Funktionsaufrufe zwischen zwei SAP-Systemen (R/3 oder R/2) oder zwischen einem SAP-System u. einem beliebigen externen System, das RFC unterstützt. (→ BAPI).
RFI	(Request For Information): Anbieterinformationen werden mittels eines Kriterien- oder Fragenkatalog eingeholt. Der die Anbieter leichter vergleichbar macht und die Informationen wie gewünscht strukturiert. Der RFI hilft den Kreis der Lieferanten einzugrenzen und dient als Vorstufe zum RFQ.
RFQ/RFP	(Ausschreibung bzw. Request For Quotation / Request For Proposal): Im RFQ werden Angebote zu Güter oder Leistung eingeholt, die in einer Produkt- oder Leistungsbeschreibung spezifiziert sind. Die Beschreibung kann durch einen Kriterien- oder Fragenkatalog ergänzt werden. Die Antworten der Anbieter / Teilnehmer am RFQ lassen sich dann auch elektronisch auswerten. Wie bei Auktionen kann ein RFQ offen oder geschlossen sein. Der RFQ ist eher ein Einkaufsinstrument zur Prozessoptimierung und neben der Auktion ein wichtiger Teil des e-Commerce. RFQ werden wie Auktionen auf vielen Internet-Marktplätze (e-Markets) genutzt.
ROI	Return of Investment. Meist als Amortisation der Investitionen verstanden, Maß zur Berechnung der Rentabilität einer Investition.
Round-trip	→ Punch-out
SCM	Supply Chain Management. Das Organisieren der → Supply Chain
Scope	Umfang bzw. Fokus
Seller	Verkäufer, verkaufendes Unternehmen
Service Provider	Dienstleister für Services, z.B→ . Outsourcing oder → Hosting Dienstleistungen. → e-Market Betreiber
Single Sign On	→ SSO
Single Sourcing	Das Beschaffen von Gütern bei nur einem Lieferanten

Skalierbarkeit	Das Zerteilen von Systemen. Technisch: die Möglichkeit, eine Anwendung auf mehrere Rechner laufen zu lassen. Kaufmännisch: betriebswirtschaftliches gemeinsames Nutzen von Systemen zur Erhöhung der Nutzungsintensität bei gleichbleibenden Fixkosten
Sourcing	Das Suchen nach neuen Beschaffungsmöglichkeiten, sowohl Produkt-seitig als auch Lieferanten-seitig.
SRM	Beziehungsmanagement zwischen einem Unternehmen und dessen Lieferanten, welches ganzheitlich von der Stammdatenpflege, über das → VMI und Konsignation, bis hin zu → SC-Ansätzen, → Collaboration, → Auktionen und → Ausschreibungen geht.
SSO	(Single Sign-On): SSO ist ein Mechanismus, durch den ein Benutzer sich nicht mehr an jedem System, mit dem arbeiten will, anmelden muss (z. B. durch Eingabe von Benutzer und Passwort). Mit dem Single Sign-On weist sich der Benutzer nur einmal aus und kann danach mit allen Systemen ohne Anmeldung arbeiten, die Teil der Single-Sign-On-Umgebung sind.
Staging	Ein gesonderter Bereich für die Datenverifizierung. Meist im Rahmen des → Content Management verwendet, wenn Updates von Katalogdaten überprüft werden (z.B. werden die Preise vom einkaufenden Unternehmen überprüft, bevor diese dann freigegeben werden)
Streckengeschäft	Ein Händler verkauft die Ware eines Lieferanten/Herstellers wobei der Lieferant/Hersteller den Abnehmer direkt beliefert (die direkte Strecke beliefert). Somit ist kein Zwischenschritt bzw. Zwischenlagerung auf Seiten des Händlers notwendig.
Supplier Adoption	Anbinden und Integrieren des Lieferanten in e-Procurement und/oder e-Market Systeme
Supplier	Lieferant
Supply Chain	Lieferkette: Eine Kette von Unternehmen vom Rohstoff bis zum Endprodukt. → Demand Chain.

Synchronisation	Abgleichen (Synchronisieren) von mehreren auch → redundanten Datenbeständen.
TCP/IP	Internet Protokoll → IP-Technologie
Total Cost of Ownership (TCO)	Gesamtkosten einer Lösung/Investition inklusive aller Betriebs- und Opportunitätskosten
Transaktion	a) Datenbanktechnisch: eine Anweisung, welche eine Datenbank von einem konsistenten Zustand in einen anderen bringt. b) e-Business: meist Geschäftsabwicklung zwischen zwei Handelspartnern
Transaktionsplattform	Plattform, welche Transaktionen also den Austausch von Geschäftsdokumenten (Auftragsdaten) unterstützt.
UN/SPSC	Klassifizierungsnorm für elektronische Kataloge
USP	Unique Selling Proposition. Alleinstellungsmerkmal
Vendor Managed Inventory (VMI)	Das Bevorraten des unternehmenseigenen Lagers durch den Lieferant. Dazu sind gewisse Systemvoraussetzungen zu schaffen, zum Beispiel der Einblick des Lieferanten in die entsprechende Bedarfssituation. Alternative zur Konsignation.
Vertical	Kurzform für „vertical Net" vertikales Netzwerk. s. vertikales Netz.
vertikale Integration	Das Integrieren in eine Branche bzw. in einen Industriezweig „hinein". Im Gegensatz zur horizontaler Integration werden hier alle Wirtschaftspartner der entsprechenden → Supply Chain berücksichtigt.
vertikaler Marktplatz	Marktplatz für bestimmte Branchen bzw. Industriezweige. → vertikale Integration
vertikales Netz	Ein auf der IP-Technologie basierendes Netzwerk, in welchem Unternehmen gleicher Branche Informationen, Services und/oder Güter austauschen. Die Unternehmen müssen in diesem Netzwerk registriert werden, da es als geschlossenes Netzwerk konzipiert ist und nicht jedem Unternehmen offen steht. Es ist meist als VPN bzw. als Extranet realisiert.

View	Allg.: Anwendungsabhängige Sicht auf verschiedene Tabellen einer Datenbank. Im → Katalogmanagement: Sicht auf den Ausschnitt eines Multilieferantenkataloges in Abhängigkeit von der z.B. Rolle oder der Abteilung des Benutzers.
Vorausschreibung	Siehe RFI (Request For Information).
vortal	vertikales Portal
VPN	(Virtual Private Network): Physisch innerhalb eines Netzwerks (meist Internet) betriebenes, aber logisch getrenntes Netzwerk. Die logische Trennung wird durch Verschlüsselung der Kommunikation erreicht und ist damit anwender- und anwendungsunabhängig.
Web EDI	Web-EDI ist die manuelle Eingabe der zu übertragenden Daten per Web-Browser in HTML-Formulare und zur Anbindung kleiner Betriebe an EDI-Systeme größerer Firmen geeignet.
Win-Win-Situation	Situation, in welcher mehrere Verhandlungspartner Vorteile realisieren können.
Workflow	Arbeitsablauf. Der automatisch gesteuerte Ablauf von Tätigkeiten und deren Monitoring über mehrere Applikationen hinweg verstanden. Beispiel: Genehmigungsverfahren
xCBL	(XML Common Business Library) XML-Format für Business-to-Business-Transaktionen (B2B) im e-Commerce. Mit xCBL lassen sich Produktdaten (Katalogdaten) zwischen Lieferanten und Einkaufssystemen austauschen sowie Geschäftsdokumente wie Auftrag und Rechnung. Initiator des XML-Formats ist der e-Commerce Anbieter CommerceOne. Siehe auch www.xcbl.org.
XML	(eXtensible Markup Language) Beschreibungssprache zur Beschreibung von Dokumenten. XML ist mit HTML verwandt, bietet aber mehr gestalterische Möglichkeiten. XML bietet sich vor allem zum formatierten Austausch von Daten an. Unter XML existieren zahlreiche Datenformate unterschiedlichster Anbieter (SAP, Microsoft, etc.) oder Organisationen (RosettaNet, xCBL.org). Siehe auch www.xml.org.

 **Abkürzungsverzeichnis**

ACR	Adaptive Content Recognition
API	Application Programming Interface
APS	Advanced Planning System
ASP	Application Service Providing
B2B	Business to Business
B2C	Business to Consumer/Customer
BAPI	Business API
BME	Bundesverband für Materialwirtschaft und Einkauf
BSF	Business Service Framework
C1	Commerce One
CAD	Computer aided Design
CBT	Computer Based Training
CDK	Client sDevelopment Kit oder Incoterm: Cost Insurance Freight
CIF	Catalog Interface Formato
CMI	Customer Managed Inventory
CRM	Customer Relationship Management
CSV	comma separated value
CUP	Catalog Update Package
DDP	Delivered Duty Paid
DPS	Desktop Purchasing System
DTP	Desktop Publishing
E2E	Exchanbe to Exchange

EAI	Enterprise Application Integration
EAN	European Article Number
EBD	Enterprise Buyer Desktop (Edition)
EBP	Enterprise Buyer Professional (Edition)
eBPP	electronic Bill Presentment & Payment
EDI	Electronic Data Interchange
EIS	Executive Information System
EMEA	Europe Middle East Africa
eRFQ	electronic RFQ
ERP	Enterprise Ressource Planning
F&E	Forschung & Entwicklung
FOB	Free on Board
FOB	Free on board
FTP	File Transfer Protocol
GTW	Global Trading Web
IT	Informationstechnologie
JDE	J.D. Edwards
LDAP	Lightweight Directory Access Protocol
MIS	Management Information System

MSC	Market Set Connector
OAG	Open Applications Group
OCI	Open Catalog Interface
RFC	Remote Function Call
RFI	Request for Information
RFP	Request for Proposal
RFQ	Request for Quotation
RFT	Request for Tender
ROI	Return of Investement
SC	Supply Chain
SCM	Supply Chain Management
SIP	Supplier Integration Platform
SO	Supply Order
SRM	Supplier Relationship Management
TCO	Total Cost of Ownership
TPN	Trade Processing Network
UN/SPSC	United Nations Standard Product and Service Codes
VMI	Vendor Managed Inventory
WAP	Wireless Application Protocol
xCBL	XML Common Business Library
XCC	XML Commerce Connector
XML	eXtensible Markup Language
XPC	XML Portal Connector

Index

352